抽水蓄能电站
辅助设备控制系统典型设计

国网新源控股有限公司　组编

中国电力出版社
CHINA ELECTRIC POWER PRESS

内 容 提 要

本书主要内容为抽水蓄能电站辅助设备控制系统典型设计，阐述了抽水蓄能电站辅助设备控制系统的组成、功能、特点、设计原则及发展现状，分析了抽水蓄能电站辅助设备控制系统原理、典型案例、分析总结、控制设计及新技术应用，介绍了抽水蓄能电站辅助设备控制系统的型式试验、工厂试验、出厂试验和现场试验。

本书可供抽水蓄能领域从事辅助设备控制系统研究及运行、管理的工程技术人员参考使用，也可作为相关科研技术人员和大专院校师生的参考资料。

图书在版编目（CIP）数据

抽水蓄能电站辅助设备控制系统典型设计 / 国网新源控股有限公司组编．—北京：中国电力出版社，2020.11

ISBN 978-7-5198-5064-7

Ⅰ．①抽…　Ⅱ．①国…　Ⅲ．①抽水蓄能水电站－辅助系统－控制系统－系统设计　Ⅳ．①TM743

中国版本图书馆 CIP 数据核字（2020）第 195749 号

出版发行：中国电力出版社
地　　址：北京市东城区北京站西街 19 号（邮政编码 100005）
网　　址：http://www.cepp.sgcc.com.cn
责任编辑：谭学奇（010-63412218）
责任校对：黄　蓓　李　楠
装帧设计：张俊霞
责任印制：吴　迪

印　　刷：三河市万龙印装有限公司
版　　次：2020 年 11 月第一版
印　　次：2020 年 11 月北京第一次印刷
开　　本：787 毫米 ×1092 毫米　16 开本
印　　张：13.25
字　　数：305 千字
印　　数：0001—1500 册
定　　价：120.00 元

《抽水蓄能电站辅助设备控制系统典型设计》

本书编委会

序　言

我国经济正由高速增长阶段转向高质量发展阶段，处在转变发展方式、优化经济结构、转换增长动力的攻坚期。推动构建清洁低碳、安全高效的能源体系，着力建设能源互联网，打造智慧能源系统，实现“源网荷储”协调互动，支撑能源电力清洁低碳转型，为抽水蓄能的发展带来了难得机遇。截至2020年，我国已建成抽水蓄能电站35座，投产容量2999万kW，在建抽水蓄能电站32座，容量4405万kW，投产和在建容量均居世界第一。

抽水蓄能是目前技术最成熟、经济性最优、最具大规模开发条件的储能方式，是电力系统绿色低碳清洁灵活调节电源。抽水蓄能电站具有调峰、调频、调相、储能、系统备用和黑启动等功能，具有容量大、工况多、速度快、可靠性高、经济性好等技术经济优势，因此在保障大电网安全、促进新能源消纳、提升全系统性能中发挥着基础作用，是推动能源转型发展的重要支撑，是能源互联网的重要组成部分。

我国抽水蓄能电站建设技术水平也跻身世界前列。抽水蓄能电站辅助控制系统是电站的重要设备，辅助设备控制流程和逻辑设计的合理性对电站的安全稳定运行具有重要作用。为了更好地规范抽水蓄能电站辅助设备控制系统设计，国网新源控股有限公司会同南京南瑞水利水电科技有限公司，编写了《抽水蓄能电站辅助设备控制系统典型设计》科技图书。本书的出版，对促进技术人才培养，保证抽水蓄能电站安全稳定运行具有重要作用，同时为在运和后续投产抽水蓄能电站辅助设备的控制系统改造和设计提供指导。

最后，我衷心祝贺这本书籍的出版，也衷心感谢所有参加书籍编写的同志们。我坚信，在广大技术人员的不断努力下，我国抽水蓄能机组运行将更加稳定可靠，抽水蓄能事业发展道路将更加宽广！

是为序。

2020年11月

前　言

抽水蓄能是目前世界上最有效、技术最成熟的先进储能方式，在电力系统中承担调峰、调频、调相、储能、系统备用和黑启动“六大功能”，是目前电力系统中容量规模最大、转换效率最高、运行调度最灵活的储能设施。

近年来，随着我国经济和电力工业的快速发展，兴建了一批大型抽水蓄能电站。抽水蓄能电站辅助设备是电站正常运行必不可缺的重要设备，主要包括油系统设备、气系统设备、水系统设备、闸门系统设备、发电电动机辅助设备、水轮机辅助设备、消防系统设备、水淹厂房系统设备、压气排水系统设备、主变压器冷却控制系统设备、SFC 系统设备和厂用电系统设备。抽水蓄能电站辅助设备控制系统是对以上辅助设备进行控制的系统，对电站安全稳定运行具有重要作用。

为了提高抽水蓄能电站辅助设备控制系统研发、设计、制造、调试、运维水平，促进我国抽水蓄能辅助设备控制系统技术人才培养，满足我国当前抽水蓄能事业快速发展的需要，国网新源控股有限公司决定组织编撰出版《抽水蓄能电站辅助设备控制系统典型设计》。

本书编写任务由国网新源控股有限公司和南京南瑞水利水电科技有限公司承担，王永潭担任主编。本书主要内容为：第一章辅助设备控制系统概述，第二章机械制动控制系统典型控制逻辑设计，第三章高压油顶起控制系统典型控制逻辑设计，第四章各部轴承油泵典型控制逻辑设计，第五章技术供水控制系统典型控制逻辑设计，第六章发电机消防控制系统典型控制逻辑设计，第七章主变压器消防控制系统典型控制逻辑设计，第八章压气排水控制系统典型控制逻辑设计，第九章发电机辅助设备典型控制逻辑设计，第十章电站闸门控制系统控制逻辑设计，第十一章渗漏、检修与顶盖排水控制逻辑设计，第十二章水淹厂房紧急停机控制逻辑设计，第十三章油压装置控制系统典型控制逻辑设计，第十四章厂用电备自投控制系统控制逻辑设计，第十五章主变压器冷却控制系统控制逻辑设计，第十六章主进水阀控制系统控制逻辑设计，第十七章中、低压气机控制系统典型控制逻辑设计，第十八章静止变频装置辅助设备控制逻辑设计，第十九章抽水蓄能电站辅助设备控制系统试验。

鉴于水平和时间所限，书中难免有疏漏、不妥或错误之处，恳请广大读者批评指正。

编　者

2020 年 11 月

目录

第一章　辅助设备控制系统概述

抽水蓄能电站辅助设备是指抽水蓄能电站辅助发电抽水的各种类型设备，是构成电站设备的重要组成部分，是保证电站正常运行必不可缺的设备，主要包括油系统设备、气系统设备、水系统设备、闸门系统设备、发电电动机辅助设备、水轮机辅助设备、消防系统设备、防水淹厂房系统设备、压气排水系统设备、主变压器冷却控制系统设备、SFC 辅助系统设备、厂用电系统设备。抽水蓄能电站辅助设备控制系统是对以上系统设备进行控制的系统，是抽水蓄能电站自动控制系统的重要组成部分，作为一个综合系统，它又被分为多个独立且相互联系的分系统。辅助设备控制系统对电站运行与安全具有极其重要的作用，因此重视电站辅助设备的运行与控制，重视控制系统的技术改造和升级，不仅有利于进一步提高抽水蓄能电站运行的可靠性和安全性，而且具有一定的社会、经济效益。

抽水蓄能电站运行工况多、当前运行状态转换频繁，机组长时间高强度的运行，暴露出很多辅助设备系统二次控制逻辑设计上的缺陷。各抽水蓄能电站选用的辅助控制设备厂家不同，在二次控制逻辑设计上存在较大的差异，在实际生产运行过程中的稳定性和效果也不尽相同，为落实设备全过程管理要求，通过深入研究辅助设备系统典型控制逻辑设计，引导投产电站的设备改造工作，对辅助设备控制系统二次控制逻辑优化，来提高抽水蓄能电站机组启动成功率，对抽水蓄能电站安全稳定运行具有重要意义。

本章主要介绍抽水蓄能电站辅助设备控制系统特点、设计原则、组成和功能，以及抽水蓄能电站辅助设备控制系统发展和现状。

第一节　辅助设备控制系统组成和功能

一、抽水蓄能电站辅助设备控制系统组成

抽水蓄能电站辅助设备控制系统由以下控制系统组成：机械制动控制系统，高压油顶起控制系统，各部轴承油泵控制系统，技术供水控制系统，发电机消防控制系统，主变压器消防控制系统，压气排水控制系统，闸门控制系统控制，发电机辅助设备系统，渗漏、检修、顶盖排水控制系统，水淹厂房紧急停机控制系统，调速器、主进水阀油压装置控制系统，厂用电系统备自投控制系统，主变压器冷却控制系统控制，主进水阀控制系统，中、低压气系统控制系统和 SFC 辅助设备控制系统。

辅助设备控制系统一般布置在设备附近，就地完成被控对象的实时监视和控制，根据各系统设备位置而设置相应的公用 LCU、厂用电 LCU、辅助设备 LCU 和闸门 LCU 等。根据电站实际监控需求，公用及辅助控制单元组合会有所变化。对于中小抽水蓄能电站，

设备相对集中，辅助设备系统不是很复杂，为减小设备维护量，通常将站用电和辅助设备系统合并为一套 LCU，统一负责全站相关子系统的监控，有时也简称为公用 LCU。对于大型抽水蓄能电站，各子系统配置较为复杂，通常是分别配置相应的 LCU。

对于典型的大型抽水蓄能电站辅助控制系统，每个辅助控制系统都有独立的 LCU 对辅助设备进行监视和控制，LCU 可以独立于抽水蓄能电站计算机监控系统对设备进行监视和控制，可以保证在抽水蓄能电站计算机监控系统故障的情况下对辅助设备完成手动/自动的启停或分合操作。辅助设备控制系统 LCU 与监控系统通过 I/O 信号接口完成重要信号的上送，并接受监控系统远方的控制令，实现与计算机监控与各辅助设备控制系统的遥信、遥测、遥控、遥调“四遥”功能。

（1）方案一：典型的大型抽水蓄能电站辅助设备控制系统组成的如图 1-1 所示，机械制动控制系统、高压油顶起控制系统、各部轴承油泵控制系统、技术供水控制系统、发电机消防控制系统、主变压器消防控制系统、压气排水控制系统、发电机辅助设备系统、顶盖排水控制系统、调速器、主进水阀油压装置控制系统、主变压器冷却控制系统、主进水阀控制系统，以上系统每台机组都设置一套独立的控制系统 LCU，并接入至监控系统的机组 LCU。渗漏、检修排水控制系统、厂用电系统备自投控制系统、中、低压气系统控制系统，水淹厂房紧急停机控制系统，以上系统设置独立的控制系统，并接入至计算机监控系统共用 LCU。SFC 辅助设备控制系统，设置独立的控制系统 LCU 接入至计算机监控系统主变洞 LCU。闸门控制系统控制，设置独立的控制系统 LCU 接入至计算机监控系统上下库 LCU。

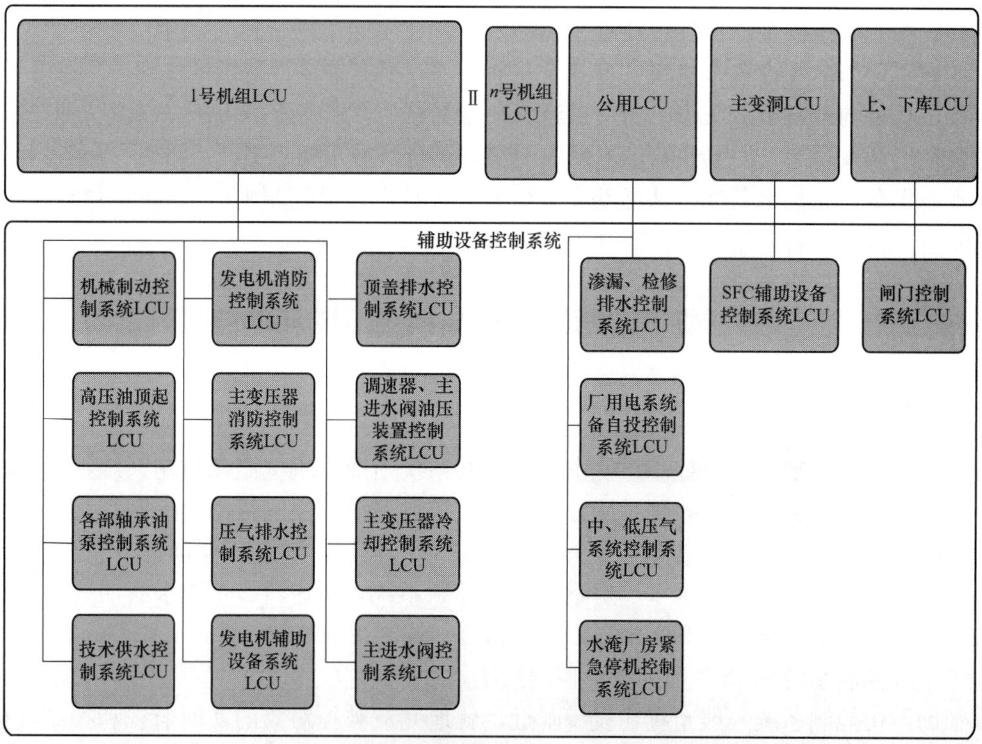

图 1-1　典型的大型抽水蓄能电站辅助设备控制系统组成

(2) 方案二：除了上述典型的大型抽水蓄能电站辅助设备控制系统，另外很多抽水蓄能电站各个辅助控制系统设备与计算机监控系统进行整合（如图 1-2 所示），部分辅助设备控制系统功能包含在计算机监控系统 LCU 中。发电机辅助设备控制系统、技术供水控制系统、压水排气控制系统、各部轴承油泵控制系统直接有计算机监控系统 LCU 进行监控。厂用电备自投控制系统和中低压气机控制系统由计算机监控系公用 LCU 进行监视控制。

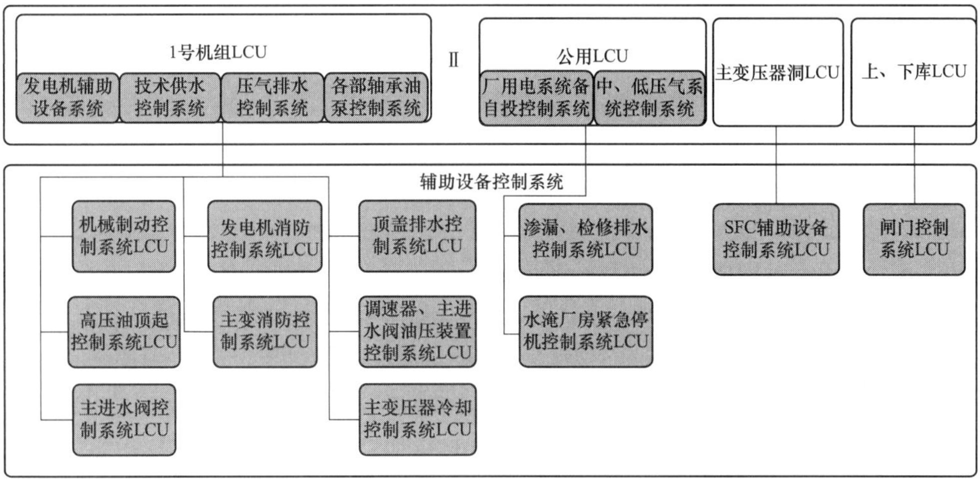

图 1-2　其他抽水蓄能电站辅助设备控制系统组成

两种抽水蓄能电站辅助设备控制系统组成方案各有优缺点，方案一优点是辅助设备控制系统完全独立于计算机监控系统，可以确保计算机监控系统故障或者瘫痪的情况下辅助控制设备系统仍然可以自控控制，有较高的安全性，缺点是投资成本高，每套系统都需要设置独立的 LCU。方案二的优点是辅助设备控制系统相对集中到计算机监控系统中，不需要维护多套控制系统，投资成本低；缺点是计算机监控系统控制器负载重，控制器程序复杂后期维护程序要求高，安全性降低，计算机监控系统故障后导致相应的辅助设备无法进行自动控制。

二、抽水蓄能电站辅助设备控制系统功能

1. 机械制动控制系统

机械制动控制系统是机组自动控制系统的重要设备，是保证机组能够快速稳定完成停机的控制系统，当计算机监控系统将机组从运行工况转停机工况时，在满足转速闭锁条件后，发送机械制动投入令，机械制动控制系统根据当前机械制动系统设备状态，闭锁异常状态，自动投入机械制动器快速将机组转速降低至零转速，然后自动退出机械制动器（也有设计为停机状态机械制动器一直保持加闸状态）。当机械制动控制系统接收到机组蠕动信号能自动投入机械制动器防止机组发生蠕动造成轴瓦损坏。

2. 高压油顶起控制系统

水轮发电机正常运行时，推力轴承存在液体摩擦。在其他条件相同的情况下，轴瓦和镜板间的楔形油膜厚度与单位压力成反比。在推力负荷大的大型水轮发电机组上，由于单位负荷增大，镜板与轴瓦间楔形油膜变薄。尤其在启动和停机过程中，低转速运转更容易

产生摩擦，使轴瓦严重磨损，甚至导致机组无法运行。有些机组的推力轴承单位压力并不高，但由于推力瓦面积大，轴面容易产生机械变形，难于形成瓦间油膜。在这种条件下运行，也会使轴瓦严重损坏。当机组在电网中担负调峰任务时，在开、停机起动频繁的情况下，转速过低，使轴瓦间很难形成油膜，容易造成轴瓦磨损，缩短了轴瓦的使用寿命。高压油顶起润滑的机理是：在机组起动前，用高压油泵将高压油通过输油系统压入每块瓦的高压油室中，迫使镜板抬高，在镜板与推力钨金瓦接触面上先形成高压的静压油膜，再使机组运转，使机组一开始就在纯液体中运转，当转速上升到额定转速时，切断高压油。停机时，当转速为90%额定转速时投入高压油，直到机组在纯液体中静止为止，从根本上避免了推力轴瓦的烧瓦现象。采用高压油顶起装置还有以下优点：①由于轴承是在纯液体摩擦下运行，工作时阻力小，轴承损耗小。②高压油膜有着良好的抗振性和承载能力。③速度的改变，对高压油墨刚度影响极小，静压油膜还可以补偿。④在安装、检修盘车时，由于摩擦系数很低，转子很容易转动，所以机组安装检修既省力、又方便。

高压油顶起控制系统用于在正常情况开停机过程中，根据机组转速或者计算机监控系统启停令，使高压油顶起系统能自动地投入运行，启动高压油顶起泵使轴瓦间形成油膜，当油泵发生故障或启动失败时能自动切换备泵，同时当探测到机组发生蠕动时，自动启动高压油顶起系统。

3. 各部轴承油泵控制系统

各部轴承油泵控制系统用于控制抽水蓄能机组各部导（上导、推力、下导、水导）轴承冷却循环油泵，接收计算监控系统启动令后，自动启动各部导（上导、推力、下导、水导）轴承冷却循环油泵，各部导（上导、推力、下导、水导）轴承冷却循环油流量、压力正常，当流量异常、压力异常或主泵运行异常时能自动启动备用泵。

4. 技术供水控制系统

技术供水系统为机组冷却、轴承润滑、主轴密封和变压器冷却以及水冷设备提供水源。技术供水控制系统的任务是维持供水系统的水压和水量，当采用水泵供水时，接收由计算机监控系统开停机令进行联动，水泵运行台数由总耗水量决定。当供水总管的水压或流量不足的时候，自动投入备用泵。防止机组运行过程中技术供水泵停止导致的技术供水中断。单台技术供水泵不宜连续长时间运行，主、备用技术供水泵应合理轮换。技术供水泵停止过程中应有防止技术供水管路水锤现象发生的措施。

5. 发电机消防控制系统

发电机消防控制系统用于监视发电机烟感或温感传感器，在监测到烟感动作或温感越限时，自动启动报警系统，发送发电机火灾报警信号至计算机监控系统，计算机监控系统自动启动事故停机，在分开发电电动机出口断路器和灭磁后，自动启动消防喷淋设备。

6. 主变压器消防控制系统

主变压器消防控制系统用于监视主变压器烟感或温感传感器，在监测到烟感动作或温感越限时，自动启动报警系统，发送主变压器火灾报警信号至计算机监控系统，计算机监控系统自动启动事故停机，在分开发电电动机出口断路器和灭磁后，自动启动消防喷淋设备。

7. 压气排水控制系统

调相压水控制是通过向机组转轮室内注入压缩空气，将转轮室内的水位压至转轮以下，以满足机组转轮在空气中旋转，利用气体的可压缩特征，极大降低机组在拖动过程和调相运行时的阻力，减小机组的振动，是抽水蓄能机组工况转换过程控制及调相稳定运行中的一个重要的组成部分。抽水蓄能机组基本由停机稳态（ST）、发电（G）、抽水（P）、发电调相（SCT）、抽水调相（SCP）等5个稳定运行工况组成，其中机组从停机到抽水必须通过调相压水，发电调相是在机组发电工况经压水后以满足工况要求。当机组从停机到抽水调相工况启动时，调相压水可以在零转速或低转速开始，但是在抽水转抽水调相或发电转发电调相过程中，机组将在额定转速下进行压气，两种情况下的压气控制将有所区别。

在机组抽水调相、发电调相以及抽水调相转抽水和发电调相转发电过程中，压气排水控制系统接收计算监控系统调相压气令后，在满足安全闭锁条件下，控制相关充气阀、补气阀以及蜗壳平衡阀等，向机组转轮室内注入压缩空气，将水位压至水轮转叶以下，保证机组正常工况转换。接收计算机监控系统排气回水令后，控制相关排气阀，保证转轮室内水位回到正常水位，满足工况转换的要求。

8. 发电机辅助设备系统

发电机辅助设备系统用于监视和控制发电机空间加热器、抽油雾装置、制动集尘装置，当计算监控系统开机时发送发电机辅助设备启动令至发电机辅助设备系统，发电机辅助设备系统自动关闭加热器和制动粉尘吸收装置并自动启动抽油雾装置，当计算监控系统开机时发送发电机辅助设备关闭令，发电机辅助设备系统自动启动制动积尘装置，当机械制动完成工作后停止制动积尘装置，并关闭抽油雾装置，根据机组温度和湿度自动启动发电机空间加热器。同时将空间加热器、抽油雾装置、制动积尘装置运行状态上送至计算机监控系统。

9. 闸门控制系统

闸门是抽水蓄能电站中必不可少的设备，承担着防洪、进水和事故时切断水源等任务，是抽水蓄能电站安全运行的重要保证。由于闸门系统承担的任务不同，故闸门的类型也多样的。一般在取水供水工程的输水管道上设置进水口闸门，用于提供抽水蓄能机组发电抽水水源；在进水口和一些隧洞、涵管、倒虹管等的进、出水口一般设置有检修闸门，为检修水工建筑物和泵组提供条件；在水库溢流坝和溢洪道上一般设置有泄洪工作闸门，用于控制水库的水位和泄往下游的洪水流量。

闸门按照工作性质分类，有工作闸门、事故闸门和检修闸门三类。①工作闸门：指水工建筑物正常运行时需要关闭孔口的闸门，一般使用频繁。②事故闸门：指为处理或遏止引水道事故，且具备在动水中截断水流功能的闸门。为防止事故扩大，事故闸门一般要求在动水条件下关闭孔口，如有快速关闭的要求则称快速事故闸门。③检修闸门：指供检修水工建筑物或工作闸门及其门槽时临时挡水用的闸门，一般静水条件下操作。

闸门控制系统用于对闸门设备进行实时数据进行监视，而且还要实现对闸门升、降、停等操作，同时可以接收计算机监控系统的远方操作升、降、停控制令，以及水淹厂房紧急停机控制系统的落门令，自动完成相应的升、降，停等操作。

10. 渗漏、检修、顶盖排水控制系统

水电站厂房的渗漏水一般经排水管或排水沟集中排放到集水井内，利用排水泵自动将其排出厂房外。渗漏、顶盖排水控制系统任务为：当集水井水或顶盖水位上升到上限值时，主用排水泵启动；当水位继续上升到高限值时，自动投入备用排水泵；待水位恢复正常，排水泵停止。一般为均衡水泵运行，延长水泵的使用寿命，要求对主用泵和备用泵进行自动轮流倒换运行。检修排水控制系统任务为机组检修时排空尾水管积水。

11. 水淹厂房紧急停机控制系统

水淹厂房紧急停机控制系统是一套独立于计算机监控系统，用于控制全站机组事故停机，关闭进水口闸门和尾水闸门的系统。

水淹厂房紧急停机控制系统一般由中控室紧急按钮控制箱设置机组紧急停机按钮、上库进出水口闸门紧急关闭按钮、机组尾水闸门紧急关闭按钮、水淹厂房紧急按钮、水淹厂房水位测量装置构成。水淹厂房按钮动作或水淹厂房水位测量装置输出水淹厂房信号，水淹厂房紧急停机控制系统输出上库各进出水口闸门紧急关闭命令至上水库各进出水口事故闸门控制柜，输出各机组的紧急停机命令至各机组现地控制单元内的机组紧急停机回路，当地下厂房现地控制单元独立光纤硬布线紧急操作系统收到各机组的导叶、进水阀在全关位置的信号后，根据闭锁条件对应输出机组尾水闸门紧急关闭命令至各机组尾水闸门现地控制柜。

12. 调速器、主进水阀油压装置控制系统

调速器、主进水阀油压装置控制系统是保证液压类调速器、主进水阀正常工作必不可少的设备，调速器、主进水阀油压系统一般由回油箱、漏油箱、油泵电动机组、压力油罐、油泵电机启动设备、自动化元器件及阀门组成。回油箱和压力油罐是储油设备，回油箱用以储存无压力油，压力油罐内 60%～65%是压缩空气，只有 35%～40%的油。油泵用于将透平油从回油箱送至压力油罐。调速器、主进水阀油压装置控制系统按照预置程序完成对油压系统的自动测量控制，实现油泵电机的自动启停及工作、备用运行状态的自动切换，以维持压力油罐中的工作压力。当油面升高并达到补气油位时，自动控制补气阀进行补气。漏油箱收集液压系统漏油，当油位高时自动启动漏油泵，将油送至回油箱。压力油罐的油压与油位、回油箱油位及各种运行状态可在现地触摸屏显示并上送至计算机监控系统。

13. 厂用电系统备自投控制系统

抽水蓄能电站厂用电系统取得电源的方式有以下几种：电站不同发电机的机端引取供电，通过主变压器倒送厂用电，取自高压联络自耦变压器的第三绕组，取自与系统连接的地区电网、近区变电所或保留的施工变电所、地方小水电等。根据电站的实际情况，可结合电站内部和外部的系统电源，共同构成厂用电的电源。电站的厂用电设备主要是作为降压使用，将电网电压通过主变压器降到 6.3kV、10kV 等电压后或直接采用外来电源，经过厂用变压器降到 400V 电压或者其他电压后，再经过厂用馈线柜或者低压配电柜，给电站内相关设备提供工作电源。

厂用电系统是电站的重要电源，直接向机组辅助设备系统、厂房公用辅助设备、厂房照明以及通风等系统提供电能，其可靠性与电站的安全运行息息相关。在厂用电设计时首先考虑的是供电的可靠性，其次是合理性。厂用电消失会直接导致机组停运，为保证厂用电系统的可靠性和连续性，厂用电系统需具有备用电源自动投入功能，安装厂用电系统备自投控制系统。

厂用电系统备自投控制系统主要有两种实现方式，一种是采用备自投装置，另一种是采用独立 PLC 的备自投逻辑控制系统。厂用电系统备自投控制系统一般采用编程逻辑控制器（PLC）为控制核心，由中央处理器（CPU）、存储器、输入/输出（I/O）接口模块、电源等部分组成，具备可编程能力。具有相对独立性，能脱离电站控制层直接完成其监控范围内设备的实时数据采集及处理、设置值修改、单元设备状态监视、控制、事故处理等功能。

14. 主变压器冷却控制系统

主变压器是电站的关键设备之一。由于在不同的时间段，主变压器的负荷不同，产生的热量也不同，因此必须对主变压器进行冷却，使主变压器在负荷高峰主变压器冷却器时不会过热，从而确保主变压器的运行安全，在负荷小的时候可以较少使用甚至关闭冷却系统，以节约能源。

主变压器冷却控制系统主要任务是根据主变压器的负载状态或温度，自动启动冷却器保证主变压器在各种符合状态下不会过热，并将主变压器温度，冷却器运行状态等重要信号上送至计算机监控系统。

15. 主进水阀控制系统

抽水蓄能电站水头普遍在 250m 以上，主机进水阀普遍使用球阀。主进水阀控制系统用于控制主进水阀主油阀、主进水阀本体、主进水阀工作旁通阀、主进水阀检修旁通阀、主进水阀工作密封、主进水阀接力器锁锭等重要设备，根据计算机监控系统发来的开主进水阀令和关主进水阀令自动根据操作顺序和闭锁条件进行主进水阀主油阀、主进水阀、主进水阀工作旁通阀、主进水阀检修旁通阀、主进水阀工作密封、主进水阀接力器锁锭投等重要设备的操作，自动开启和关闭主进水阀，同时具备与进水口闸门事故联动关闭的功能。

16. 中、低压气系统控制系统

压缩空气系统分中压和低压两种系统，中、低压气系统控制系统任务主要是维持中压和低压储气罐的气压正常，以保证用气设备能够安全、可靠运行。中压压缩空气压力为 2～4MPa和 2.5～6.4MPa，主要用于油压装置补气、高压配电装置的空气断路器和气动操作机构。低压压缩空气压力为 0.7～0.8MPa，主要用于机组停机的机械制动、机组调相压水、水轮机大轴密封围带和进水阀密封围带充气等。

中、低压气系统控制系统用于当储气罐压力低于下限值时，启动主用空压机，当气压继续下降达到过低值时，自动投入备用空压机，当气压恢复正常时，空压机停止运行。并将气罐压力，空压机运行状态等重要信号上送至计算机监控系统。

17. SFC 辅助设备控制系统

抽水蓄能电站机组经常运行在抽水工况，该工况下机组处于电动机运行方式。抽水工况机组启动过程实质上是大型电动机的启动过程。目前，电站大都采用以变频启动为主，静止变频器（static frequency converter，SFC）是大型抽水蓄能电站机组作为抽水电动机运行时的主要启动设备。

SFC 辅助设备控制系统用于在 SFC 启动过程中对网桥风机、电抗器风机、输入/输出变冷却水、输入/输出变油泵、SFC 输入开关、SFC 切换开关（主回路/旁路）、SFC 输出开关等设备进行监视和控制。当 SFC 辅助设备控制系统接收到计算机监控系统发出的 SFC 启动令后，对上述设备按照预设的程序依次进行操作，保证 SFC 正常启动。当发生异常时能发出 SFC 跳机信号至计算机监控系统，保证机组和 SFC 能正常停止运行。

第二节　辅助设备控制系统特点

辅助设备控制系统根据抽水蓄能电站运行特点和自动控制技术发展状况进行设计，具有以下特殊控制特点。

1. 控制系统多

抽水蓄能机组的运行工况有停机、发电、发电调相、抽水和抽水调相 5 种工况，工况变换达三十多种，其常用的工况变换有二十余种，由于运行工况多，工况转换流程复杂，因此相对于常规水电站辅助设备控制系统控制设备多，有很多常规水电站不需要的辅助设备控制系统，对控制系统测点要求更复杂数量更多。

2. 控制逻辑复杂

不同于常规水电站，抽水蓄能机组具有发电和抽水两种迥然不同的运行工况，抽水工况启动一般采用两种启动方式，其中：静止变频器启动为主用启动方式，背靠背启动为备用启动方式，静止变频器启动和背靠背启动都要涉及了多套辅助设备控制系统间相互联动和同时协调控制问题，控制复杂性。

3. 机组操作频繁

抽水蓄能电站承担电力系统的调峰填谷、调频调相作用，机组启停频繁，一般一天工况变换十次左右。由于机组工况多，变换频繁，相应的控制设备多，需要多个系统和设备密切配合完成，因此辅助设备控制系统及自动化控制元件的可靠性和操作成功率的要求高。

4. 控制回路复杂

各个辅助设备控制系统间相互耦合的信号回路多，控制回路存在多个辅助控制设备系统的相互闭锁，如闸门控制系统与主进水阀控制系统间独立于计算机监控系统有独立控制闭锁回路，以及与水淹厂房紧急停机系统的控制回路接口。

5. 控制系统分布广

辅助设备控制系统分布于全厂各个位置，从上库、地面、地下厂房发电机层、地下厂房发母线层、地下厂房蜗壳层、地下厂房副厂房、主变压器廊道及逃生通道都布置有控制设备。

第三节　辅助设备控制系统设计原则

抽水蓄能电站辅助设备控制系统一般按“无人值班”（少人值守）的要求设计，运行人员通过计算机监控系统可以进行集中监控。根据这种运行方式，抽水蓄能电站计算机监控系统设计原则为：

（1）电站所有辅助设备控制系统应具备通信功能，将所有监控信息都能上送至监控系统，重要控制信号有应设置 I/O 信号上送至监控系统 LCU 的 I/O 采集器，如：紧急停机、安全闭锁和事故停机装置或硬布线回路，满足对电站重要设备进行紧急处理的可靠性要求。

（2）遵循电站监控系统分层分布控制模式要求，及作为现地控制层设备，与监控系统

LCU 采用网络数据通信方式连接或串口数据通信方式连接，当上层监控系统 LCU 设备发生故障时，系统整体仍能继续正常工作，能脱离监控系统独立工作。

（3）辅助设备控制系统承担电站所有机组辅助设备长期、连续的操作监控任务，因此，系统可靠性要求高，现地控制单元应采用双 CPU 热备冗余配置，其系统本身的局部故障不影响现场设备的正常运行。

（4）系统实时性好，抗干扰能力强，能适应电站的现场环境。

（5）应用软件采用模块化、结构化设计，保证系统的可扩性，满足功能增加及规模扩充的需要。

第四节　辅助设备控制系统发展和现状

1. 发展历程

20 世纪 70 年代以前，受电子技术发展水平限制，机组辅助设备控制系统的自动控制基本上都是采用电磁继电器实现，存在着占地面积大，闭锁不完善，对设备的安全监视性能差，控制系统自身基本上没有自检功能等缺点。随着电子技术和计算机技术的发展，在 20 世纪 70 年代中后期，计算机技术和 PLC 技术取得了实质性的进展，出现了用计算机和 PLC 为核心的自动控制系统的电站，用于控制全站主要发电设备和辅助控制设备。20 世纪 80 年代之后，国外新建的抽水蓄能电站辅助设备控制都采用计算机监控系统加 PLC 进行全面监视和控制。

国外研制抽水蓄能计算机监控以及辅助设备控制系统的公司有：加拿大的 BAILEY 公司（现 ABB 公司）、德国的 SIEMENS 公司、法国的 ALSTOM 公司（现 GE 公司）、奥地利的 VATECH 公司（现 ANDRITZ 公司）、日本的 MITSUBISH 公司等。各公司都推出自己的系列产品，在世界各地得到了广泛的应用。

我国水电站计算机监控系统的研制工作起步不晚。早在 20 世纪 70 年代末，原水电部就组织了南京自动化研究所（现为南瑞集团公司/国网电力科学研究院）、长江流域规划办公室（现改为长江水利委员会）和华中工学院（现改为华中科技大学）研究葛洲坝电站采用计算机系统控制问题，并开始了葛洲坝抽水蓄能电站计算机监控系统的研制工作。中国水利水电科学院研究院自动化研究所开始了富春江电站计算机监控系统的研制工作。天津电气传动设计研究所也开始了永定河梯级抽水蓄能电站计算机监控系统的研制工作。这些监控系统于 20 世纪 80 年代中期先后投入运行。20 世纪 90 年代，国内的研制单位逐渐形成工业化生产的规模，并形成了几种成熟的产品，不仅在国内电站得到广泛的应用，而且还出口到国外。

20 世纪 80 年代中后期，随着改革开放带来的社会经济快速发展，中国电网规模不断扩大，国家有关部门组织开展了较大范围的抽水蓄能电站资源普查和规划选点，制定了抽水蓄能电站发展规划，抽水蓄能电站的建设步伐得以加快。1991 年，装机容量 270MW 的潘家口混合式抽水蓄能电站首先投入运行，从而迎来了抽水蓄能电站建设的第一次高潮。20 世纪 90 年代，随着改革开放的深入，国民经济快速发展，抽水蓄能电站建设也进入了快速发展期，先后兴建了广州抽水蓄能一期、北京十三陵、浙江天荒坪、河北张河湾、山西西龙池、湖北白莲河、江苏宜兴、山东泰安、浙江桐柏和安徽琅琊山等一批大型抽水蓄能电站，以上抽水蓄能电站的辅助设备控制系统都分别由国外的加拿大的 BAILEY 公司（现 ABB 公司），德国的 SIEMENS 公司，法国的 ALSTOM 公司（现 GE 公司），奥地利的 VATECH 公司（现 ANDRITZ 公司），日本的 MITSUBISH 公司提供。进入 2010 年以后，随着抽水蓄能电站国产化逐步推进，抽水蓄能电站辅助设备控制系统也迎来了国产化的机遇，随后应用于建成的辽宁蒲石河、安徽响水涧、浙江仙居、江西洪屏、广东深圳、海南琼中和安徽绩溪一批大型抽水蓄能电站，其抽水蓄能电站的辅助设备控制系统分别由哈尔滨电气集团、东方电气集团和南瑞集团有限公司提供。

2. 发展现状

通过对目前已投运的抽水蓄能电站辅助设备控制系统进行对比，可以看出国内、国外厂家提供的抽水蓄能电站辅助设备控制系统软硬件结构基本相同，系统的硬件在可靠性方面没有明显差别，在实际生产运行过程中的运行稳定性和效果却不尽相同，主要原因为各抽水蓄能电站选用的辅助控制设备厂家不同，技术服务水平也参差不齐，在二次控制逻辑设计上存在较大的差异，对电站的辅助设备控制实现方法各不相同，控制逻辑和设计方案各成体系。

目前除 NB/T 35004—2013《水力发电厂自动化设计技术规范规定》和 DL/T 5065—2017《水力发电厂计算机监控系统设计规范》对机组辅助控制设备、全站公用设备自动控制做了部分规定以外，无其他可循的规范和标准，国内外对抽水蓄能电站辅助设备二次控制逻辑还未形成典型模型，缺乏指导性文件。因此电站的辅助设备控制系统的性能完全取决于各供应商的技术服务水平。由于抽水蓄能电站辅助设备种类较多，很难保证一个供应商对电站各个辅助设备控制系统有全面可靠的设计方案。实际情况是，国外、国内供货商提供的辅助设备控制系统都存在或多或少的缺陷。这些缺陷目前严重影响了电站的运行生产安全，经常导致机组启动失败或者非正常停机，严重的导致各类生产事故，包括机组高速加闸、水淹厂房、主变压器损毁、SFC 损坏等各种恶性事故。

同时，现在国内大型抽水蓄能电站普遍采用运维一体化模式，运维人员数量得到精简，这也在一定程度上增加了运维人员的工作强度，同时再要求电站运维人员必须阅读并理解各供应商的程序代码和设计方案，排查所有辅助设备控制系统缺陷，这对电站运行维护人员的技术能力也提出了较高的要求。电站运行维护人员急需抽水蓄能电站辅助设备控制系统典型控制设计进行规范和标准化，对后期电站辅助设备控制系统的技术改造和升级提供技术性指导。在后续的章节中将结合电站发生的各类故障和事故提出各个辅助设备控制系统典型控制逻辑设计，详细描述各控制系统的典型控制设计。

第二章　机械制动控制系统典型控制逻辑设计

机组机械制动系统是抽水蓄能机组发电电动机的重要辅助设备，在机组启动、停机、工况转换过程及机组蠕动监测控制中起到机组制动作用，减少机组的惰性运行时间，以达到保护机组推力轴承瓦和缩短停机时间目的。有些机组机械制动设计还兼有顶转子功能，在机组检修需要顶转子时使用。

机械制动高速投入、带机械制动升速等恶性故障偶有发生，可能造成发电电动机粉尘污染、机组轴系偏移、机械结构受损、制动器损坏、制动环损坏等严重后果，影响机组的安全稳定运行。

本章将结合几个典型事故案例，对大型抽水蓄能机组机械制动控制设计时需要注意的问题进行分析，并提出机械制动控制系统典型控制设计。

第一节　控制系统概述

1. 机械制动原理

GB/T 20834—2014《发电电动机基本技术条件》规定发电电动机应同时设置机械制动和电气制动装置。正常停机一般在转速下降至50%额定转速时投入电气制动，转速继续下降至（5%～10%）额定转速时，再投入机械制动直至停机，机械制动装置单独用于紧急停机时，应能在发电电动机转速下降至（20%～30%）额定转速时投入直至停机。

在满足机组停机时间要求的情况下，从保护机械制动设备（制动器、制动环）角度出发，机械制动转速宜取较小值。

电厂机械制动采用风闸顶起制动的方式，机械制动系统由装设于下机架的闸板和装设于转子上的制动环组成，利用风闸与制动环之间的摩擦力而达到制动效果，风闸的操作能源采用0.7～0.8MPa的压缩空气。机械制动典型控制回路如图2-1所示。

K1/K2为机组跳闸出口停机令；

K3/K4为机组转速小于20%开关量信号；

K5为监控系统机械刹车投退令；

K6为机组转速小于5%开关量信号；

SB为机旁盘手动投退刹按钮；

K7为机组出口断路器分闸位置；

K8为机组导叶已全关信号。

2. 机械制动的投退控制

控制机械制动的投退是通过电磁型三通阀Y0001切/投压缩空气来实现的，当机组导叶全关、主进水阀全关、转速小于5%额定转速、主进水阀工作旁通阀全关、主进水阀工作密封投入、电气制动闸退出、以及机组出口开关拉开，以上全部条件满足后，监控系统发出投机械制动令，风闸的投入完全取决于机组的转速信号和机组监控系统发出的自动投机械制动的命令，其逻辑构成的要求条件是非常严格的（见图 2-2）。

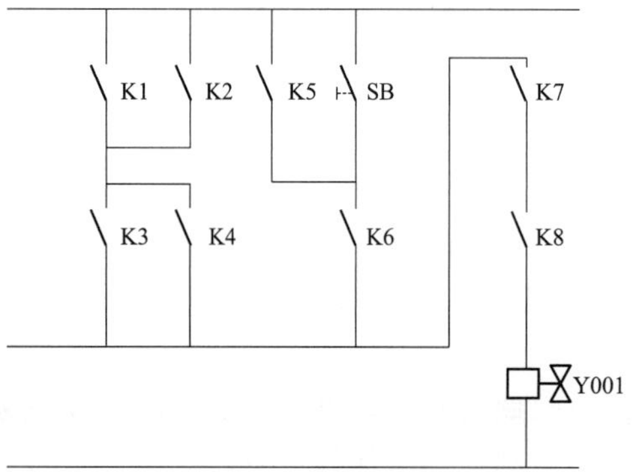

图 2-1　机械制动投退回路控制图

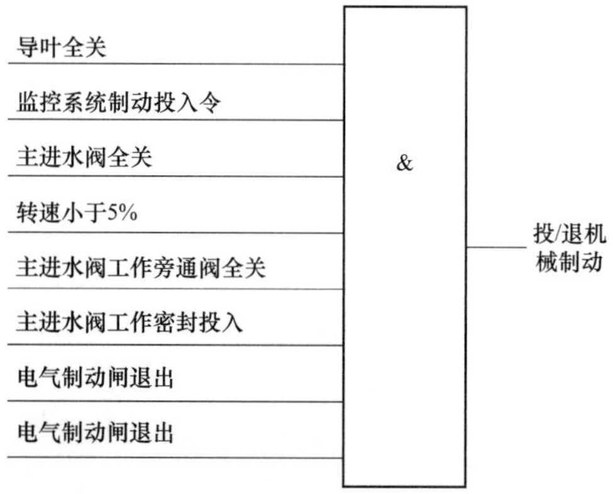

图 2-2　机组远方投退机械制动控制逻辑图

第二节　典　型　案　例

机械制动出现安全事故大都是因为高速加闸引起的，引起高速加闸事故的原因有很多，如控制系统输入信号异常，控制回路设计的缺陷，控制器控制逻辑设计不可靠等。高速加闸造成的后果是严重的，轻则因为机组的振动造成机组相关部件及二次检测元件的损坏，重则直接造成风闸及制动环的报废，同时制动产生的大量金属粉末也将给发电电动机安全运行带来事故隐患，本节将介绍几例电站发生的高速加闸案例。

1. 案例一

某电站 4 号机做动平衡试验，机组转速在 450～500r/min 之间，同时采用分路拉电源的方法查找 110VDC 直流系统接地故障，由于直流采用单路供电的方式，当拉开 4 号机 110V 供电开关时，首先机组由于电调柜控制电源失电而跳机，机组导叶正常关闭，在机组转速大约在 495r/min 时，发生高速加闸，造成机组强烈的振动和制动风闸的严重损坏。

2. 案例二

1999 年 10 月，某电站 2 号机大修后做空载试验，当机组开机转动后，现场调试人员发现机旁盘机组转速显示为 0，立即按下紧急机械跳闸按钮使机组跳机，当导叶关闭后，制动风闸自动投入，造成又一起高速加闸事件。

3. 案例三

某电站运行人员在执行 5 号机组停机操作时，在 5 号机组转子静止而风闸装置自动退出运行后，当值运行人员下令再次投入风闸装置，执行中却误投正在运行的 4 号机组风闸装置，引起 4 号机组动静部分摩擦冒烟，机组紧急停机，造成风闸装置损坏。

4. 案例四

2014 年 7 月 31 日，某电站 3 号机组发电启动过程中发生加闸启机事件，造成了 8 台风闸闸板磨损、制动板因高温变形波浪度超标、定转子内部积尘等不良后果。机组在启动前，机械制动处于退出位置，满足开机条件，当机组转速上升后发现制动实际在投入位置，导致带闸开机的事故。

第三节　分　析　总　结

案例一事故后分析，造成此次高速加闸的原因：首先是电调柜失电后，测速装置无法保持失电前的测量值，电源恢复后，测速装置存在一个从0转速逐渐上升至实际转速的过程，造成机组机械制动控制中转速小于5%额定转速条件的满足，误投机械制动。

案例二事故后分析，造成此次高速加闸的原因：事后检查，当时电调中测速回路确实存在问题，造成各转速开关量的输出闭锁，由于机组电调测速输出开关量信号丢失，此时监控系统发出投制动令或机组机械跳闸矩阵发出机组停机令或人为的操作投制动，则机组机械制动便立即投入，造成机组高速加闸。

在案例一和案例二中测速装置提供了用于机组控制的开关量速度信号，有2%、5%、15%、20%额定转速等信号，同时测速装置还输出机组转速值显示信号、机组蠕动信号及具有实时检测测速通道情况功能，故障时输出相关报警信号。两次高速加闸都是由于测速装置输出的转速信号错误导致的事故，由此可知解决机组高速加闸的关键问题在于如何提高测速装置输出信号的有效性和可靠性。同时，要解决在转速装置异常的情况下如何避免机械制动装置的误动作的问题。

案例三事故后分析，造成此次误投风闸事故的原因：主观上是运行人员的操作失误，但监控系统在风闸投入操作流程防止误操作闭锁功能不完善，在投机械制动单独顺控逻辑中，未判断转速小于合理范围，未判断导叶全关或球阀全关位置，为事故的发生提供了客观条件。因此在监控系统和现地控制系统不宜设置单独的机械制动投入操作接口，在设计单独操作接口时必须在顺控逻辑中完整的判断所有闭锁条件，在控制回路中应当设置导叶、GCB和转速等重要闭锁信号。

案例四事故后分析，机组开机条件已经判断了制动在退出位置，满足开机条件，在机组顺控逻辑设计了退制动的操作，但是退制动的前提条件是机械制动处于投入位置，当顺控执行到退制动操作步骤时，因制动反馈信号处于退出状态，则未执行该操作，制动器的位置反馈信号错误直接导致了本次事故。该电站的制动退出信号逻辑存在严重缺陷，正常逻辑应该判断所有制动块都处于退出状态则反馈监控系统制动器退出，而实际采用制动块退出或的逻辑，所以当任一制动器完全退出，其他未完全退出时，监控该系统显示制动已经完全退出。

通过以上四个案例可以看出，转速信号是机械制动控制的重要参量，其可靠性直接关系机械制动的安全性，在设计控制流程和控制回路时必须考虑转速信号异常导致高速加闸的情况。同样，制动器位置信号也是机械制动控制的重要参量，其直接反映制动器的位置状态，正确的制动器位置信号逻辑组态才能可靠的保证机械制动的操作安全，错误的制动器位置信号可能引起制动投-退失败，甚至带制动启机等后果。对于机械制动现地单独操作和监控系统设计的机械制动单独操作接口必须有完善的闭锁逻辑，否则对于机组的运行是重大的安全隐患。

第四节 典型控制设计

一、一般原则

（1）机械制动系统应适应机组正、反双向旋转运行的要求，确保在各种工况下能安全停机，并满足工况转换的要求。

（2）集成设计。大型抽水蓄能电站一般按照无人值班（少人值守）设计，监控自动化技术设计及配置水平较高，计算机监控系统核心控制器均采用冗余配置，可靠性和安全较高。机组机械制动一般不单独设置机械制动控制系统，其控制程序在计算机监控系统里实现，可充分利用监控系统的硬件和软件资源优势，实现控制逻辑。

（3）全自动控制。大型抽水蓄能机组控制自动化水平高，机械制动投退一般设计为全自动控制，为防止人为误投制动及简化硬布线控制回路，不宜设计手动投入控制，在某些机组检修工作需投入机械制动或其他特殊情况下，可使用“二次工作安全措施票”在控制程序和硬布线控制回路中执行临时措施，投入机械制动以满足工作需要。若设计有手动控制，则应有完善的安全闭锁，防止误投机械制动。

（4）控制回路应简单、安全、可靠，应有防误投机械制动的安全闭锁措施。

（5）控制程序应满足机组各种工况转换及机组蠕动时机械制动投退的需要，控制逻辑应有完善的安全闭锁条件。

二、安全性原则

（1）防止机组高转速情况下投入机械制动。

（2）防止转速信号误动导致高速加闸。

（3）防止一个或多个闸板未退出时，机组带闸转动。

（4）防止发生由于机械制动控制设备电源故障，监控系统默认机械制动为退出状态，带闸开机。

（5）防止发生机组运行中未经转速闭锁一键加闸设计。

（6）防止 PLC 系统一经送电即自动误投机械制动。

三、可靠性原则

（1）每个制动器至少配置一个双接点位置开关，指示制动器的投入和退出两个状态，所有制动器的退出接点串联（所有制动器退出）即判断机械制动退出，各制动器投入接点并联（任何一个制动器投入）判断机械制动投入。

（2）任何控制方式应采取高转速闭锁及其他防止高速加闸的措施，控制回路中宜采用机组出口开关分闸位置，应采用导叶全关（含非同步导叶）位置，应采用机组转速装置故障信号和转速等信号硬接点进行闭锁，避免仅采取软件逻辑的闭锁方式。

（3）机械制动系统应纳入监控系统统一控制，监控系统应实时显示机械制动制动闸板的投/退位置，现地控制盘柜宜实时显示机械制动装置各个制动闸板的投/退位置。

四、机械制动转速信号

转速信号是机械制动控制的重要参量，其可靠性直接关系机械制动的安全性。转速信号异常导致机组高速误投机械制动偶有发生，造成恶劣后果。因此应引起高度重视，对于机械制动用转速信号应注意以下几方面。

（1）机械制动转速信号不宜采用单一信号源，宜采用齿盘测速和 TV 残压测速冗余测速信号，防止单一信号丢失或错误，导致误投制动。

（2）机械制动转速信号取自转速测量装置时，转速测量装置信号输入应有齿盘和 PT 冗余输入源。转速测量装置应有自诊断功能，输入信号异常及装置异常时应发出故障信号并闭锁所有转速信号输出，防止输出错误的转速信号，导致误投机械制动。转速测量装置应实时连续采集和处理速度信号，不应设置采集触发条件。

（3）机组转速信号宜采用常开接点信号，避免转速信号回路故障时收到错误的转速信号，不宜采用模拟量转速信号，以免在传感器或测量异常时产生转速为零的错误信号。

五、制动器位置信号

制动器位置信号也是机械制动控制的重要参量，其直接反映制动器的位置状态，错误的制动器位置信号可能引起制动投—退失败，甚至带制动启机等后果。对于制动器位置信号应注意以下几个问题。

（1）位置开关。位置开关宜选用纯机械行程压紧位置信号器，不宜采用微动开关，因为机组运行时的机械振动易导致微动开关故障发出错误的位置信号，且微动开关的机械强度较差易损坏。位置开关的安装固定应牢固，防止振动和制动器动作导致位置开关移位，送出错误的制动器状态。

（2）制动器位置信号回路应简单、可靠。不宜单独设置机械制动信号装置，制动器位置信号宜直接上送计算机监控系统，在计算机监控系统中进行有关逻辑组态和流程设计。若在发电电动机现地单独设置机械制动信号装置，信号装置的状态（看门狗、控制电源等）信号应上送计算机监控系统并用于机械制动控制逻辑及流程设计。在计算机监控系统中应能监视每个制动器的位置状态和机械制动系统投—退状态。

（3）机械制动投—退状态信号。“机械制动投入”状态信号应取任一制动器投入信号，或动力管路压力高于某一定值（由机械制动系统设计值来进行合理整定）。“机械制动退出”状态信号宜取所有制动器退出位置信号的“与”逻辑，且同时满足动力管路压力低于某一定值（由机械制动系统设计值来进行合理整定）。“机械制动投入”和“机械制动退出”信号应为两个信号量，不应为相互取反。

六、典型控制程序设计

机械制动控制流程设计不宜单独设置，宜结合机组工况转换流程，特别是启停机流程设计，它是机组工况转换控制流程的一部分。机械制动控制程序设计应注意以下几方面。

（1）机械制动控制应考虑机组各种工况转换的需求，包括正常停机、电气事故停机、机械事故停机、水泵断电、抽水转发电、轴承瓦温异常、机组启动、机组蠕动、高速误投制动等情况下机械制动控制策略及安全闭锁。

（2）机械制动控制安全闭锁，一方面基于顺控流程，投机械制动时根据机组不同运行状态对应的顺控流程，选择与机组运行工况相匹配的条件进行安全闭锁，一般涉及的状态信号有机械制动系统是否可用、转速测量装置是否正常、机组转速、机组出口断路器位置、导叶位置、主进水阀位置等，有相关信号异常时流程应闭锁机械制动投入；另一方面机械制动投入令程序逻辑出口也应重复相应的闭锁条件。机械制动用转速信号宜取自不同的设备或系统，形成冗余的转速条件校验。

（3）对于设计上停机稳态时机械制动保持投入的机组，“机械制动系统投入”“机械制动系统可用”信号应作为机组启动的预启动条件，条件不满足时闭锁启动机组。

（4）对于设计上停机稳态时机械制动退出的机组，“机械制动系统退出”“机械制动系统可用”信号应作为机组启动的与启动条件，条件不满足时闭锁启动机组。

（5）机组启动过程中，流程执行到退机械制动的相关步序时，无论当前机械制动状态是投入还是退出，均应无条件发机械制动退出令（指令宽度应确保机械制动可靠退出）；命令发出后，必须收到“机械制动退出”信号并经延时后，流程方可继续执行下一步。

（6）在程序中设计控制逻辑，当机组转速高于设定值时，出现机械制动投入或机械制动未退出状态信号，立即发出退机械制动指令并保持退出令，经短延时后若机械制动投入或机械制动未退出状态信号仍然存在，执行停机。

（7）机械制动流程涉及的输入信号。包括机械制动投/退位置信号，机组转速信号（蠕动及5%、10%、15%等），转速装置故障，机械制动系统供气压力低监视。

（8）机械制动流程涉及的输出信号。包括机械制动投入令，机械制动退出令，粉尘收集装置启动，机械制动系统供气压力低报警，机械制动投/退位置不一致报警，机械制动系统压力低报警，机组转速异常闭锁机械制动投入报警，机械制动系统故障报警。

（9）控制流程设计。

1）机组正常停机或事故停机过程中由监控顺控流程自动执行投入/退出机械制动。

2）正常停机过程中，转速下降至额定值的5%～10%时，再投入机械制动直到静止状态。

3）事故停机过程中，转速下降至额定值的10%～20%时，再投入机械制动直到静止状态。

4）机组停机过程中，投入机械制动前应先判断机组测速系统是否正常运行，避免因机组测速系统故障导致转速信号误动而高速加闸。典型的控制流程如图2-3所示。

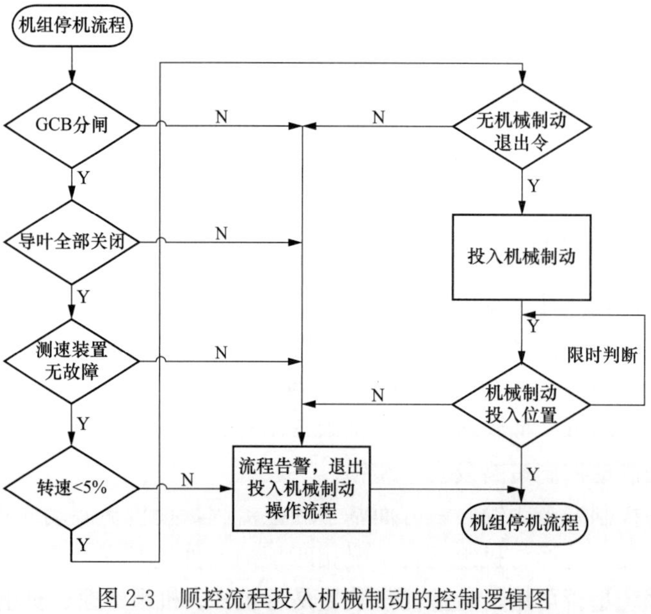

图2-3　顺控流程投入机械制动的控制逻辑图

七、典型控制回路设计

为实现机组机械制动投—退的安全控制，硬布线回路应注意以下几个问题。

（1）控制回路应简单、可靠，宜仅设计自动控制回路，不宜设计手动控制回路。

（2）为防止控制回路故障时误投制动，机械制动动力介质（气或油）管路上的介质控制电磁阀（机械制动投退电磁阀）宜采用单线圈单稳态电磁阀并具有过电压抑制措施，电磁阀励磁时投入机械制动，电磁阀失磁时退出机械制动，此设计可在控制回路断线、电源丢失等情况下可靠退出机械制动。电磁阀的状态应上送计算机监控系统，用于监视。

（3）控制回路应包括如下接点：现地盘柜投入机械制动按钮、监控系统正常停机、转速＜5％、监控系统事故停机投入机械制动令、转速＜15％、GCB 分闸位置、导叶全关位置、机械制动投入电磁阀（转速信号根据实际情况整定）。

（4）为防止计算机监控系统控制器机械制动投入令输出接点异常引起误投制动，必要时可在控制器中设计冗余的机械制动投入令，并配置在控制器不同的开关量输出模块上，当冗余的机械制动投入令均正常输出时，机械制动才可投入。当采用单个单稳态电磁阀时，冗余制动投入令采取串联连接；当采用两个单稳态电磁阀时，冗余制动投入令在控制回路中相互独立，各控制一个电磁阀。

（5）机械制动控制回路中应串接必要的防误投闭锁条件，至少包括机组转速信号正常、导叶全关、机组出口断路器断开、机组转速小于某一设定值等闭锁条件，保障机械制动在电气和水力均隔离的状态下才允许投入，提高控制回路的安全性。若现场具备条件“机组转速小于某一设定值”转速信号宜取自机组振动保护系统等可提供低频转速信号的设备或系统作为机械制动转速条件的安全冗余校验，防止高速投入机械制动。

（6）机械制动典型控制回路。

投入机械制动前应判断机组导水叶已全关、机组转速小于额定值 15％～25％等闭锁条件是否满足，防止高速加闸。典型的控制接线图如图 2-4 所示。

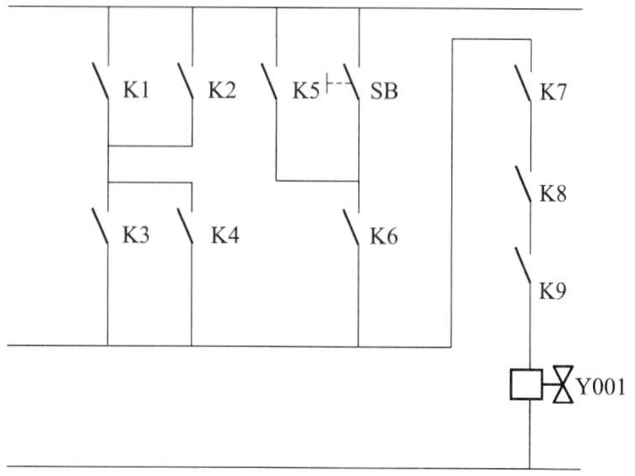

图 2-4　机械制动投退控制接线图

K1/K2 为机组跳闸出口停机令；

K3/K4 为机组转速小于 20％开关量信号；

K5 为监控系统机械刹车投退令；

K6 为机组转速小于 5％开关量信号；

SB 为机旁盘手动投退刹按钮；

K7 为机组出口断路器分闸位置；

K8 为机组导叶已全关信号；

K9 测速装置正常。

第五节　新技术应用

通过机械制动系统典型控制设计，可以有效地提高机械控制系统的可靠性和安全性，避免机械制动系统在机组正常启停过程中发生安全事故，保证机组的正常运行。通过判断制动系统上送的信号，以及相关设备的状态，在异常的情况下闭锁开机，保证机组开停机的安全性。为了保证机组开机的可靠性，应实时监测制动系统的健康状态。

制动系统的健康状态可以从监控系统、监测系统的报警信息、事件信息与相关数据，进行科学的归类与处理，进行短期或者长期历史数据的学习，抽取制动系统运行特征曲线，建立设备健康图谱，从多维度和不同工况分析设备性能和效率。通过设备突变趋势分析、设备缓变趋势分析、纵向趋势分析、横向趋势分析对机械制动系统进行预警。

一、机械制动系统运行效率

通过统计学习机械制动系统正常开停机过程中，在 0.7～0.8MPa 的压力下，机械制动投入成功至机组转速降至零转速且机械制动退出的时间，可以建立机械制动系统的运行效率的设备健康图谱。

当设备健康图谱生成后，可以周期性的统计分析当前机械制动系统的运行效率，当效率下降后可以生成报警，为机组检修提供辅助决策。

二、机械制动系统运行效率图谱

1. 最小二乘法的原理

最小二乘法是由勒让德在 19 世纪发现的，形式如式（2-1）：

$$\text{标函数}=\sum(\text{观测值}-\text{理论值})^2 \tag{2-1}$$

观测值就是我们的多组样本，理论值就是我们的假设拟合函数。目标函数也就是在机器学习中常说的损失函数，我们的目标是得到使目标函数最小化时候的拟合函数的模型。举一个简单的线性回归的例子，比如我们有 m 个只有一个特征的样本：(x_i，y_i)（$i=1$，2，3，…，m）：

样本采用一般的 $h_\theta(x)$ 为 n 次的多项式拟合：

$$h_\theta(x)=\theta_0+\theta_1x+\theta_2x^2+\cdots+\theta_nx^n, \theta(\theta_0,\theta_1,\theta_2,\cdots,\theta_n) \tag{2-2}$$

最小二乘法就是要找到一组 $\theta(\theta_0$，θ_1，θ_2，…，$\theta_n)$ 使得：

$$\sum_{i=1}^{n}[h_\theta(x_i)-y_i]^2\text{（残差平方和）} \tag{2-3}$$

求残差平方和最小。

2. 最小二乘法拟合机械制动效率图谱

同过查询历史数据，机械制动从投入，至转速降为 0 转速且制动退出时间 T 以及低压气压力 P 的数据如表 2-1 所示。

表 2-1　制动时间、压力变化表

序号	P	T
1	0.73	58
2	0.72	59
3	0.74	57
4	0.76	52
5	0.75	55

制动时间、压力看上去像是某种线性关系（见图 2-5）：

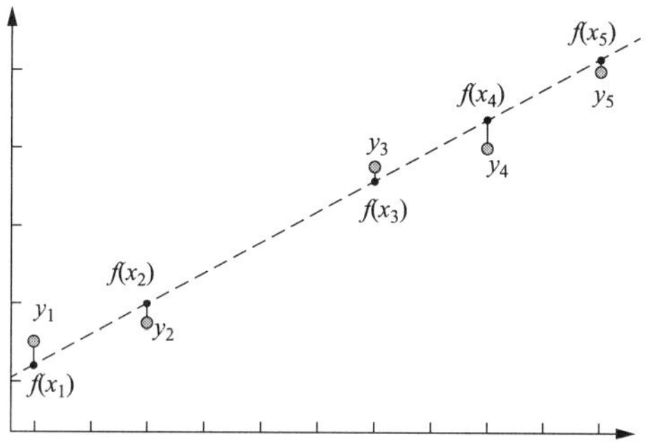

图 2-5　时间、压力关系图

可以假设这种线性关系为：

$$f(x)=ax+b \tag{2-4}$$

图 2-5 的 i，x，y 分别见表 2-2：

表 2-2　　线性关系统计表

i	x	y
1	0.73	58
2	0.72	59
3	0.74	57
4	0.76	52
5	0.75	55

总误差的平方为：

$$\varepsilon=\sum[f(x_i)-y_i]^2=\sum(ax_i+b-y_i)^2 \tag{2-5}$$

不同的 a，b 会导致不同的 ε，根据多元微积分的知识，当：

$$\begin{cases}\dfrac{\partial}{\partial a}\varepsilon=2\sum(ax_i+b-y_i)x_i=0\\ \dfrac{\partial}{\partial b}\varepsilon=2\sum(ax_i+b-y_i)=0\end{cases} \tag{2-6}$$

这个时候 ε 取最小值对于 a，b 而言，上述方程组为线性方程组，用之前的数据解出来。

$$\begin{cases}a\approx 7.2\\ b\approx -73\end{cases}$$

也就是这根直线（见图 2-6）。

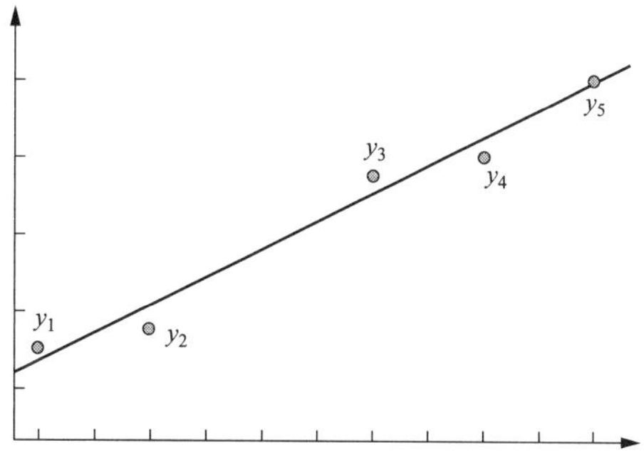

图 2-6　线性关系拟合图

3. 机械制动效率降低预警策略

监控系统有大量的历史数据，可以通过以上方法编辑数据学习的程序，生成机械制动系统运行效率图谱，生成机械制动系统运行效率图谱的关键在于历史数据的有效性，因此在学习过程中需要对历史数据进行有效性的判断，及数据清洗。

数据学习过程中，数据清洗需要组态的阀值范围和条件应如表 2-3 所示。

表 2-3　　阀值范围和条件表

机组转换过程	低压气压力	机组测速装置	制动系统
机组正常停机	0.7～0.8	正常	无异常

数据学习后生成的特征值：①制动效率模型；②压力变化范围；③制动时间最大差值。

在获取数据学习后的特征值，在控制系统或者监控系统编辑或组态制动系统效率下降预警策略如图 2-7 所示。

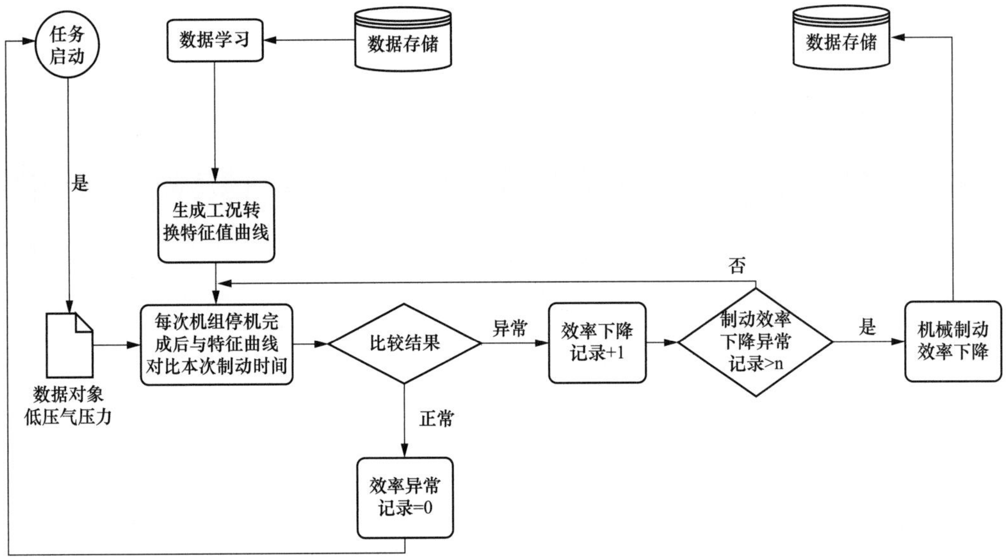

图 2-7　系统效率下降预警策略

在策略编辑完成前，先使用编辑好的数据学习方法抽取历史数据，并进行数据清洗，生成特征值。

在每次机组正常停机后，输入低压气机的值到该曲线中，对比本次停机制动时间，当制动时间超过标准时间的最大差值，记录一次效率异常记录，当连续多次发生效率异常，则进行预警，提示运行人员机械制动存在异常导致效率下降。

第三章　高压油顶起控制系统典型控制逻辑设计

高压油顶起装置是专为水轮发电机推力轴承润滑系统而设计，该装置是水电站辅机控制系统中一个重要环节，是由控制柜、油泵、阀门、监视元件等组成。其作用是在机组启动和停机时在推力轴承表面喷射高压油，使其表面形成油膜从而避免造成推力瓦的磨损。高压油顶起装置在机组启、停机过程中和机组蠕动时投入。

高压油顶起润滑的机理是：在机组启动前，高压油泵将高压油通过输油系统压入每块瓦的高压油室中，迫使镜板与推力瓦分离，在形成的间隙中产生润滑油膜，为机组转动做准备。当转速上升到特定转速时，切除高压顶起装置。停机时，在特定转速时投入高压油顶起装置，直到机组在有油润滑中停稳为止，从根本上避免了推力轴瓦的烧瓦现象。

本章将结合几个典型事故案例，对大型抽水蓄能机组高压油顶起控制系统设计时需要注意的问题进行讨论，并提出该控制系统典型控制设计方案。

第一节　控制系统概述

高压油顶起控制系统应采用冗余配置，包括电源、PLC输入输出模块，同时系统具备自动切换能力。高压顶起油泵应具备远方自动、现地手动、切除等三种控制方式。高压油顶起装置应设置两台油泵，一台交流油泵为主用泵，一台直流油泵为备用泵。高压油泵电机启动方式包括直接启动、软启动、变频器启动。监控系统需实时监控油泵状态。集油槽应装有油位监视元件，油位不满足时，禁止机组启动避免烧毁轴瓦。高压油顶起控制系统应装有油压监视元件，并设置两级报警，一级为报警，二级为跳闸，油压不满足时，禁止机组启动避免烧毁轴瓦。油泵控制系统故障或是电源消失，轴承油泵应正常运行。主油泵运行时油压不满足，高压油顶起控制系统应自动控制备用油泵启动。油泵控制系统与监控系统数据交换应采用硬接线和通信两种方式。

第二节　典型案例

水轮发电机推力轴承设置高压油顶起装置有重要意义。水轮发电机正常运行时，推力轴承存在液体摩擦。在其他条件相同的情况下，轴瓦和镜板间的楔形油膜厚度与单位压力成反比。在推力负荷大的大型水轮发电机组中，由于单位负荷增大，镜板与轴瓦间楔形油膜变薄。尤其在启动和停机过程中，低转速运转更容易产生干摩擦，使轴瓦严重磨损，甚至机组无法运行。有些机组的推力轴承单位压力并不高，但由于推力瓦面积大，轴面容易产生机械变形，难以形成瓦间油膜。在这种条件下运行，也会使轴瓦严重损坏。当机组在电网中担负调峰任务时，在启机、停机频繁的情况下转速过低，使轴瓦间很难形成油膜，容易造成轴瓦磨损，缩短了轴瓦的使用寿命。

高压油顶起系统出现安全事故大部分是由高压油控制系统油泵投入及退出的时间点及运行时长不合适、高压油控制系统油泵启动及切换异常等原因引起的。本节将介绍两例典型案例。

1. 案例一

某电站发电电动机为立轴、半伞式可逆式同步发电电动机，共有 16 块巴氏合金推力瓦，推力瓦底部为弹性托盘（见图 3-1）。2008 年 10 月，在 1 号机组检修中发现连接 2 号推力瓦和弹性垫的 Z 字型固定夹出现弯曲变形（见图 3-2），对全部的推力瓦和弹性垫的固定夹都进行了检查，发现所有 Z 字型固定夹均已变形。

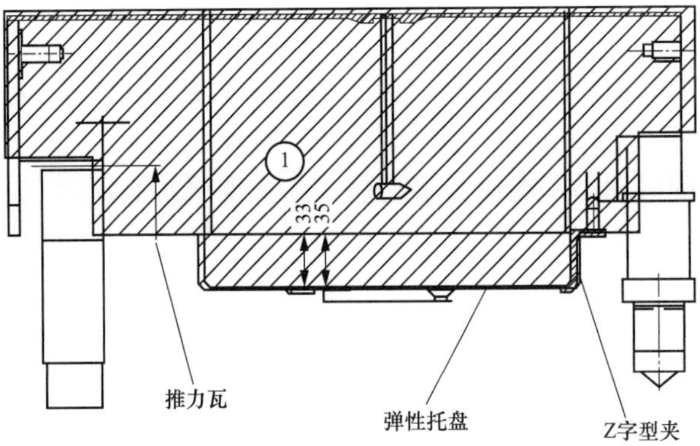

图 3-1　推力瓦结构

2. 案例二

某电站 1、2 号发电电动机推力高压油顶起装置直流电机额定功率 4kW，额定电流 22.6A，采用的是直接启动的方式，启动电流过大，在交、直流电机切换试验时，由于切换后直流电机直接带负载运行，最大电流达 140A。在 1、2 号机推力高压油顶起装置交、直流电机定期维护切换试验时，发现 1 号发电电动机推力高压油顶起装置直流电机空开 QF04 跳闸，断电后打开电机盖检查发现换向器上存在小短路点（见图 3-3），继续运行存在安全隐患。

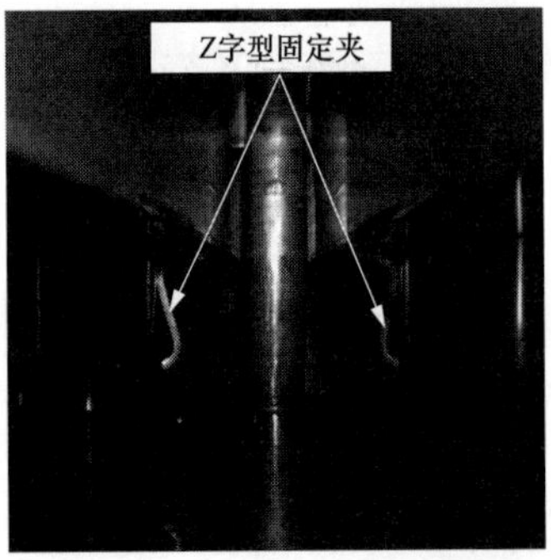

图 3-2　Z 字型固定夹变形情况

图 3-3　1 号机推力高压油顶起装置直流电机换向器

第三节　分　析　总　结

案例一事故后分析：在机组停机后高压油油泵停止运行，推力瓦与镜板间油膜消失，镜板与推力瓦间摩擦力增大，停机后轴承油温降低，镜板冷缩带动推力瓦向轴心方向移动，推力瓦和弹性托盘发生相对移动，连接推力瓦和弹性垫的 Z 字型固定夹受力变形。

优化处理：为减小停机后推力瓦与镜板间摩擦力，保证推力瓦和镜板处始终有油膜，修改了监控系统的程序，改变了高压油泵运行方式：

（1）高压油顶起装置在停机后继续运行 30min。

（2）机组处于停机稳态时每 1h 运行 2min。

经上述优化后机组推力瓦再未发生 Z 字型固定夹变形情况。

案例二事故后分析：直流电机有直接合闸启动、串电阻启动和降电压启动三种方法。因为直流电机电枢回路电阻和电感都较小，而转动体具有一定的机械惯性，因此当直流电机接通电源后，启动的开始阶段电枢转速以及相应的反电动势很小，启动电流很大。最大可达额定电流的 15～20 倍。因此直接合闸启动只适用于功率不大于 4kW 的电动机。

高压油顶起装置直流电机作为备用电机，在交流电机出现故障情况下投入，此时高压油顶起装置压力在 5MPa 左右，采用直接合闸启动的方式，投入直流电机则直接满载运行，而电机及油泵的转动体本身具有一定的机械惯性，导致启动电流过大，过大电流导致电机受到机械冲击、换向器产生火花。

通过以上述两个案例可以看出，高压油控制系统油泵投入运行时间点及工作时间设置、高压油控制系统油泵启动及切换控制回路合理设计，对高压油控制系统正常运行至关重要，否则对于机组的运行是重大的安全隐患。

第四节　典型控制设计

抽水蓄能机组高压油顶起控制系统设计应符合安全性及可靠性原则。安全性原则是指为保证该设备在任何条件下不发生妨害其他设备安全运行的情况而设计的原则。可靠性原则是指为保证该设备在任何条件下具备安全运行、故障停止、报警等功能而设计的原则。

1. 安全性原则

（1）防止机组转速低于 90%额定转速时，高压油顶起装置全停。

（2）高压油顶起装置压力不满足条件，防止机组开机转动。

（3）测速装置故障或转速信号异常时，应保证高压油顶起装置启动。

2. 可靠性原则

（1）高压油顶起装置可与其他油泵控制系统并用一套 PLC，也可采取硬布线控制。

（2）PLC 供电模块宜采用双电源模块，其控制电源应采用双路供电。若采取硬布线方式，控制系统也应双路供电。

（3）高压顶起装置控制方式应具备远方自动、现地手动两种。现地手动控制回路宜采用硬布线方式。

（4）机组发生蠕动现象，高压油顶起装置应自动启动。

（5）高压油顶起装置应设置两台油泵，一台交流油泵，一台直流油泵。直流泵作为交流泵的备用。主油泵运行时油压不满足，高压油顶起装置应自动控制备用油泵启动。

（6）高压油顶起装置油泵出口压力应设置模拟量测点，压力应作为启机流程的必要条件。机组推力轴承高压油顶起运行过程中，油路压力测点应设置越下限信号作用于报警并延时作用于停机。定值应按厂家设计推荐值并结合现场实际情况进行合理整定。

（7）高压油顶起装置应保证控制系统失电时，油泵保持原状态运行。高压油顶起装置控制系统宜设置单独电源开关，避免其他辅助设备故障引起控制电源丢失。

（8）根据主机情况，高压油顶起装置应能延时停止或是定时启动。

3. 输入/输出信号

（1）输入信号。

高压油顶起装置压力、高压油顶起装置压力低、高压油顶起装置压力低跳闸、高压油顶起装置交流泵电压消失、高压油顶起装置直流泵电压消失、高压油顶起装置在手动位置、高压油顶起装置在自动位置、高压油顶起装置在运行状态、高压油顶起装置在停止状态、高压油顶起装置交/直流泵故障、转速小于1%、转速大于90%、开机启动高压油顶起装置令、停机启动高压油顶起装置令。

（2）输出信号。

高压油顶起装置压力正常、高压油顶起装置压力低、高压油顶起装置压力低跳闸、高压油顶起装置交流泵电压消失、高压油顶起装置直流泵电压消失、高压油顶起装置在手动位置、高压油顶起装置在自动位置、高压油顶起装置在运行状态、高压油顶起装置在停止状态、高压油顶起装置驱动故障、高压油顶起装置交/直流泵故障、高压油顶起装置在交流泵运行方式、高压油顶起装置在直流泵运行方式。

4. 典型控制逻辑设计

（1）监控系统控制逻辑（有现地控制器的控制系统）。

监控系统在开机过程中，发“开机启动高压油顶起油泵命令”后，等待高压油顶起装置压力正常和油泵运行的信号返回。

监控系统在停机过程中，发“停机启动高压油顶起油泵命令”后，等待高压油顶起装置压力正常的信号和油泵运行信号返回。

监控系统在事故停机过程中，发“停机启动高顶令”后，等待高压油顶起装置压力正常的信号返回。

（2）现地 PLC 控制逻辑（有现地控制器的控制系统）。

收到远方高压油装置开机启动令，高压油顶起装置投入运行，转速大于90%后高压油顶起装置停止运行。

收到远方高压油装置停机启动令，高压油顶起装置投入运行，转速信号小于1%后高压油顶起装置停止运行（见图3-4）。

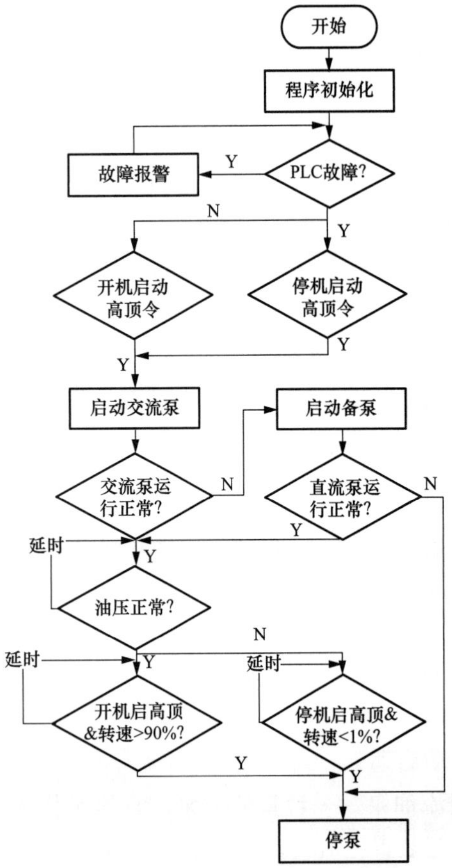

图3-4　高压油顶起启停控制逻辑图

高压油顶起装置应先启动交流泵，泵启动后，如果该泵压力、流量等条件不满足时（延时、滤波判断），判断启泵失败，则启动直流泵。启动直流泵后，如果该泵压力、流量等条件不满足时（延时、滤波判断），判断启泵失败。

5. 典型控制回路设计

（1）控制回路接点。

控制回路应包括如下接点：球阀不在全关位、导叶不在全关位、转速＜1%、转速＞90%、机组蠕动、监控启泵令、监控停泵令。

（2）控制回路功能。

当机组球阀、导叶位置全关信号消失或机组发生蠕动，高压油顶起装置自动启动。

机组转速高于90%时，高压油顶起装置自动停止。

高压油顶起装置正常运行，当压力不满足时自动启动直流泵。

高压油顶起装置收到监控系统发出的启动令，通过双位置继电器控制油泵接触器直接启动高压油顶起装置。控制系统失电或程序故障，应自保持当前状态（见图3-5）。

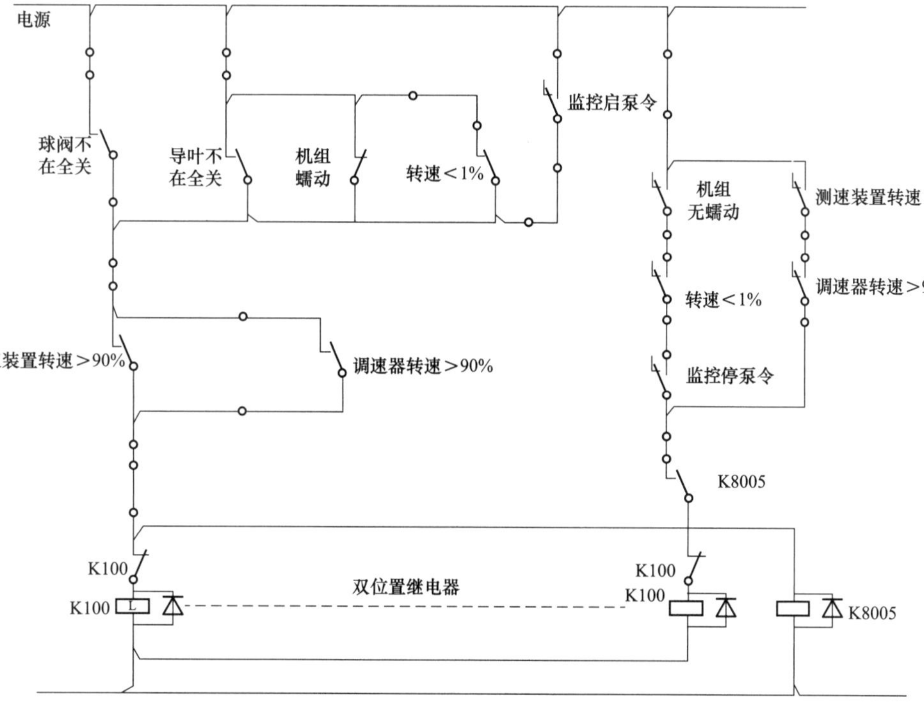

图3-5　高顶油泵启停控制图

第五节　新技术应用

1. 智能报警

对高压油顶起控制系统，建立智能报警应用，以高压油泵运行压力、启动时长、交直流高顶泵切换记录等实时信息、历史数据为基础，通过智能报警、趋势报警、专家知识库等功能模块，实现电站大量报警信息的自动分析和筛选，屏蔽无效或无须关注的信息，向运行人员实时推送需要运行人员关注的事件信息，提高电站自动化管理水平及预防性维护决策能力，保障设备安全稳定运行（见图 3-6）。

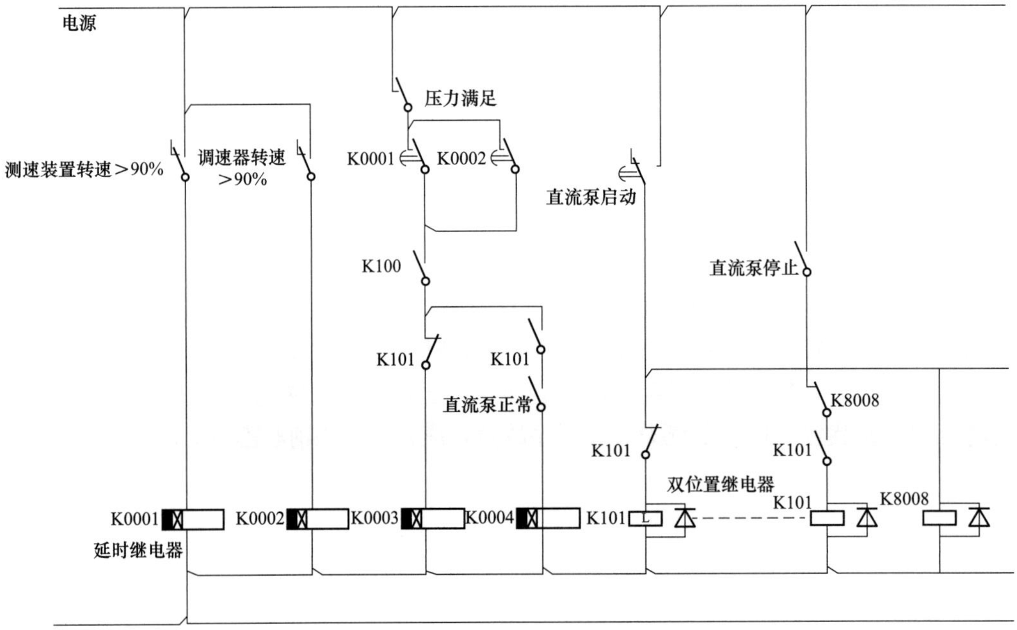

图 3-6　高顶油顶起主备泵启停控制图

2. 大数据技术应用

基于大数据挖掘技术，针对高压油控制系统数据本身特性进行高维度关联性分析，通过快速挖掘复杂、高维度的机组运行数据中的特征模式，利用状态参量相关性分析方法，挖掘机组运行数据内在的规律，判断出设备故障模式，提出设备预警信息，实现具有数据自适应性的设备故障预警，保证设备的安全有效运行。

第四章　各部轴承油泵典型控制逻辑设计

轴承油泵控制系统是水电站辅机控制系统中一个重要环节，它是由轴承油泵控制柜、油泵、阀门、监视元件等元组成。它为各部导轴承提供润滑油，并带走转动过程中导轴瓦与转轴产生的热量，是保证机组安全稳定运行的重要设备。

本章结合几个典型事故案例，对大型抽水蓄能机组各部轴承油泵控制系统设计时需要注意的问题进行讨论，提出轴承油泵控制系统典型控制设计方案。

第一节　控制系统概述

轴承油泵控制系统应采用冗余配置，包括电源、PLC 输入输出模块，同时系统具备自动切换能力。轴承油泵应具备远方自动、现地手动、切除等三种控制方式。各部轴承油循环系统应设置两台油泵，一台主油泵和一台备油泵，并能随时切换。轴承油泵电机启动方式包括直接启动、软启动、变频器启动。监控系统应能实时监控轴承油泵状态。轴承室和集油槽应装有油位监视元件，油位不满足时，禁止机组启动避免烧毁导轴瓦。油泵控制系统故障或是控制电源消失，轴承油泵应能在手动控制下正常运行。轴承油系统应装有油流量监视元件，并设置两级报警，一级为报警，二级为跳闸。主油泵运行时油流量不满足，油泵控制系统应自动控制备用油泵启动。

油泵控制系统与监控系统数据交换应采用硬接线和通信两种方式。对油泵控制系统的子系统（如上导油泵控制系统、下导油泵控制系统、水导油泵控制系统等），油泵控制系统与子系统间的数据交换宜采用硬接线方式。

第二节　典　型　案　例

1. 案例一

2015 年 8 月 13 日 17：13，某电站 4 号机组多个上导瓦温同时呈相同趋势上升（2min 左右），其中 6 个 RTD 超过了 80℃的跳机值，机组机械跳机。事件表主要信号如下：

16：58：42：340，4 号机组上导轴承轴瓦 RTD Z184，75.48℃，超高限 2 报警；

17：09：34：730，4 号机组上导轴承轴瓦 RTD Z184，81.93℃，超高限 4 报警；

17：13：05：910，4 号机组上导轴承轴瓦 RTD Z174，81.82℃，超高限 4 报警；

17：13：06：030，4 号机组温度量过高跳机；

17：13：06：030，4 号机组机械跳闸动作；

17：13：10：690，4 号机组导叶位置开关 DWK2（发电空载开度）；

17：13：10：920，4 号机组 GCB 位置，分闸位置；
17：13：33：950，4 号机组上导轴承轴瓦 RTD Z180，80.11℃，超高限 4 报警；
17：13：37：120，4 号机组上导轴承轴瓦 RTD Z178，75.38℃，超高限 2 报警；
17：13：40：390，4 号机组上导轴承瓦温 2，报警；
17：13：40：491，4 号机组上导轴承瓦温 2，75.00℃，超高限 2 报警；
17：13：40：740，4 号机组上导轴承轴瓦 RTD Z177，81.39℃，超高限 4 报警；
17：13：59：130，4 号机组上导轴承轴瓦 RTD Z182，81.72℃，超高限 4 报警；
17：14：21：900，4 号机组上导轴承轴瓦 RTD Z171，82.15℃，超高限 4 报警；
17：14：33：120，4 号机组上导轴承轴瓦 RTD Z179，76.24℃，超高限 2 报警；
17：14：33：227，4 号机组上导轴承瓦温 1 温度高，报警；
17：15：05：291，4 号机组上导轴承瓦温 1，75.52℃，超高限 2 报警；
17：15：13：110，4 号机组上导轴承轴瓦 RTD Z172，76.88℃，超高限 2 报警；
17：24：40：930，4 号机组停机稳态，是。

2. 案例二

故障现象：某电站 4 号机推力上导外循环泵启动过程中频繁出现 1 号泵切至 2 号泵或者 2 号泵切至 1 号泵的现象，有启动不成功的风险。

开 4 号机组发电，4 号机组推力上导组合油泵 1 号泵主用启动运行。

报警信息如下：

08：18：37，4 号机组推力和上导轴承外循环油泵 1 号自动启动动作；
08：18：40，4 号机组上导油管流量低报警复归；
08：18：41，4 号机组推力上导轴承外循环油泵 1 号自动启动复归；
08：18：41，4 号机组推力上导轴承外循环油泵 2 号自动启动动作；
08：18：46，4 号机组推力轴承油管流量低报警复归。

第三节　分　析　总　结

1. 案例一原因分析

事故发生时 4 号机组处于发电工况，AGC 投入，负荷调整较为频繁。根据 4 号机事件列表分析，事故原因为上导瓦温高导致跳机。瓦温高报警逻辑为：单个导轴承瓦温度超过 75℃报警，跳机逻辑为监控系统的 12 个瓦温监视点（跳机温度为 80℃）及送给监控系统 2 块瓦温跳机开关量（瓦温大于 80℃送出）有任意两个或两个以上满足时机械跳机。在故障发生前，多个上导瓦温趋势显示在逐渐上升，最终上导轴承轴瓦 RTD Z184 和上导轴承轴瓦 RTD Z174 首先达到跳机定值 80℃，4 号机组机械跳闸动作。

通过事故时的事件表及图 4-1、图 4-2 可以发现，此次事故发生时所有的上导轴承轴瓦温度都呈现逐步上升的趋势，其中 11 个 RTD 越过了 75℃的报警值，6 个 RTD 越过了 80℃的跳机值。

由于上导油槽油温以及上导振摆数据均无明显异常，所以初步怀疑是信号回路故障，但检查测温回路无异常。发现 RTD 测温外部电缆的屏蔽层均有接地，其内部电缆的屏蔽线未接地。

拆除上导轴承油槽盖板后，用点温枪对上导瓦温及上导油温进行测量，实际检测的温度与监控系统及温度仪表盘上数值一致，也证明了监控系统温度测量模块及测量二次回路没有问题。

检查轴领及轴瓦，轴领表面光滑无明显毛刺、划伤痕迹，轴瓦完好，其巴氏合金层未见脱落，上导瓦间隙未发生变化。

机组推力、下导、水导、发电机空冷器等温度测量点未见升高现象，同时检查当时上导及推力油槽油温为 32℃，温度正常，由此可判断机组技术供水泵正常供水；将上导油槽盖板打开后，在机组静止情况下手动启动 1 号推力外循环油泵，检查上导轴瓦冷油流量，发现机组－Y 轴两侧的管口出油量很小且有很多空气，但其余出油口油流正常。将 1 号油泵停止，启动 2 号油泵，存在同样问题。

经过排查，原因总结如下：

外循环管路中存在大量空气，空气无法有效排出，空气越积越多造成管路中油流出现短暂断流现象，进而影响上导轴瓦冷却效果，瓦温升高。

该电站发电机为悬式结构，上导及推力轴承在同一油槽内，采用强迫外循环冷却方式。上导及推力油槽共设置 16 个吸油口，将热油从油槽内吸出，然后经布置于油槽油位以上 DN200 的总出油管引至油槽外，通过螺杆泵打压循环冷却过滤后进入油槽，经冷却后的油通过布置于油槽底部的进油环管进入油槽，在进油环管上开有 12 个 ϕ52mm 的进油口用于冷却推力轴承，同时在进油环管上设置 8 个 DN65 的支管，引至上导轴瓦处用于冷却上导轴瓦。在 4 号机组调试期间，曾出现过部分上导瓦温较高的现象，拆除上导油槽盖板后发现 8 个引至上导轴瓦处进油口出油量不均匀，由于总进油环管进油口布置于－Y 处，在－Y 方向上的 4 个管口出油量均大于＋Y 方向上的 4 个管口出油量，经讨论决定在出油量大的管口上增加节流板以确保 8 个管口出油量均匀。但此次观察发现位于－Y 轴两侧的管口出油量很小且有很多空气，＋Y 方向上的管口出油量较大。将调试期间加装在－Y 轴两侧的管口节流孔安装至＋Y 方向上的 2 个管口上。启动油泵后观察－Y 方向上的管口出油量有所增大但仍有很多空气。由于 DN200 的油槽总出油环管位于油槽油位以上，导致在油循环过程中该环管内部有大量空气，在油外循环冷却器及滤过器顶部加装有排气阀，排气阀通径较小（15mm），空气无法有效排出，空气随油循环又进入油槽内，在进油口处两侧的支管中存在大量空气，出油量很小。总吸油环管内部空气越积越多后，可能造成管路中油流出现短暂断流现象，进而影响上导轴瓦冷却效果，瓦温升高。

2. 案例二原因分析

异常情况梳理：

通过报文可以发现 4 号机组推力上导外循环油泵切换是随机出现切换，即 1 号泵切换到 2 号泵或者 2 号泵切换到 1 号泵都有可能，且切泵原因为 5s 内推力油管流量低信号未收到。对 PLC 控制逻辑分析后，排除控制逻辑问题，可能原因为二次回路信号抖动、流量计不灵敏、外循环泵性能降低等。

分析处理过程：

启动 4 号机组外循环泵，将发电机辅助控制柜 X50：41 端子解开，监控可收到推力上导轴承外循环油流量低报警复归信号，将 4 号机组基坑外端子箱 X40：50 和 X40：54 端子解开，监控可收到推力轴承油流量低复归以及上导轴承油流量低复归信号，因此判断信号回路正常。

4 号机组循环泵启动过程中同样出现 1 号泵切至 2 号泵或者 2 号泵切至 1 号泵的现象，原因为推力轴承油流量低报警且压力低报警未在规定时间内复归，因此判断动作正确、逻辑正确（见图 4-1、图 4-2）。

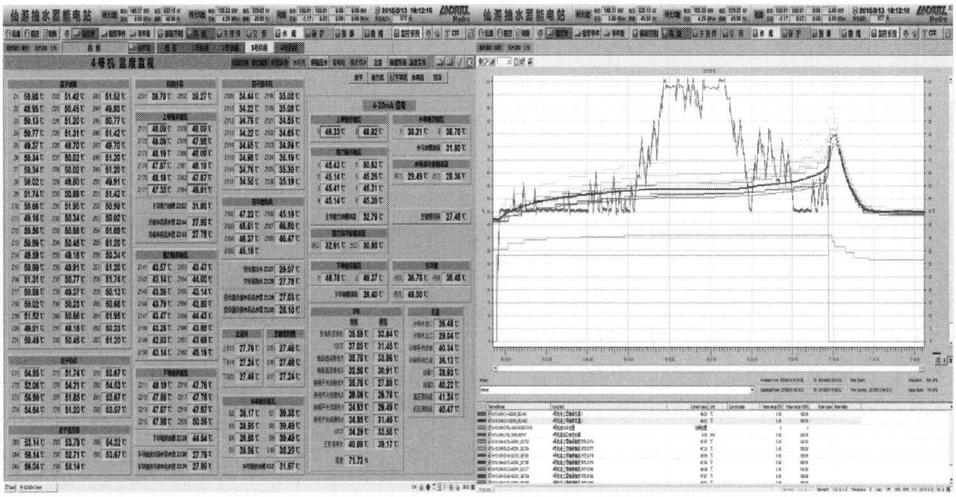

图 4-1　上导轴承轴瓦温截图

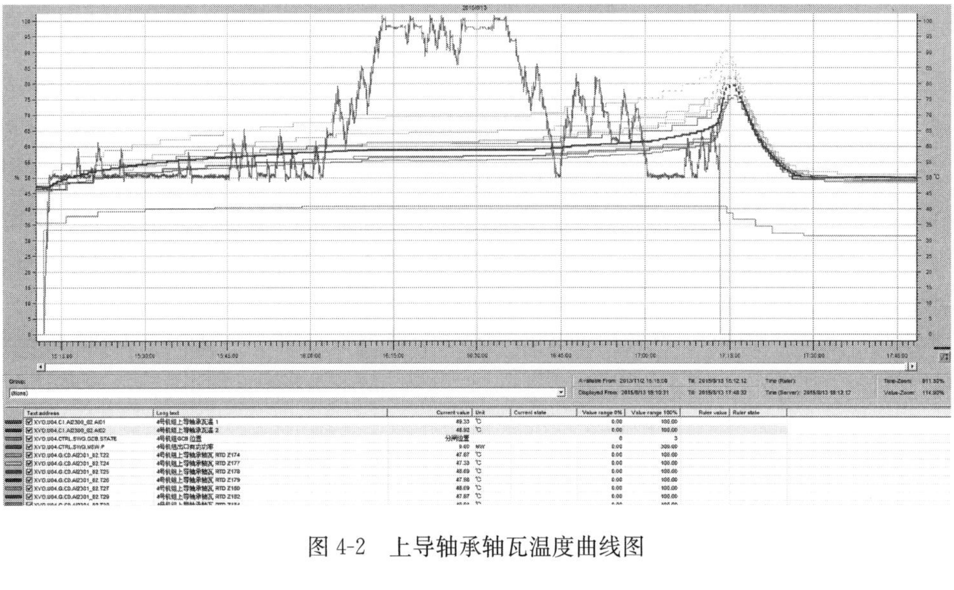

图 4-2　上导轴承轴瓦温度曲线图

现地将 4 号机组推力轴承油管流量变送器流量低定值由 1000L/min 修改至 800L/min，启动组合油泵，同样出现切泵现象，分析认为 4 号机组推力轴承油管流量变送器性能下降或者 4 号机组组合油泵性能不稳定。

动作逻辑：P1＋F _ Fault，延时 5s 判断 Pre_Filter 以及 Flow_Filter（推力油流量低 or 上导油流量低），如果过出现 F_Fault：将停主用泵，启动备用泵。因此在 5s 内监控未收到流量低复归信号导致外循环油泵切换。PLC 中具体切泵逻辑框图如图 4-3 所示。

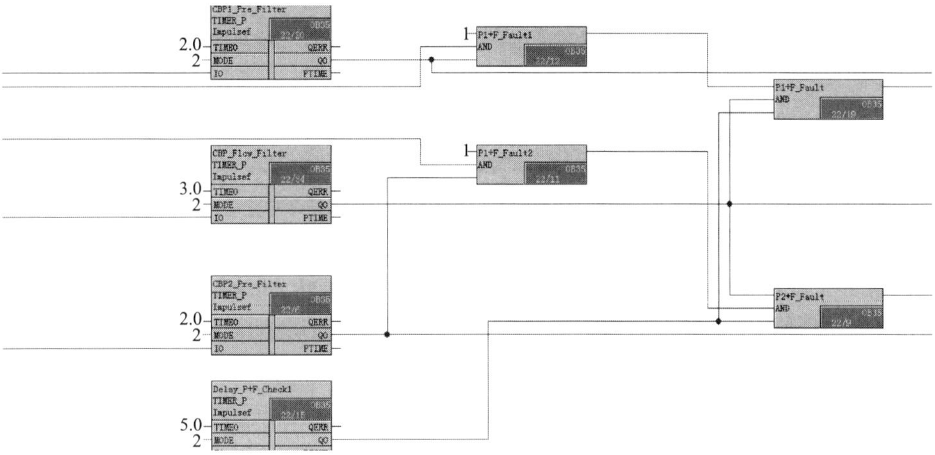

图 4-3　切泵逻辑框图

处理过程：

（1）将该延时功能块增加至 8s。

（2）将油泵油流量+压力低未复归做成报警虚拟点送监控。

处理后油泵运行正常。

第四节　典 型 控 制 设 计

抽水蓄能机组各部轴承油泵控制系统设计应符合安全性及可靠性原则。安全性原则是指为保证该设备在任何条件下不发生妨碍其他设备安全运行的情况而设计的原则。可靠性原则是指为保证该设备在任何条件下具备安全运行、故障停止、报警等功能而设计的原则。

1. 安全性原则

（1）防止机组运行过程中轴承冷却循环油泵全停。

（2）防止轴承室油位低时启动机组。

（3）定值应依据厂家设计推荐值并结合现场实际情况进行合理整定，最高油温不宜超过 65℃。

2. 可靠性原则

（1）控制电源应采用双路供电，PLC 供电模块宜采用双电源模块。

（2）轴承冷却循环油泵应具有远方自动、现地手动两种控制方式，现地手动控制回路宜采用硬布线方式。

（3）各部轴承冷却循环系统应设置两台油泵，两台油泵互为备用，轮换启动。

（4）油泵电机启动方式可根据电机容量要求选择合理的启动方式。

（5）轴承室和集油槽应装有液位监视元件，液位不满足时向监控系统发送越限报警，禁止机组启动，避免烧毁导轴瓦。

（6）机组运行中，控制系统失电时油泵应保持原运行状态。

（7）油泵系统应装有油流量或压力监视元件，设置越下限报警并自动启动备用泵。

（8）机组各轴承集油槽应装有油混水监测设备。油中含水量越限时作用于报警。

（9）监控系统至油泵控制系统的启停控制令应采取硬布线方式。

3. 输入/输出信号

(1) 输入信号。

各部轴承油泵启动命令、各部轴承油泵停止命令、各部轴承油泵运行信号、油泵控制系统油流量开关信号、油泵控制系统轴承室油位信号、油流量或压力监视变送器信号。

(2) 输出信号。

启动各部轴承油泵命令、停止各部轴承油泵命令、油流量满足信号、电源故障信号、轴承油泵驱动故障、轴承油泵 1 号泵在自动方式、轴承油泵 2 号泵在自动方式、轴承油泵在手动方式、轴承油泵 1 号泵运行、轴承油泵 2 号泵运行、轴承油流量满足、轴承油流量低、轴承油流量过低、轴承油泵电压消失、轴承集油槽油位异常、轴承集油槽油位过低、轴承油位满足、轴承油过滤器压力高、油泵控制系统电压消失、油泵控制系统故障。

4. 典型控制逻辑设计

现地 PLC 控制逻辑时，油流量不满足，备用泵延时自动启动，主备泵同时运行（见图 4-4、图 4-5）。

机组运行过程中出现油流量不满足，应与瓦温高报警闭锁停机。

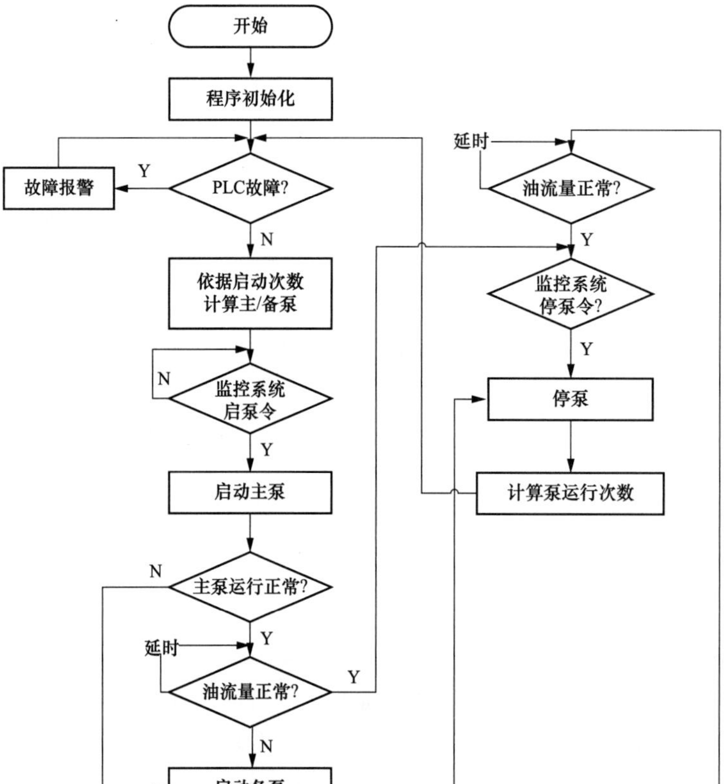

图 4-4　轴承油泵控制流程图

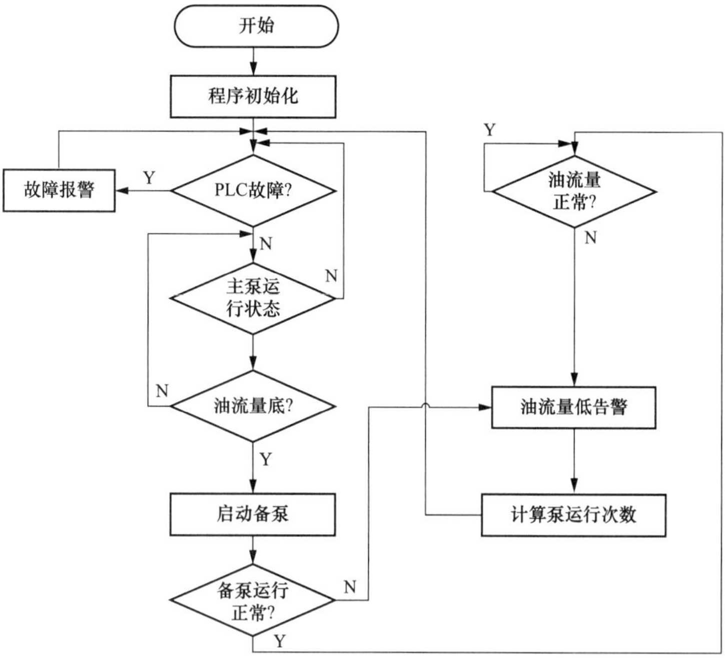

图 4-5　油流量低控制流程图

5. 典型控制回路设计

（1）控制回路接点。

控制回路应包括如下接点：油泵现地/远方把手切换位置、油位低信号、主/备泵切换把手位置等。

（2）控制回路功能。

轴承油泵控制系统收到监控系统发出的启动油泵命令后，PLC 通过双位置继电器控制油泵接触器吸合，直接启动油泵。控制系统失电或故障，双位置继电器保持当前状态（见图 4-6、图 4-7）。双位置继电器控制轴承油泵启停方式避免了由于控制系统失电或是故障造成油泵停运的事故，提高了机组的安全稳定性。

第五节　新技术应用

1. 智能报警

对轴承油泵控制系统建立智能报警应用，以轴承油泵控制系统相关的油流、油压、油温、油位、多泵切换信息等实时信息以及历史数据为基础，通过智能报警、趋势报警、专家知识库等功能模块，实现电站大量报警信息的自动分析和筛选，屏蔽无效或无须关注的信息，向运行人员实时推送需要运行人员关注的事件信息，提高电站自动化管理水平及预防性维护决策能力，保障设备安全稳定运行。

2. 状态监测与检修

建立智能分析平台，基于设备的实际工况，根据其在正常运行下各种特性参数的变化，通过分析比较来确定设备是否需要检修；同时根据设备的运行状态对设备进行评估，通过对设备的评估，掌握设备的完好率情况，及时消除设备缺陷，提高设备的完好率和健康水平，保证设备的安全运行。通过对设备状态的监控预警，使设备主人和管理人员及时掌握设备的运行状态，对存在问题的设备进行维护，保证电站的设备安全运行。

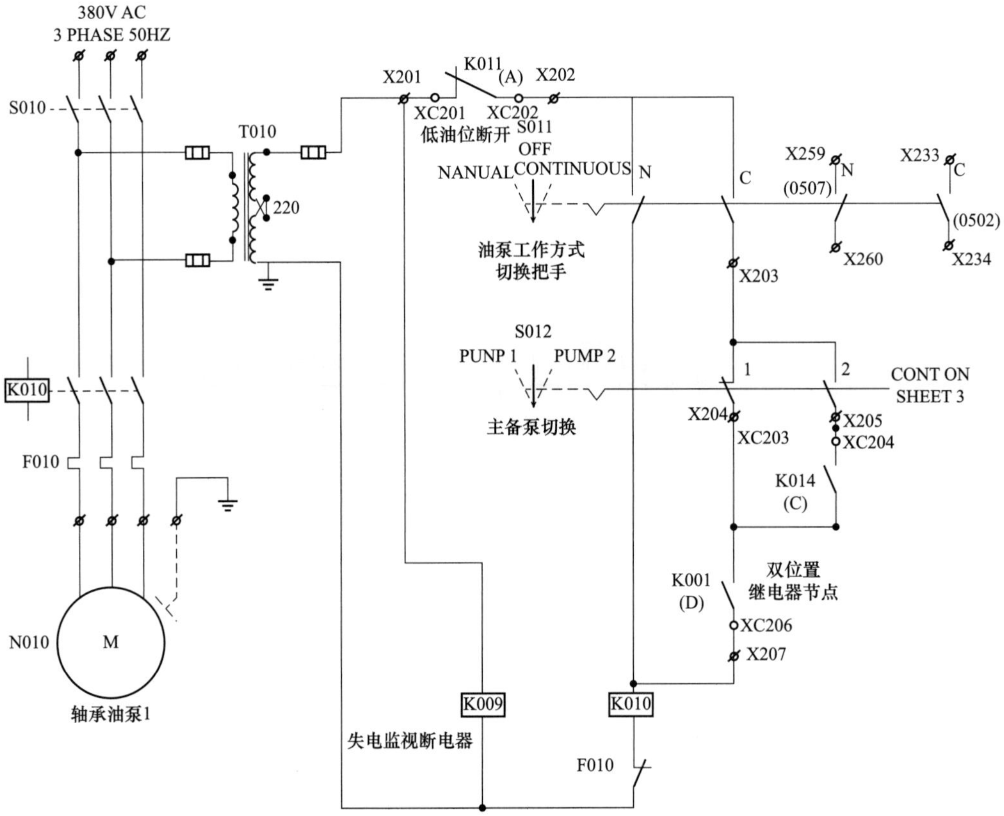

图 4-6　轴承油泵接线图 1

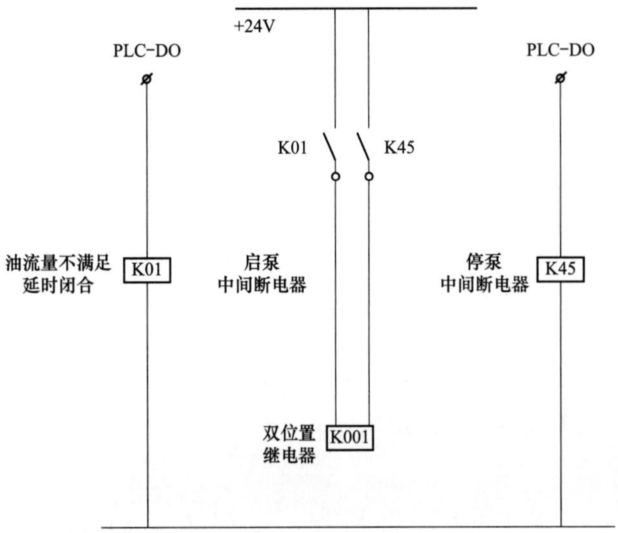

图 4-7　轴承油泵接线图 2

第五章　技术供水控制系统典型控制逻辑设计

机组技术供水系统是抽水蓄能机组发电电动机水系统辅助设备的重要组成部分，为机电运行设备（水泵水轮发电机组、主变压器等）提供冷却水或润滑水。在机组运行过程中，持续提供冷却水，确保机组各设备，机组的上导、推力、下导、水导轴承及发电机空冷器的温度维持在规定范围内，技术供水系统的稳定运行对于机组整体的稳定运行至关重要，要求技术供水系统有较高的性能和可靠性。

机组运行过程中，如果出现技术供水系统中断或水压力降低等情况时，轻则引起发电机空气冷却器冷却效果下降，瓦温升高，造成瓦温过高保护动作，导致机组事故停机，重则造成机组轴瓦烧毁，甚至于因停水造成局部温度过高而引发火灾等重大事故，技术供水系统的可靠性关乎整个机组的长期稳定安全运行。

本章将结合几个典型事故案例，对大型抽水蓄能机组技术供水系统设计时需要注意的问题进行讨论，并提出技术供水系统典型控制设计。

第一节　控制系统概述

技术供水控制系统的供水方案多种多样。对于技术供水方案的选择，在确保电站机组运行稳定的同时，还要操作简单，运行便利，并且容易检修，同时还需要兼顾电站所处的地理环境和水质状况。技术供水系统的运行，要充分符合经济合理性，在低成本投入的同时还要降低运行费用，做到设备布置合理。同时还要考虑滤水器的配置及功能设计。

技术供水泵的控制系统在一次性供水的方式下，一般至少设置两台及以上数量的供水泵进行集中供水，启动方式一般采用软启动器（尤其是功率大于15kW以上的），又因技术供水泵长期运行，使用软启动器的同时还需要考虑增加旁路或带有内置旁路的软启动器，单台泵（75kW电机）典型控制回路图如图5-1所示。

注：各代号代表的设备：

（1）QF1：进线断路器，动力电源主回路进线控制开关；

（2）FU1：动力电源主回路熔断器；

（3）ATS1：软启动器，本图纸内选择的软启动器不带内置旁路；

（4）KM1：接触器，外置旁路使用；

（5）ZK3：控制回路电源开关；

（6）KC1：控制系统扩展继电器；

（7）KW1：电源监视继电器；

（8）KA1：旁路切换中间继电器；

（9）KA2：故障扩展中间继电器。

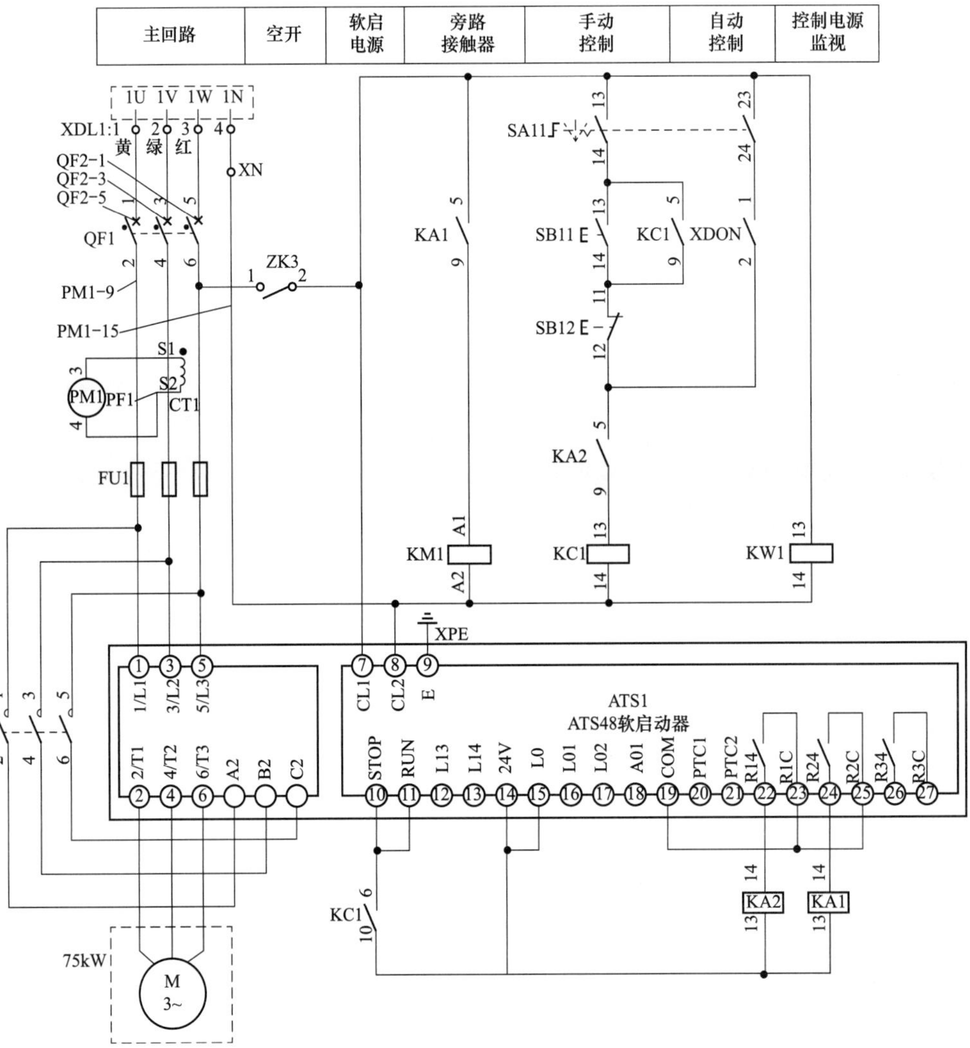

图 5-1　单台泵典型控制回路图

系统操作步骤：

（1）合上主电源进线开关 QF1，而后合上控制回路空开 ZK3，此时软启动器带电，电源监视继电器动作，电源指示灯点亮。

（2）手动情况下，将 SA11 切换把手至“手动”位置，而后按下 SB11 按钮，此时软启动器开始工作，其自带的小显示屏幕显示启动的电流，随着水泵的运行，软启动器在加速完毕后，切换到旁路，KA1 继电器动作，KM1 接触器吸合，启动完毕转入正常运行。

（3）需要停止时，按下 SB12 按钮，完成泵停止。

（4）自动情况下，将 SA11 切换把手至“自动”位置，通过远方 LCU 开出继电器的信号（XDON 节点动作）启动软启动器；需要停止时，只需要将远方 LCU 开出信号复归即可。

第二节　典　型　案　例

技术供水系统引发事故大多是因为冷却水中断或者流量不足造成轴瓦温度升高，造成机组事故停机。有时会因为部分流量开关或流量计信号测量不准确造成对主备泵进行频繁切换，影响技术供水系统正常工作。本节将介绍几例电站发生的技术供水故障的案例。

1. 案例一

某电站 3、4 号机组多次出现技术供水出口压力低切泵故障，给运行造成了很大的困扰。

2. 案例二

某电站机组在开停机过程中，偶尔会出现无法启动技术供水系统，导致技术冷却水流量状态不满足流程执行条件，最终导致机组开停机流程退出，使机组开停机时间受到影响，耽误并网时机。

3. 案例三

某电站机组原技术供水系统因蜂窝斜管沉淀池原设计产水量为 $2\times1500m^3/h$，但经过实际运行发现沉淀池供水时因产水量不足且泥沙含量较大，造成冷却水压力偏低，冷却器水量不足。在浑水期间，将 1～2 台机组采用蜗壳自流供水，导致冷却器管中吸入大量空气、机组冷却器磨损严重，在机组运行中曾多次发生冷却器铜管破损、推力轴承进水、机组降负荷以至于被迫停机，严重影响机组的安全稳定运行。

4. 案例四

某电站机组技术供水泵缺水（抽空），未能及时发现，造成电动机烧毁、机组瓦温升高，事故停机。

第三节　分　析　总　结

案例一问题分析，造成这个问题的原因：因下水库水位降低，尾调井内可调节水量减少，机组抽水启动中导叶打开抽水时调压井尚未来得及补充抽水量，降低了调压井水位，导致尾水压力降低，继而导致技术供水取水口压力降低，最终致使技术供水泵出口压力降低，如压力低于 0.5MPa 的时间超过 40s，就会发出报警，进行切换。待下库水补入调压井内，尾水压力恢复正常，技术供水泵出口压力可恢复正常。

案例二问题分析，造成这个问题的原因是：技术供水系统在收到“技术供水开机令”或“技术供水停机令”时，程序内延时 2s 后，开始执行技术供水开机或停机的命令；而机组 LCU 控制程序内的“技术供水开机令”或“技术供水停机令”下发为脉冲形式，开出保持时间为 2s，通过故障时的事件记录分析得知，故障时的控制令持续时间约 1.8～1.9s，导致 LCU 开出命令无法激活技术供水控制柜动作逻辑。通过适当加长机组 LCU 控制程序的开出时长，解决了该问题。

案例三问题分析，造成该问题的主要原因是：设计阶段没有考虑到后期运行过程中，沉淀池的产水量会下降，同时泥沙也造成了机组冷却器磨损严重。在设计阶段，需要充分了解当地的水量信息和水质情况，必要的情况下，需要考虑循环加压供水，在自流供水的情况下，也需充分考虑过滤与清洗。

案例四问题分析，造成该问题的主要原因是：总管压力信号和示流信号器故障，未能及时发现冷却水中断，造成机组非正常停机，水泵烧毁的事故。

通过以上几个案例可以看出，技术供水控制系统安全稳定运行涉及水量、水质、自动化元件（示流信号、压力开关、压力变送器、流量计等），电机，控制回路等各方面因素。另外还有一些特殊的边界条件（如案例三的循环水池产水量下降），需要考虑周全，设计足够的裕度。

第四节　典 型 控 制 设 计

1. 一般原则

（1）设计方案通常包括两大类，即一次性供水和循环供水。结合供水的实际情况，还会将两种方案进行互补，采用混合式方案供水。一次性供水所采用的方式为敞开式的，循环供水则是经过一次冷却之后，再进行二次冷却。从技术供水系统的设计上来看，一次性供水设计比较简单，当电站机组在运行过程中，将所产生的热量被冷却器带走之后，冷却水被直接排放到尾水。循环用水首先是经过一次冷却，将电站机组所产生的热量通过洁净水带走一部分，再经过河道里的二次冷却器传送到河水当中。无论哪种设计方案，在选择时，确保电站机组运行稳定的同时，还要操作简单，运行便利，并且容易检修，同时还需要兼顾电站所处的地理环境和水质状况。

（2）全自动控制。大型抽水蓄能电站一般按照无人值班（少人值守）设计，监控自动化技术设计及配置水平较高，技术供水系统配置的水泵，滤水器等设备做冗余配置。若配置有手动回路，应完善安全闭锁条件，防止误操作。

（3）控制回路应简单、安全、可靠，能够支持电机长期稳定运行。

（4）控制程序应满足机组各种工况转换，控制逻辑应有完善的安全闭锁条件。

2. 安全性原则

（1）具备防止机组运行情况下缺水、水量不足、抽空的闭锁条件。

（2）完善各信号的判断逻辑，尤其是重要的总管压力或流量信号，做到开关量和模拟量互为冗余配置。

（3）机组运行时，技术供水控制系统的控制器故障应不会导致运行中的水泵停机。

（4）技术供水泵可设计为具备跨接的功能，即机组 LCU 能够跨过技术供水控制系统的控制器，通过节点信号直接启动相应的水泵电机。

3. 可靠性原则

（1）较大电机功率（15kW 以上）尽量配置软启动器，并且自带旁路或配置外置旁路，确保电机在启动时冲击较小，长期运行时不完全依赖于软启动器。

（2）电机设备（供水管路）至少做到一主一备，通过运行时间或运行次数进行切换，确保电机运行时间基本一致，并且在一台电机故障的情况下，能够自动切换至备用电机。

（3）需要多台电机同时启动时，应当设置相应的躲避时间，例如每隔 30s 启动一台，防止因同时启动造成冲击过大。

（4）设置某台或所有电机具备跨接启动方式，在技术供水系统控制器故障的情况下，能够通过机组 LCU 远方启动电机设备，作为应急使用。

（5）电机的运行电流可作为一个重要的信号量单独接出送至技术供水控制器，系统能够持续监视电机的运行电流和总管压力、流量等信号，用于判断电机工作是否正常，水量、水压是否满足设计指标。

（6）总管压力、总管流量、各支管压力流量应设置开关量和模拟量传感器，系统应对上述信号进行综合判断。

（7）接收到机组 LCU 的“技术供水开机令”或“技术供水停机令”应是脉冲信号，系统本身既要做好防止信号抖动又要做好信号保持，防止机组 LCU 因重启造成技术供水系统停运。

（8）采用单元供水方式时，机组停机完成后，技术供水系统也应相应的停止。

（9）采用集中供水方式时，当多台机组同时运行时，需要根据供水要求自动启动和停止备用水泵，供水范围内的所有机组停机后，技术供水系统方可停止。

4. 滤水器设计

由于各电站的取水方式不同，各季节时间水质情况差别也很大，为了减少因泥沙、杂物、浮游生物等杂物进入技术供水的管道，影响技术供水系统，在滤水器设计阶段，需要考虑如下几个条件：

（1）足够的过流能力。在工作过程中，应能够保证在任何工作状况下都不小于管道额定流量的过流能力，不允许有断流的现象出现。

（2）足够的水压。应确保在任何工作情况下，不致因为系统的沿程损失和局部压力损失而造成冷却器内的流速低于额定值。

（3）足够的水质精度。应保证在任何工作状况下，不致因为水流中的杂质造成管道系统的堵塞而影响设备的工作。

（4）不同的供水压力。有的电站还要求同一滤水器同时向不同的设备供水，这就要求同一滤水器应向系统输出不同的压力。

（5）不致造成管道堵塞。有些电站还要求能够清除水流中携带的蟹、螺、蚌等水生物，防止其在冷却器中寄生而造成管道堵塞，以及因水流中的杂质的沉积和结垢而造成的管道堵塞。

（6）清污在线进行。滤水器的清污必须在线进行，即保证在清污状况下，供水的各项指标不发生变化。

（7）多种操作功能。为完全实现水电厂的“无人值班，少人值守”要求，滤水器必须是全自动、免除人工清洗，保证能在长期无维修、无检查的条件下正常工作，而且还应具有定时运行、差压运行、远程控制、人工操作、手动运行、故障报警和手/自动切换等多种功能，以满足不同工况下对供水的要求。

5. 典型控制程序设计

技术供水系统控制程序设计应注意以下几方面。

（1）技术供水的输入。

1）输入信号：输入信号包括开关量输入，模拟量输入，温度量输入信号。以两台泵为例，主要的输入信号有：交流电源消失，直流电源消失，故障总清按钮动作，1号泵：控制电源消失，1号泵：手动位置，1号泵：自动位置，1号泵：运行信号，1号泵：故障信号，2号泵：控制电源消失，2号泵：手动位置，2号泵：自动位置，2号泵：运行信号，2号泵：故障信号，1号供水泵出口压力或/和流量，2号供水泵出口压力或/和流量，远方启动技术供水泵系统，远方停止技术供水泵系统，远方启动1号泵，远方停止1号泵，远方启动2号泵，远方停止2号泵，机组冷却水供水总管压力低报警，主轴密封供水总管压力低报警，1号泵滤水器差压启动，1号泵滤水器故障报警，2号泵滤水器差压启动，2号泵滤水器故障报警，另外还有各阀门的开/关状态信号等。模拟量信号主要有：技术供水总管压力，机组冷却水供水总管压力，主轴密封供水总管压力，1号泵运行电流，2号泵运行电流。

2）输出信号：输出信号包括开关量输出信号，模拟量输出信号。以两台泵为例，主要的输出信号有：启/停1号供水泵，启/停2号供水泵，启/停1号滤水器，启/停2号滤水器，打开供水阀，关闭供水阀，综合故障（点灯），另外有一些扩展上送至机组LCU的测点。

3）电机设备运行统计用的数据：主用泵号，备用泵号，1号水泵运行次数累加，1号水泵运行时间累加（小时），2号水泵运行次数累加，2号水泵运行时间累加（小时）。

（2）控制流程设计。

采用单元供水方式时，机组停机完成后，技术供水系统也应相应的停止。采用集中供水方式时，当多台机组同时运行时，需要根据供水要求自动启动和停止备用水泵，供水范围内的所有机组停机后，技术供水系统方可停止。

1）当PLC收到机组LCU发出的水轮发电机组的开技术供水信号时，PLC应自动启动工作水泵，给机组提供冷却水。

2）当PLC收到机组LCU发出的水轮发电机的停机完成信号时，PLC应自动延时停止工作和备用水泵。

3）在机组运行过程中，当PLC检测到冷却水总管压力或流量降低至设定值（现场整定），或工作水泵故障（包括电机故障或电源故障）时，PLC应自动输出启动备用水泵的命令，完成备用水泵的启动。

4）PLC应能自动统计每台水泵的运行时间和启动次数，正常情况下，两台技术供水泵均设置为“自动”控制方式，并根据运行时间或启动次数在启停水泵过程中自动轮换工作和备用水泵（除非必要时，在水轮发电机连续运行过程中不要进行自动轮换），实现两台水泵互为备用的功能，并且当工作方式自动切换时，自动发出信号。

5）当PLC只检测到其中一台技术供水泵的切换开关置于“自动”位置且无故障，则PLC应自动将该台水泵设置为主工作水泵。

6）当水泵切换开关置于“手动”控制方式时，可手动直接启/停水泵（通过启/停按钮实现）。当某台水泵故障时，将其切换开关置于“切除”位置，断开对应主回路断路器，可维护故障水泵。

7）无论切换开关置于任何位置，PLC应输出泵的运行状态信号、主要故障信号，以点亮柜上的指示灯。

8）输入到PLC的4～20mA总管压力和流量信号参与技术供水系统的自动控制典型的控制流程如图5-2所示。

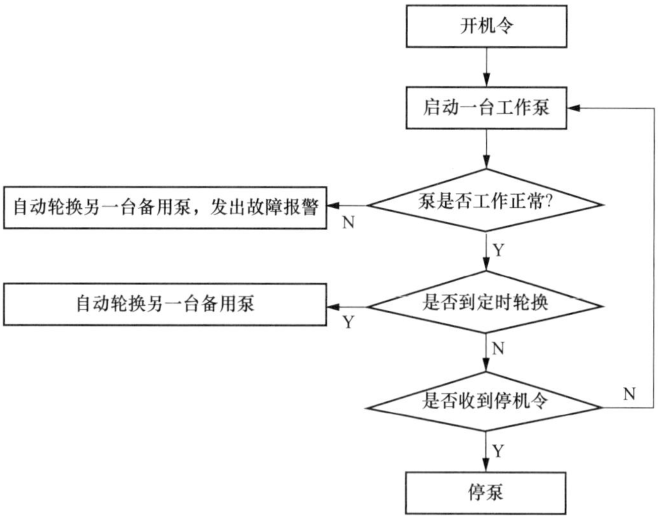

图 5-2　典型控制流程图

6. 典型控制回路设计

为实现技术供水系统安全控制，硬布线回路应注意以下几个问题。

(1) 控制回路应简单、可靠、应设计手动/自动控制回路。

(2) 为防止控制系统的控制器故障，相应的阀门和泵应设计手动控制或者联动控制。

(3) 泵的运行电流可接入到控制器内，作为泵运行时的重要监视数据，另外软启动器故障信号也需要进行监视和串入硬回路内。

(4) 在有条件的情况下，可考虑与软启动器通信，采集更多的运行和故障数据。

第五节　新技术应用

通过技术供水系统典型控制设计，可以有效地提高控制系统的可靠性和安全性，尽可能地避免在机组正常启停过程中发生安全事故，保证机组的正常运行。通过判断上送的信号，以及相关设备的状态，在异常的情况下闭锁开机，保证机组开停机的安全性。

为了增加系统的可靠性，做到及早发现问题，及时处理，可通过如下的方式进行系统的监视。

1. 变频控制

通过变频器来控制电机的转速和输出功率，来保持供水总管的压力稳定在一定的范围内，以确保总管的压力和流量在设计范围内，不会出现忽高忽低的情况。

2. 趋势分析

(1) 泵运行时间的趋势分析：通过对泵启动和运行电流数据，对泵的运行状况进行一个初步判断，是否出现在启动时卡阻，运行时抽空的情况。

(2) 通过运行的电流来判断泵的负载大小，再根据供水总管的压力等数据，综合判断技术供水总管的水量信息。

(3) 通过供水总管的压力、机组的瓦温数据，来判断冷却水的流量，温度是否满足要求，必要的情况下给出预警信息。

3. 数据对比

（1）通过历次开/停技术供水过程中的时间，来判断技术供水系统的健康度。

（2）通过每次开/停的信号动作先后逻辑，来判断技术供水开/停是否正常。

4. 智能报警

（1）由于总管和支管上的示流信号设备大多会出现信号抖动的情况，在上位机界面上容易出现信号刷屏的情况，给运行监盘带来不便，可考虑增加一些防抖动的处理，针对某些信号的变化频次做相应的滤波。

（2）减少不必要的信号报警。例如技术供水停机后，各示流信号会报“冷却水中断”，实际上这属于正常的信号报警，但这些报警会占用上位机简报内容，影响运行人员的判断。可做一些逻辑，在停机状态下，诸如此类的信号做屏蔽处理，不进行相应的报警。

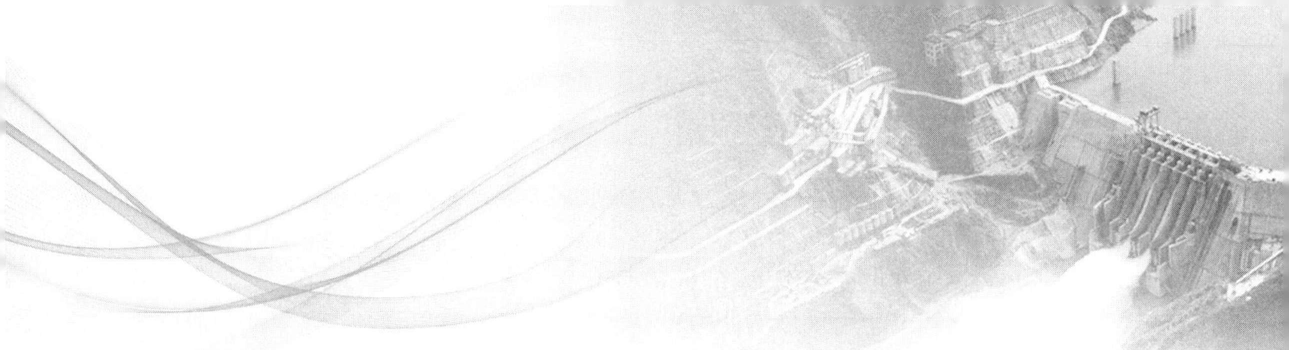

第六章　发电机消防控制系统典型控制逻辑设计

发电机消防系统是抽水蓄能机组发电电动机的重要辅助设备，为保障机组的安全稳定运行，预防机组的火灾灾情扩大，减少损失发生，可探测火灾早期特征、发出火灾报警信号，为人员疏散、防止火灾蔓延和启动自动灭火设备提供控制与指示的消防系统。

目前，国内外水力发电机一般都利用水、二氧化碳等扑灭水力发电机组火灾。水灭火经济、可靠、安全、操作简单，其缺点是在设备恢复使用过程中需进行有效的烘烤，使之达到合格的绝缘标准。用二氧化碳灭火要求发电机有较好的密封结构，且初期投资较大，灭火后需排出二氧化碳才能进行检修，国内只有个别水电站使用。我国绝大部分水力发电机组都采用水灭火方式，特别是采用水喷雾灭火，使灭火效果更佳、更可靠。

抽水蓄能机组消防设施建议采用水喷雾灭火系统，该系统是利用水雾喷头在一定水压下将水流分解成细小水雾滴进行灭火或防护冷却的一种固定式灭火系统。该系统由水源、供水设备、管道、雨淋报警阀（或电动控制阀、气动控制阀）和水雾喷头等组成，向被保护对象喷射水雾进行灭火或防护冷却。

抽水蓄能机组消防系统还应配置消防事故广播及对讲系统，当消防值班人员得到火情后，可以通过电话与各防火分区通话了解火灾情况，用以处理火灾事故，也可通过广播及时通知有关人员采取相应措施，进行疏散。本章将结合几个典型事故案例，对大型抽水蓄能机组消防设计时需要注意的问题进行讨论，并提出发电机消防控系统典型控制逻辑设计。

第一节　控制系统概述

1. 发电机消防系统控制原理

GB 50116—2013《火灾报警系统设计规范》规定火灾自动报警系统应设有自动和手动两种触发装置。火灾发生时，探测器将火灾信号传输到报警控制器，通过声光信号表现出来，并在控制面板上显示火灾发生部位，从而达到预报火警的目的。同时，该系统也可以通过按下手动按钮来启动消防喷淋灭火功能。系统处于正常工作状态时，雨淋系统要求快速喷水灭火，一般用来充当防火分隔。所以，其喷头是开式的，在系统动作时，设计喷水区内的所有开式喷头同时喷水。雨淋系统使用雨淋阀控制，平时管道内是无水的。雨淋阀组主要由水源控制阀（蝶阀）、雨淋阀、手动应急装置、自动滴水阀、排水球阀、供水侧压力表、控制腔压力表，压力开关等组成。当有火灾发生时，消防控制模块联动电磁阀，通过控制腔的出口接通大气压，由于控制腔内进口的减压装置作用，使得控制腔内的压力急剧下降，当控制腔内的压力与供水压力的差值小于一定值时，作用在阀盖底部向上的力大于杠杆作用在阀瓣上向下的力，雨淋阀的阀瓣被供水压力打开，雨淋阀组压力开关动作后，通过控制柜启动发电机消防水泵为管道供水，水流入系统侧进行灭火。探测区域的每个区域至少应设置一只火灾探测器。感烟探测器、感温探测器的保护面积和保护半径，应按锯齿型屋顶和坡度大小15°的人字型屋顶分别设置，应在每个屋脊处设置一排探测器，探测器下表面至屋顶最高处的距离详见表6-1。每个防火分区应至少设置一个手动火灾报警按钮。从一个防火分区内的任何位置到最邻近的一个手动火灾报警按钮的距离不应大于30m。手动火灾报警按钮宜设置在公共活动场所的出入口处，且应设置在明显和便于操作的部位。

表6-1　　火灾探测器参数表

火灾探测器的种类	地面面积 S (m^2)	房间高度 h (m)	一只探测器的保护面积 A 和保护半径 R					
			屋顶坡度 θ					
			$\theta \leqslant 15°$		$15° < \theta \leqslant 30°$		$\theta > 30°$	
			A (m^2)	R (m)	A (m^2)	R (m)	A (m^2)	R (m)
感烟火灾探测器	$S \leqslant 80$	$h \leqslant 80$	80	6.7	80	7.2	80	8.0
	$S > 80$	$6 < h \leqslant 12$	80	6.7	100	8.0	120	9.9
		$h \leqslant 16$	60	5.8	80	7.2	100	9.0
感温火灾探测器	$S \leqslant 30$	$h \leqslant 8$	30	4.4	30	4.9	30	5.5
	$S > 30$	$h \leqslant 8$	20	3.6	30	4.9	40	6.3

当发电机坑内发生火灾时，探测器会检测到烟雾浓度及温度变化，在达到动作条件时将信号传送回消防控制箱，再由控制系统的处理器根据条件做出判断，决定是否启动消防系统。

2. 发电机消防系统控制

水轮发电机风洞内，应设火灾自动报警系统，其动力电缆与信号电缆应选用屏蔽阻燃性电缆，火灾探测器应选用抗工频电磁场型。火灾发生时，火灾报警信号分别送至发电机自动水喷雾灭火系统的电气控制柜及机组操作控制单元、中控室。自动水喷雾灭火系统的控制方式有全自动、半自动、手动三种操作方式，三种操作方式可根据需要由运行人员任意切换。发电机自动水喷雾灭火设备布置在每台机组的中间层。在发电机定子上下端部线圈圆周长度上喷射的水雾水量不应小于10L/(min·m^2)。在水轮发电机的采暖取风口和补充空气的进口处应设置防火阀，当发电机着火时，应能自动关闭。

当发电机发生火灾时，首先烟感温感动作触发相应逻辑，若收到发电机出口开关分闸、励磁开关分闸、发电机保护动作信号，则雨淋阀开启。

(1) 任意一个烟雾探测器报警。当发电机坑内烟雾浓度到达一定程度后，烟雾探测器动作节点合上，发出烟雾报警信号。

(2) 任意一个温度探测器报警。当发电机坑温度达到设定值时，温度探测器动作节点合上，发出温度报警信号。

(3) 发电机差动保护继电器已动作。当发电机差动保护动作时，继电器动作，短接回路中一个电阻。回路电阻变小，电流变大，处理器收到保护已动作的信号。

(4) 发电机出口断路器已分闸。

(5) 发电机励磁系统已灭磁或者直流开关断开。

当消防启动时，必须保证断路器已断开，励磁系统已灭磁，方可启动发电消防系统。

第二节　典　型　案　例

抽水蓄能电站火灾主要有两类：一是定子绕组绝缘被击穿，导致定子绕组绝缘损坏，引起绕组对地或绕组匝间短路，短路电弧可以将铜导线和铁芯烧熔连在一起；二是导线及接头过热，如果发电机冷却装置失效或是导线接头焊接不良等，会引起定子绕组或转子绕组过热、绝缘老化和绕组间接头熔化，并可能进一步发展为电弧起火。

某抽水蓄能电站进行水环排水阀开、闭试验，当油路通过后，管道中静压转为动压，管路卡套式接头受震动脱开，压力油呈雾状喷出，遇安装单位在现场设置防潮用的电炉子便燃烧起来。火势从 125 高程电缆竖井迅速向上蔓延，经多方全力扑救，持续到 17：30 方被扑灭。这次火灾共导致 3 号机组机旁控制设备全部烧毁并波及 2 号、4 号机组的电缆设备。

第三节　分　析　总　结

案例事故后分析，造成此次火灾的原因：3 号机组 125.5 层水环排水阀操作压力油管路上卡套式接头脱开，沿油喷射的方向，即距油管脱开点 4.75m 处设有一台明火电炉（3kW），造成油雾燃烧，是火灾的直接起因。整个压力油槽的 3 吨压力油喷出，125.5 层起火后烧着电缆。由于表盘安装时的孔洞尚未封堵，火势沿电缆向上蔓延到 135.5 及 145 层的机旁监控装置、保护装置的盘柜，同时波及 1 号、2 号、4 号机组，是事故扩大的原因。现场施工中应加强施工现场安全规范管理，严禁使用明火。

发电机消防设计应贯彻“预防为主，防消结合”的方针，立足于加强重点、兼顾一般的原则。既要保障电站和设备运行安全，又尽可能不妨碍或影响电站生产过程中的维护、检修和运行管理，以免延误运行人员及时观察、检查和紧急处置生产过程中突发事件的时机。因此要针对水力发电站生产特点和设备特征，采取相应的防火、灭火措施，达到预防火灾发生、及时控制、扑灭火灾、阻止火势蔓延的目的。

第四节　典 型 控 制 设 计

1. 一般原则

（1）发电机消防系统一般由消防报警系统、消防供排水系统、雨淋阀系统、通风排烟系统和广播语音报警系统组成。雨淋阀系统包括机械部分和电气部分，机械的液压系统，主要由雨淋阀组、灭火环管、水雾喷头和机械柜等组成。电气监测和控制系统主要由感温探测器、感烟探测器、连接电缆和控制柜等组成。控制柜是雨淋阀系统的电气监测和控制部分，它将感温感烟探测器、雨淋阀组、发变组保护和集中报警系统等有机联系起来，实现水轮发电机水喷雾消防的现地控制和远方控制。

（2）发电机消防系统宜有全自动、半自动、手动三种操作方式。发电机运行时，宜投入全自动模式。

（3）应有下列报警信号送至计算机监控系统：控制器手/自动状态、系统故障、雨淋阀动作报警、烟雾探测器报警、温度探测器报警、雨淋阀后压力高报警、火灾报警停机信号、紧急操作把手动作。

（4）应在电站中控室设集中报警控制器，可在远方启动发电机消防系统。

（5）监测并输出的故障信号包括主电源故障、消防系统接地故障、任何接线故障和阀门位置错误等。所有重要阀门，如雨淋阀主进水阀和试验排水阀，均应配有位置开关，并带有两回独立的电气接点回路，分别输出信号至试验台的红（绿）指示灯和集中报警的显示屏上。

（6）通风排烟系统：抽水蓄能电站地下厂房洞室多、埋藏深，发热量和通风量都很大，且通风气流和系统贯穿全厂各洞室。存在火灾事故的通风助燃、扩大火势和串烟、串火、扩大事故的可能性，因此应划分通风排烟防火区。在副厂房防火区中，水轮发电机组等重要机电设备属于重点防护区。该区实行正压通风，使本区的空气可以流向其他区域，而其他区域的空气难以流向本区，以保证在其他区域发生火灾事故时本区的安全。

（7）发电机风洞内，应设有多个感温探测器和感烟探测器。

（8）火灾应急广播：控制中心报警系统应设置火灾应急广播，并在地下厂房设置火灾应急广播系统。控制室应能监控用于火灾应急广播时的扩音机的工作状态，并应具有监控遥控开启扩音机和采用传声器播音的功能。

（9）消防专用电话：消防专用电话网络宜为独立的消防通信系统。

2. 安全性原则

（1）每台机组防火区域至少应设一个火灾警报装置，其位置宜设在各楼层走道靠近楼梯出口处。警报装置宜采用手动或自动控制方式。

（2）发电机风洞内应至少布置三个感温探头和三个感烟探头。

（3）消防系统启动喷淋前必须确保机组出口开关已在分位、励磁开关已在分位、发电机差动保护动作。

3. 可靠性原则

（1）发电机消防控制系统应有主电源和直流备用电源。主电源应采用消防电源，直流备用电源宜采用火灾报警控制器的专用蓄电池或集中设置的蓄电池。当直流备用电源采用消防系统集中设置的蓄电池时，火灾报警控制器应采用单独的供电回路，并应保证在消防系统处于最大负载状态下不影响报警控制器的正常工作。

（2）应将机组火灾报警、机组火灾停机信号接入计算机监控系统，计算机监控系统应有相应故障报警及事故报警记录，应有相关语音报警提醒值班员注意火灾事故预警，确保机组在收到火灾信号后能将机组安全停下，尽可能减少对机组损伤。

（3）发电机消防系统宜有全自动、半自动、手动三种操作方式。发电机运行时，宜投入全自动模式。

（4）感烟探测器、感温探测器应采用屏蔽阻燃型电缆连接。

4. 感烟探测器

火灾的起火过程一般情况下伴有烟、热、光三种燃烧产物。在火灾初期，由于温度较低，物质多处于阴燃阶段，所以产生大量烟雾。烟雾是早期火灾的重要特征之一，感烟式火灾探测器就是利用这种特征而开发的，能够对可见的或不可见的烟雾粒子响应的火灾探测器，是一种将探测部位烟雾浓度的变化转换为电信号实现报警目的的一种器件。对于机组消防感烟探测器应注意以下几方面：

（1）在机组开机时，冷却系统工作，发电机内部会有空气交换，宜选用管道式感烟探测器。

（2）在机组停机时，因发电机内部无循环空气，管道式感烟探测器无法起作用。需安装开式感烟探测器，利用开式感烟探测器进行发电机停机时的烟雾监测。在发电机正常工作时，与管道式感烟探测器联合输出报警信号。

5. 感温探测器

机组发生火灾时燃烧产生大量的热量，使周围温度发生变化。感温探测器是对警戒范围中某一点或某一线路周围温度变化时响应的火灾探测器。它是将温度的变化转换为电信号以达到报警目的。对于感温探测器应注意以下几个问题：

（1）感温探测器设置的报警温度应高于布置位置的正常温度，并确保在发电机最大出力时不会出现误报警。

（2）应至少有 3 个独立的感温探测器，在一个探测器故障时其他探测器可以可靠报警。

6. 防火电缆

宜选用一些环保型并且没有污染的耐火电缆来进行布线，这种电缆具有优良的电阻，燃烧的时候灰尘也比较少。对于空间的污染程度很低，极大地保护了环境，而且电缆的使用寿命较长，具有成本较低、非常经济划算的优点。

7. 消防控制室控制设备

（1）控制消防设备的启、停，并应显示其工作状态；

（2）消防水泵、防烟和排烟风机的启、停，除自动控制外，还应能手动直接控制；

（3）显示火灾报警、故障报警部位；

（4）显示保护对象的重点部位、疏散通道及消防设备所在位置的平面图或模拟图等；

（5）消防控制室应设置火灾警报装置与应急广播的控制装置；

（6）消防控制设备对自动喷水和水喷雾灭火系统应有控制系统的启、停，显示消防水泵的工作、故障状态，显示水流指示器、报警阀、安全信号阀的工作状态；

（7）火灾报警后，消防控制设备对防烟、排烟设施应有停止有关部位的空调送风，并接收其反馈信号；

（8）火灾报警后，启动有关部位的防烟和排烟风机、排烟阀等，并接收其反馈信号。

8. 典型控制程序设计

当发电机坑内发生火灾时，探测器会检测到烟雾浓度及温度变化，在达到动作条件时将信号传送回消防控制箱，再由控制系统的处理器根据条件做出判断，决定是否启动消防雨淋阀。发电机消防控制程序设计应注意以下几方面。

（1）发电机消防控制程序应充分考虑消防系统启动的各种必要条件，防止事故扩大化，应确保各必要条件满足：任意一个感温探测器报警、任意一个感烟探测器报警、发电机差动保护动作、机组出口开关在分位、灭磁开关在分位。

（2）发电机消防系统宜设置自动控制模式、半自动控制模式、手动控制模式。

（3）发电机消防系统控制程序应接收消防系统手自动模式反馈、各阀门位置反馈、压力报警开关反馈、消防供水流量监测反馈、发电机出口断路器分位置反馈、发电机差动保护动作反馈、灭磁开关分位信号反馈。

（4）发电机消防系统检测到火灾报警信号后应将报警信息上送至监控系统，并有相应的故障语音报警。发电机消防系统需要启动时，应向计算机监控系统发出停机信号，并有相应的事故语音报警。

（5）为确保在紧急情况下能够可靠的启动消防系统，除了电气启动外，一个不依赖于消防控制柜的完全机械模式也是必须的。在机械操作柜旁边应有一个手动紧急阀门，可以进行完全机械式的启动，当扳动阀门上的手动把手时，消防操作管道中的水压会被释放，进水管道内的水将直接顶开进水雨淋阀而进入发电机坑内。

（6）控制流程设计。

1）发电机消防系统在自动模式时，满足消防系统启动条件时应能自动启动消防雨淋：任意一个温感探测器报警、任意一个烟感探测器报警、发电机差动保护动作、机组出口开关在分位、灭磁开关在分位。

2）发电机消防系统启动后，应向中控室报警系统发出警报，开启消防系统供水电磁阀，开出火灾报警及紧急停机信号。

3）机组消防系统启动控制典型逻辑如图 6-1 所示。

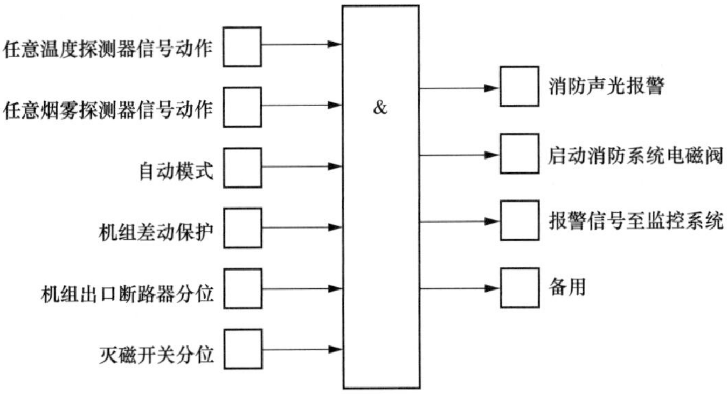

图 6-1　机组消防系统启动控制典型逻辑图

9. 典型控制回路设计

为确保机组消防系统可靠动作，控制回路应注意以下几个问题。

（1）控制回路应简单、可靠，宜设计自动控制回路，半自动控制回路，手动控制回路。

（2）为确保发生火灾时消防系统可靠动作，其供水电磁阀应采用双线圈双稳态电磁阀并具有过电压抑制措施，电磁阀收到启动信号后启动发电机消防喷淋，电磁阀收到停止信号时停止发电机消防喷淋，此设计可确保在发生火灾后，不会因控制回路被损坏而停止发电机消防系统喷淋。电磁阀的状态应上送消防系统电气柜、计算机监控系统，用于监视机组消防喷淋状态。

（3）控制回路应包括如下接点：任意一个感温探测器报警、任意一个感烟探测器报警、发电机差动保护动作、机组出口开关在分位、灭磁开关在分位。

（4）启动消防前应闭锁机组保护差动动作、机组出口断路器分位、励磁灭磁开关分位等闭锁条件是否满足，防止机组在并网或带电时启动发电机消防系统。典型的机组消防系统输入/输出信号如图 6-2 所示。

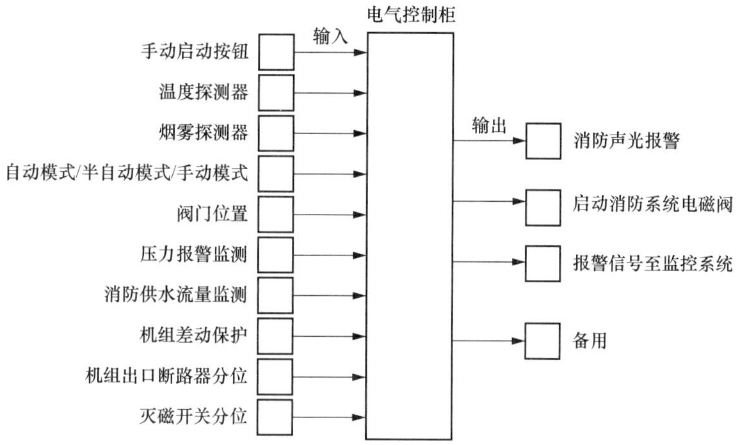

图 6-2　典型机组消防系统输入/输出信号

第五节　新技术应用

发电机消防系统未来应研发新的灭火介质，确保在每次机组消防系统启动后能尽快恢复生产，兼顾水、气体灭火的优点。

发电机消防系统应以预防为主，亦能在火灾发生后快速消灭火灾，防止机组火灾事故扩大化。发生火灾如何有效、准确、及时地报警一直是消防技术研究的重点，过去的自动消防系统一般采用传统火灾传感器，如烟雾传感器、温度传感器、感光传感器（感应火焰的红外、紫外辐射）等，且常常单一地使用某种传感器，即便使用多个不同类别的传感器，也是独立的报警，互相没有任何联系。实际上每种类别的传感器都有其局限性，例如感温传感器只对明火产生的温升敏感，对阴燃火不敏感，又如感烟传感器是一种对一般火情均有较高灵敏度的火灾传感器，且对阴燃火有极好的探测效果，但对明火却不敏感。因此，至今仍然没有一种单一的火灾传感器能有效地探测各类火情，火警误报漏报时有发生。

1. 大数据分析

数据分析是指收集、处理数据并获取信息的过程。数据分析是建立审计分析模型，对数据进行核对、检查、复算、判断等操作，将被审计数据的现实状态与理想状态进行比较，从而发现审计线索，搜集审计证据的过程。通过数据分析，我们可以将隐没在杂乱无章的数据中的信息集中、萃取和提炼，进而找出所研究对象的内在规律。

每次火灾的发生不应是偶然事件，而且一定数量的小量变累积爆发。火灾报警系统不仅有事故发生后的感温探测器、感烟探测器，也可以在探测器附件安装一定数量的温度传感器，对机组运行温度工况数据进行分析。

火灾报警预防不应仅是消防系统的事情，计算机监控系统应该也能参与分析报警。计算机监控系统采集有抽蓄机组最全面的温度数据，因此进行数据综合分析、报警也就有了可能。计算机监控系统将收集到的温度数据进行简单地显示、对比，就有了最基础的图表。

2. 新型火焰图像传感器

随着计算机技术、数字化图像处理技术、人工智能技术的发展，使火灾报警的有效、准确、及时已经成为可能。为了达到上述目的，可从两个方面考虑：一是设计新的火灾传感器，如火焰图像传感器；二是采用多个传感器全面收集火灾发生前后的各种异常数据，并用人工智能技术处理传感器提供的火灾数据信息，可以大大地提高整个系统的智能性。

火焰图像传感器是由 CCD 摄像机、数据处理插件和数据分析模块组成，它感应的是火焰的可见光，它是数字图像处理技术与人工智能技术综合的产物。通过 CCD 摄像机将视频图像信号传给数据处理插件进行前期干扰处理，然后由数据分析模块对视频图像进行火焰行为特征的综合分析，如火焰频闪特性、火焰升腾特性、火焰色谱特性等，分析出本视频图像是否属于火灾火焰。

火焰图像传感器区别于传统火灾传感器，它是根据火灾发生的另一种行为特征来进行报警，有效地弥补了其他火灾传感器的不足。合理算法的使用，使得火焰图像传感器报警的准确性很高，探测范围也大于其他火灾传感器，同时还可将现场图像提供给消防控制室，以供消防值班人员视频监视。

3. 多传感器数据融合技术

多传感器数据融合技术不是将各种传感器的数据进行简单综合，而是充分利用不同时间与空间的多模态信息，采用人工智能技术，对按时序获得的多模态观测数据在一定准则下加以自动分析和优化综合，获得对被测对象的一致性解释与描述，从而完成所需的决策和评估任务，得到更可靠、更准确的结论，使系统获得比它的各组成部分更优越的性能。它必须对来自多传感器的数据进行多级别、多方面、多层次的处理，从而产生新的有意义的信息，而这种信息是任何单一传感器所无法获得的。多传感器数据融合部件采用 BP 神经网络对多传感器的数据进行融合。

多传感器数据融合的消防报警系统与单传感器数据的消防报警系统相比有很多优点，除了将同源数据进行组合而得到统计上的优势之外，使用多种传感器可以提高精度，提高报警信息的可信度，提高系统的可靠性，加快对火灾信息的处理速度。

4. 基于消防系统的数据分析和挖掘

采用基于信息融合技术的机器学习算法，对前端采集设备发送的报警或故障信息进行数据挖掘，采用基于深度学习模型的大数据检索方法对上述前端报警或故障信息进行数据分析，根据分析结果，进一步判断是否存在现场消防火灾报警或故障状态。使用前端采集设备发送的信息，结合信息融合数据库，运用数据挖掘和数据分析技术，对消防火情和设备运行情况进行评估，输出更加准确的火灾报警或预警信息，可用于消防报警和安全评估。

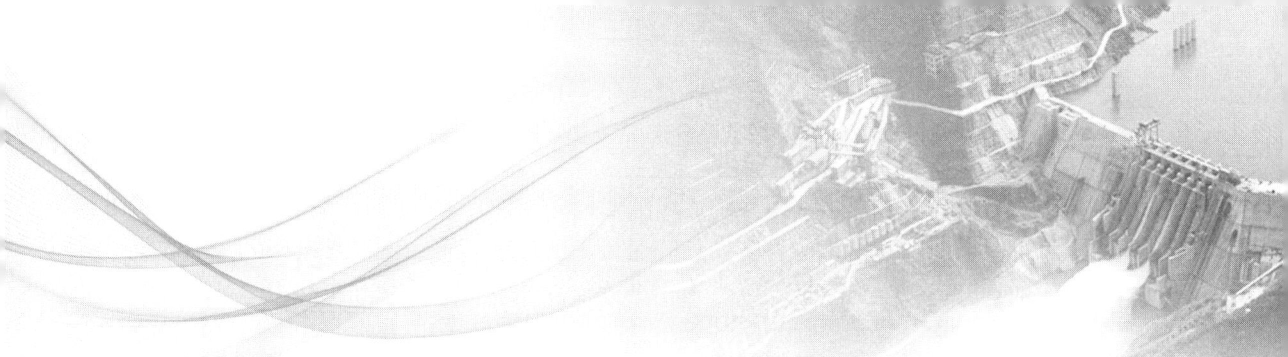

第七章　主变压器消防控制系统典型控制逻辑设计

抽水蓄能电站的主变压器通常为油浸式变压器，主变压器的容量一般比较大，对设备的可靠性要求很高。尽管主变压器故障率不高，但是一旦出现故障就会造成重大的损失。轻则可能会造成设备故障；重则会引发火情，危及电站正常的运行安全。

主变压器运行时的油温一般在 50～70℃，当变压器内部绕组层间绝缘被破坏或铁芯发热，使变压器铁芯产生局部过热，其温度可高达 800℃以上；而变压器的高能放电可使局部温度高达近 3000℃；变压器油温在高温作用下所生成的可燃气体，大部分进入变压器油枕上部的空间，少部分熔接于变压器油（使变压器油的绝缘强度降低）后再部分的释放出来，如果变压器的继电保护拒绝动作或动作不及时，将使变压器油的温度在极短的时间内以极快的速度上升，迅速增加的被气化的变压器油体积急剧膨胀，一旦变压器的器身有薄弱部位（如变压器瓷套管、器身焊接、防爆口等处）将破成裂口，使变压器油及产生的可燃气体一起从裂口中喷出，喷出的变压器油及可燃气体的混合物在与空气摩擦接触后，将会产生火焰或爆炸。

主变压器能否安全运行，消防是重要的环节。针对突发的着火事件，消防系统能否正常运行，扑灭早期主变压器的火灾和压制火势对减小事故影响很重要的。主变压器消防系统是抽水蓄能电站的主变压器系统的重要辅助设备，为保障主变压器的安全稳定运行，预防主变压器的火灾灾情扩大，减少损失发生，可探测火灾早期特征、发出火灾报警信号，为人员疏散、防止火灾蔓延和启动自动灭火设备提供控制与指示的消防系统。

主变压器消防系统一般都利用水喷雾、泡沫喷雾等扑灭抽水蓄能电站主变压器火灾。水灭火经济、可靠、安全、操作简单，其缺点是在设备恢复使用过程中需进行有效的烘烤，使之达到合格的绝缘标准。泡沫喷淋灭火系统具有结构简单、安装检修便利、易调试且各种类型的泡沫液均可适用等优点，缺点是泡沫产生器和部分管线易受到主变压器燃烧爆炸的破坏而失去作用。我国大部分主变压器都采用水灭火方式，特别是采用水喷雾灭火，使灭火效果更佳、更可靠。

建议抽水蓄能电站主变压器采用水喷雾系统，可与机组水喷雾系统共用消防水池，投资成本低。该系统是利用水雾喷头在一定水压下将水流分解成细小水雾滴进行灭火或防护冷却的一种固定式灭火系统。由水源、供水设备、管道、雨淋报警阀（或电动控制阀、气动控制阀）、过滤器和水雾喷头等组成，向保护对象喷射水雾进行灭火或防护冷却的系统。

水喷雾灭火系统可用于扑救固体物质火灾、丙类液体火灾、饮料酒火灾和电气火灾，并可用于可燃气体和甲、乙两类液体的生产、储存装置或装卸设施的防护冷却。水喷雾灭火系统不得用于扑救遇水能发生化学反应造成燃烧、爆炸的火灾，以及水雾会对保护对象造成明显损害的火灾。水喷雾灭火系统不仅可扑救固体、液体和电气火灾，还可为液化烃储罐等火灾危险性大、扑救难度大的设施或设备精品文档提供防护冷却。

抽水蓄能电站的主变压器消防系统还应配置消防事故广播及对讲系统，当消防值班人员得到火情后，可以通过电话与各防火分区通话了解火灾情况，用以处理火灾事故，也可通过广播及时通知有关人员采取相应措施，进行疏散。本章将结合几个典型事故案例，对大型抽水蓄能的主变压器消防设计时需要注意的问题进行讨论，并提出主变压器消防控制典型控制设计。

第一节　控制系统概述

1. 主变压器消防控制原理

DL 5027—2015《电力设备典型消防规程》第 10.3 条规定油浸式变压器的固定自动灭火系统，应符合下列要求："水电厂室内油浸式主变压器和单台容量 12.5MVA 以上的厂用变压器应设置固定自动灭火系统及火灾自动报警系统；室外单台容量 90MVA 及以上的油浸式变压器应设置固定自动灭火系统及火灾自动报警系统。"主变压器室应设置两种及以上不同类型的火灾探测器，探测器可选用缆式线型感温火灾探测器、红外光束感烟探测器、火焰探测器；每台主变压器宜独立设置一套火灾自动报警及消防控制系统。

主变压器的消防动作逻辑需按如下设置：当有且仅有一只探测器报警时，发出火警信号，自动发出火警信号并将信号输出电站火灾自动报警系统及计算机监控系统。联动控制信号应采用两个独立的火灾探测器报警信号的"与"逻辑组合，同时可根据实际需求加入计算机监控系统的相关数据与指令来直接自动触发自动灭火设施。主变压器自动灭火装置可在消防控制室手动启动，不应设置任何闭锁信号。水流指示器、压力开关，雨淋阀组、雨淋消防泵的启动和停止的动作信号应反馈至消防联动控制器。

当主变压器发生火灾时，温度探测器会检测到温度变化，在达到动作条件时将信号传送回消防控制箱，再由控制系统的处理器根据条件做出判断，决定是否启动消防电磁阀。感温电缆是变压器火灾的主要检测原件，感温电缆由 2 根高碳钢丝外裹高压聚乙烯塑料套管、聚乙烯包带或涤纶包带构成，最外层是 PVC 绝缘塑料套管。当感温电缆周围的温度达到其动作温度值时，聚乙烯塑料套管、聚乙烯或涤纶包带融化，两根高碳钢丝接触，他们之间的电阻值迅速下降。此时，感温电缆发出直接火灾信号。每个主变压器防火分区应至少设置一个手动火灾报警按钮。从一个防火分区内的任何位置到最邻近的一个手动火灾报警按钮的距离不应大于 30m。手动火灾报警按钮应设置在明显的和便于操作部位。主变压器消防控制设备典型布置如图 7-1 所示。

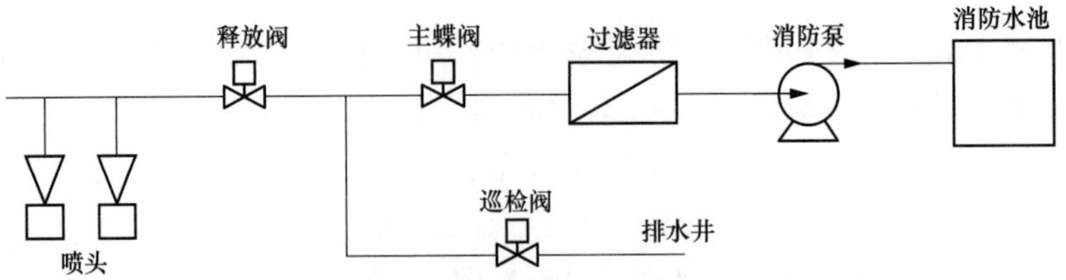

图 7-1　主变压器消防控制设备典型布置图

2. 主变压器消防系统控制

主变压器室内，应设火灾自动报警系统，其电气连接应选用屏蔽阻燃型电缆，火灾探测器应选用抗工频电磁场型。火灾发生时，火灾报警信号分别送至主变压器自动水喷雾灭火系统的电气控制柜及机组操作控制单元室、中控室。自动水喷雾灭火系统的投入有全自动、半自动、手动三种操作方式，三种操作方式可根据需要由运行人员任意切换。主变压器自动水喷雾灭火设备布置在每台主变压器室内。变压器按要求需设置水喷雾灭火时，水雾的保护面积应为变压器油箱顶部及侧面（含冷却器）的全部表面积之和，喷射的水雾水量不应小于 $20L/(min \cdot m^2)$。变压器周围集油坑上也应采用水雾保护，其喷射的水雾水量不应小于 $6L/(min \cdot m^2)$。

火灾报警后，消防控制设备对防烟、排烟设施应有下列控制、显示功能：停止有关部位的空调送风，关闭电动防火阀，并接收其反馈信号；启动有关部位的防烟和排烟风机、排烟阀等，并接收其反馈信号。

水喷雾系统的喷头、配管与电气设备带电部件的距离应满足电气安全距离的要求；管路系统应接地，并与全厂接地网连接。消防给水管路不应跨越变压器、配电装置等敞开电气设备上方，且不宜妨碍变压器和电气设备的正常运行、维护。

主变压器消防系统的启动逻辑：

（1）温度探测器报警。当主变压器发生火灾时，变压器表面温度达到设定值，感温电缆保护层熔毁，电缆内 2 根钢芯接触，发出温度报警信号。

（2）各侧断路器跳闸信号已动作。当主变压器发生火灾时，主变压器保护先将主变压器各侧开关可靠跳开。

（3）消防系统后台处理器收到主变压器保护已动作信号，且主变压器各侧断路器已断开，方可启动消防。

第二节　典　型　案　例

抽水蓄能电站主变压器主要为油浸变压器，从其内部结构来看，主变压器油箱内存在大量绝缘油，一旦变压器因故障产生火花或高温，易引发火灾。绝缘油受热会发生分解现象，生成大量可燃性气体；当变压器出现过电压、短路等不良现象时，温度急剧上升，所产生的可燃气体数量更多。变压器绝缘油为数据饱和形式的碳氢化合物，闪点大于等于135℃，受热后会产生氢气等易燃气体，导致火灾发生。当油气溶解在绝缘油中会降低其闪点（普遍降到 55℃之下），进一步增加了气体燃烧概率。若变压器密封效果良好，油气无法与空气融合，就无法生成混合物，进而有效阻止爆炸的发生；但如果故障时间过长，易燃气体的重量越来越多，会增加箱内气压，导致油箱破裂、氧气进入，此时易燃气体与氧气融合产生火灾，主变压器发生火灾时危害极大，主要火灾原因为五类。

1. 绕组间短路

因绝缘老化、变压器进水、异物进入、电源引线绝缘破损等原因，造成变压器绕组层间或匝间短路，引发火灾。

2. 绕组对地短路

由于振动、操作过电压、绝缘距离不足、绝缘损坏等原因，造成绕组与铁芯、外壳、台架等接地部分短路击穿，引发火灾。

3. 变压器内部损耗过大

变压器内部损耗包括绕组损耗（铜损）和铁芯损耗（铁损）两部分。实际运行的变压器铁损往往大于铜损。由于铁芯硅钢片质量、铁芯多点接地、变压器铁芯硅钢片间气隙过大等，均可引起变压器内部损耗过大，造成变压器温度升高。一方面引燃可燃物；另一方面引起附近绝缘损坏，造成绕组短路。

4. 接触不良

包括分接开关接触不良、电源引线接触不良等。接触不良造成局部持续异常发热，产生高温引燃可燃物或者损坏周围绝缘，引发火灾。

5. 其他原因

除上述原因外，雷击、二次侧短路故障、周围可燃物过多、变压器散热不良、小动物噬咬等也会造成变压器故障引发火灾。

第三节　分　析　总　结

主变压器消防设计应贯彻“预防为主，防消结合”的方针，立足于加强重点，兼顾一般的原则，既要保障电站和设备运行安全，又尽可能不妨碍或影响电站生产过程中的维护、检修和运行管理，以免延误运行人员及时观察、检查和紧急处置生产过程中突发事件的时机。因此要针对水力发电站生产特点和设备特征，采取相应的防火、灭火措施，达到预防火灾发生、及时控制、扑灭火灾、阻止火势蔓延的目的。

第四节　典 型 控 制 设 计

1. 一般原则

(1) 主变压器消防系统一般由消防供排水系统、雨淋阀系统、通风排烟系统和广播语音报警系统组成。雨淋阀系统包括机械部分和电气部分，机械的液压系统，主要由雨淋阀组、水雾喷头和机械柜等组成。电气监测和控制系统主要由感温探测器、连接电缆和控制柜等组成。控制柜是雨淋阀系统的电气监测和控制部分，将感温探测器、雨淋阀组、变压器保护系统和集中报警系统等有机联系起来，实现主变压器水喷雾消防的现地控制和远方控制。

(2) 主变压器消防系统宜有全自动、半自动、手动三种操作方式。主变压器运行时，宜投入全自动模式。

(3) 应有下列报警信号送至计算机监控系统：系统故障、雨淋阀动作报警、温度探测器报警、水流量报警、火灾报警停机信号、紧急操作把手动作。

(4) 应在抽水蓄能电站中控室设集中报警控制器，可在远方启动主变压器消防喷淋。

(5) 监测并输出的故障信号包括主电源故障、电池组电量过低、接地故障、任何接线故障和阀门位置错误等。所有重要阀门，如雨淋阀主进水阀和试验排水阀，均应配有位置开关，并带有两回独立的电气接点回路，分别输出信号至试验台的红（绿）指示灯和集中报警的显示屏上。

(6) 通风排烟系统：抽水蓄能电站地下厂房洞室多、埋藏深，发热量和通风量都很大，且通风气流和系统贯穿全厂各洞室。存在火灾事故的通风助燃、扩大火势和串烟、串火、扩大事故的可能性，因此应划分通风排烟防火区。在地下厂房防火区中，主变压器室等重要机电设备属于重点防护区。

（7）火灾应急广播：控制中心报警系统应设置火灾应急广播，并在地下厂房设置火灾应急广播系统。控制室应能监控用于火灾应急广播时的扩音机的工作状态，并应具有监控遥控开启扩音机和采用传声器播音的功能。

（8）消防专用电话：消防专用电话宜为独立的消防通信系统。

2. 安全性原则

（1）每台主变压器防火区域应至少设一个火灾警报装置，其位置宜设在过道出口处。警报装置宜采用手动或自动控制方式。

（2）每台主变压器探测区域应至少布置一个感温探头，采用感温电缆缠绕主变压器至少两圈。

（3）给水设施采用水泵供水方式时，应设置备用水泵，其工作能力不应小于一台主要水泵，并保证在火警后 5min 内开始工作。消防水泵应采用双电源或双回路供电。

（4）消防系统启动喷淋前必须确保主变压器各侧断路器已在分闸位置。

（5）防止主变压器消防控制系统一经送电即自动误动主变压器消防电磁阀。

3. 可靠性原则

（1）主变压器消防控制系统应有主电源和直流备用电源。主电源应采用消防电源，直流备用电源宜采用火灾报警控制器的专用蓄电池或集中设置的蓄电池。当直流备用电源采用消防系统集中设置的蓄电池时，火灾报警控制器应采用单独的供电回路，并应保证在消防系统处于最大负载状态下不影响报警控制器的正常工作。

（2）应将主变压器火灾报警、主变压器火灾停机信号接入计算机监控系统，计算机监控系统应有相应故障报警及事故报警记录，应有相关语音报警提醒值班员注意火灾事故预警，确保机组在收到火灾信号后能将主变压器安全停运，尽可能减少对主变压器损伤。

（3）主变压器消防系统宜有全自动、半自动、手动三种操作方式。主变压器运行时，宜投入全自动模式。

（4）感温探测器应采用屏蔽阻燃型电缆连接。

4. 感温探测器

主变压器发生火灾时燃烧产生大量的热量，使主变压器壳体周围温度快速升高。用于主变压器的感温探测器宜用感温电缆，采用感温电缆缠绕主变压器两圈。当感温电缆周围的温度达到其动作温度值时，聚乙烯塑料套管、聚乙烯或涤纶包带融化，两根高碳钢丝接触，它们之间的电阻值迅速下降。此时，感温电缆发出直接火灾信号。对于感温探测器应注意以下几个问题。

（1）感温探测器设置的报警温度应高于布置位置的正常温度，并确保在主变压器最大负载时不会出现误报警。

（2）应至少有多根独立的感温电缆，在一个探测器故障时其他探测器可以可靠报警。

5. 防火电缆

宜选用一些环保型并且没有污染的屏蔽耐火电缆来进行布线，这种电缆具有比较明显的优点。其效果十分突出，电阻性能优良，燃烧的时候灰尘也比较少。对于空间的污染程度很低，极大地保护了环境，而且电缆的使用寿命还长，有着成本较低、非常经济划算的优点。

6. 消防控制室控制设备

（1）控制消防设备的启、停，并应显示其工作状态。

（2）消防水泵、防烟和排烟风机的启、停，除自动控制外，还应能手动直接控制。

（3）显示火灾报警、故障报警部位。

（4）显示保护对象的重点部位、疏散通道及消防设备所在位置的平面图或模拟图等。

（5）消防控制室应设置火灾警报装置与应急广播的控制装置。

（6）消防控制设备对自动喷水和水喷雾灭火系统应有控制系统的启、停，显示消防水泵的工作、故障状态，显示水流指示器、报警阀、安全信号阀的工作状态。

（7）火灾报警后，消防控制设备对防烟、排烟设施应有停止有关部位空调送风的功能，并接收其反馈信号。

（8）启动有关部位的防烟和排烟风机、排烟阀等，并接收其反馈信号。

7. 主变压器室设计要求

（1）专用房间、洞室应为一级耐火等级，其大门采用甲级防火门或防火卷帘门，应向外开或侧向推拉。

（2）主变压器专用房间的大门不应直接开向主厂房或正对进厂交通道。

（3）应设置火灾自动报警及固定式灭火系统。

（4）发生火警后，专用房间、洞室内送排风系统应停运。

（5）应按消防规范要求设置事故贮油、排油设施。

（6）应设置固定式灭火系统和排烟或消烟设施。

（7）应配备手提式灭火器等灭火器材。

（8）变压器室及其对外的管沟、孔洞，应采用非燃烧材料堵塞。

8. 典型控制程序设计

当主变压器发生火灾时，探测器会检测到温度变化，在达到动作条件时将信号传送回消防控制箱，再由控制系统的处理器根据条件做出判断，决定是否启动消防电磁阀。主变压器消防控制程序设计应注意以下几方面。

（1）主变压器消防控制程序应充分考虑消防系统启动的各种必要条件，防止事故扩大化，应确保各必要条件满足：任意一个感温探测器报警、主变压器各侧开关在分位。

（2）主变压器消防系统宜设置自动控制模式、半自动控制模式、手动控制模式。

（3）主变压器消防系统控制程序应接收消防系统手自动模式反馈、各阀门位置反馈、压力开关报警反馈、雨淋阀后流量监测反馈、主变压器各侧开关分位反馈。

（4）主变压器消防系统检测到火灾报警信号后应将报警信息上送至监控系统，并有相应的故障语音报警。主变压器消防系统需要启动消防系统时，应向计算机监控系统发出主变压器停运信号，并有相应的事故语音报警。

（5）为确保在紧急情况下能够可靠的启动消防系统，除了电气启动外，一个不依赖于消防控制柜的完全机械模式也是必须的。在机械操作柜旁边应有一个手动紧急阀门，可以进行完全机械式的启动，当扳动阀门上的手动把手时，消防操作管道中的水压会被释放，进水管道内的水将直接顶开进水雨淋阀而进入主变压器室内。

（6）控制流程设计。

1）主变压器消防系统在自动模式时，满足消防系统启动条件时应能自动启动消防雨淋：任意一个温感探测器报警、任意一个烟感探测器报警、主变压器各侧断路器在分闸位置。

2）主变压器消防系统启动后，应向中控室报警系统发出警报，开启消防系统供水电磁阀，开出主变停运报警信号至计算机监控系统。

3）典型的控制流程如图 7-2 所示。

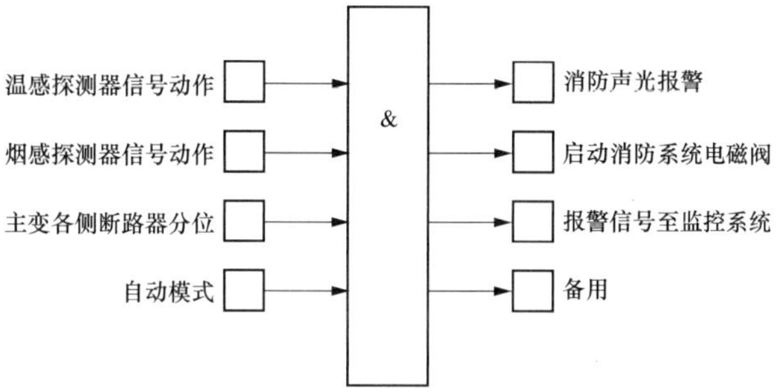

图 7-2　主变压器消防系统启动控制逻辑图

9. 典型控制回路设计

为确保主变压器消防系统可靠动作，控制回路应注意以下几个问题。

（1）控制回路应简单、可靠，宜设计自动控制回路，半自动控制回路，手动控制回路。

（2）为确保发生火灾时消防系统可靠动作，其供水电磁阀应采用双线圈双稳态电磁阀并具有过电压抑制措施，电磁阀收到启动信号后启动主变压器消防喷淋，电磁阀收到停止信号时停止主变压器消防喷淋，此设计可确保在发生火灾后，不会因控制回路被损坏而停止主变压器消防系统喷淋。电磁阀的状态应上送消防系统电气柜、计算机监控系统，用于监视主变压器消防喷淋状态。

（3）控制回路应包括如下接点：任意一个感温探测器报警、主变压器各侧断路器位置开关。

（4）主变压器消防控制典型控制回路。

启动消防前主变压器各侧断路器在分闸位置等闭锁条件是否满足，防止主变压器事故扩大。典型的主变压器消防系统输入/输出信号如图 7-3 所示。

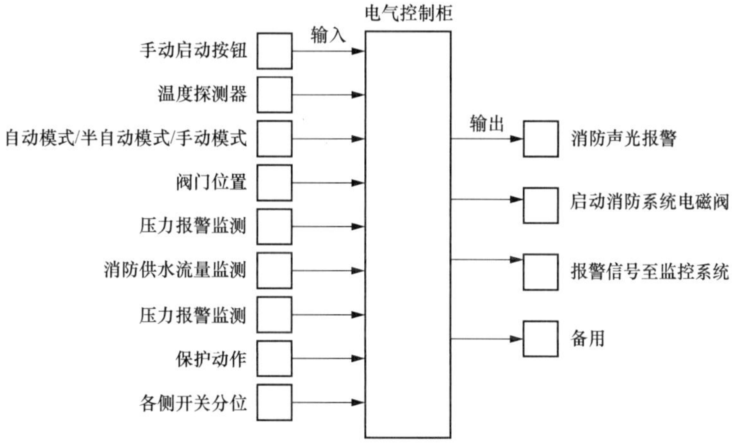

图 7-3　主变压器消防系统输入/输出信号

第五节 新技术应用

主变压器消防系统未来应研发新的灭火介质，确保在每次主变压器消防系统启动后能尽快恢复生产，兼顾水、气体灭火的优点。

主变压器消防系统应以预防为主，亦能在火灾发生后快速消灭火灾，防止主变压器火灾事故扩大化。发生火灾如何有效、准确、及时地报警一直是消防技术研究的重点，过去的自动消防系统一般采用传统火灾传感器，如烟雾传感器、温度传感器、感光传感器（感应火焰的红外、紫外辐射）等，且常常单一地使用某种传感器，即便使用多个不同类别的传感器，也是独立地报警，互相没有任何联系。实际上每种类别的传感器都有其局限性，例如感温传感器只对明火产生的温升敏感，对阴燃火不敏感，又如感烟传感器是一种对一般火情均有较高灵敏度的火灾传感器，且对阴燃火有极好的探测效果，但对明火却不敏感。因此，至今仍然没有一种单一的火灾传感器能有效地探测各类火情，火警误报漏报时有发生。

1. 大数据分析

数据分析是指收集、处理数据并获取信息的过程。数据分析是建立审计分析模型，对数据进行核对、检查、复算、判断等操作，将被审计数据的现实状态与理想状态进行比较，从而发现审计线索，搜集审计证据的过程。通过数据分析，可以将隐没在杂乱无章的数据中的信息集中、萃取和提炼，进而找出所研究对象的内在规律。

每次火灾的发生不应是偶然事件，而是一定数量的量变累积爆发。火灾报警系统不仅有事故发生后的感温探测器，也可以在探测器附近安装一定数量的温度传感器，对主变压器运行温度数据进行分析。

火灾报警预防不应仅是消防系统的事情，计算机监控系统应该也能参与分析报警。计算机监控系统采集有主变压器最全面的运行数据，因此进行数据综合分析、报警也就成为可能。计算机监控系统将收集到的运行数据进行简单显示、对比，就有了最基础的图表。

2. 新型火焰图像传感器

随着计算机技术、数字化图像处理技术、人工智能技术的发展，使火灾报警的有效、准确、及时已经成为可能。为了达到上述目的，可从两个方面考虑：一是设计新的火灾传感器，如火焰图像传感器，二是采用多个传感器全面收集火灾发生前后的各种异常数据，并用人工智能技术处理传感器提供的火灾数据信息，可以大大地提高整个系统的智能性。

火焰图像传感器是由 CCD 摄像机、数据处理插件和数据分析模块组成，它感应的是火焰的可见光，它是数字图像处理技术与人工智能技术综合的产物。通过 CCD 摄像机将视频图像信号传给数据处理插件进行前期干扰处理，然后由数据分析模块对视频图像进行火焰行为特征的综合分析，如火焰频闪特性、火焰升腾特性、火焰色谱特性等，分析出本视频图像是否属于火灾火焰。

火焰图像传感器区别于传统火灾传感器，它是根据火灾发生的另一种行为特征来进行报警，有效地弥补了其他火灾传感器的不足。合理算法的使用，使得火焰图像传感器报警的准确性很高，探测范围也大于其他火灾传感器，同时还可将现场图像提供给消防控制室，以供消防值班人员视频监视。

3. 多传感器数据融合技术

多传感器数据融合技术不是将各种传感器的数据进行简单综合，而是充分利用不同时间与空间的多模态信息，采用人工智能技术，对按时序获得的多模态观测数据在一定准则下加以自动分析和优化综合，获得对被测对象的一致性解释与描述，从而完成所需的决策和评估任务，得到更可靠、更准确的结论，使系统获得比它的各组成部分更优越的性能。它必须对来自多传感器的数据进行多级别、多方面、多层次的处理，从而产生新的有意义的信息，而这种信息是任何单一传感器所无法获得的。多传感器数据融合部件采用 BP 神经网络对多传感器的数据进行融合。

多传感器数据融合的消防报警系统与单传感器数据的消防报警系统相比有很多优点，除了将同源数据进行组合而得到统计上的优势之外，使用多种传感器可以提高精度，提高报警信息的可信度，提高系统的可靠性，加快对火灾信息的处理速度。

4. 基于消防系统的数据分析和挖掘

采用基于信息融合技术的机器学习算法，对前端采集设备发送的报警或故障信息进行数据挖掘，采用基于深度学习模型的大数据检索方法对上述前端报警或故障信息进行数据分析，根据分析结果，进一步判断是否存在现场消防火灾报警或故障状态。使用前端采集设备发送的信息，结合信息融合数据库，运用数据挖掘和数据分析技术，对消防火情和设备运行情况进行评估，输出更加准确的火灾报警或预警信息，可用于消防报警和安全评估。

第八章　压气排水控制系统典型控制逻辑设计

调相运行是抽水蓄能电站机组重要的运行工况，机组处于调相运行时一般是为了提高电力系统的功率系数和保持其电压水平，以消耗有功功率为代价，向系统输送无功功率，补偿输电线路和异步电机的感性、容性电流。

压气排水控制系统分为充气压水和排气回水两部分。充气压水是通过空压机系统向机组转轮室内注入压缩空气，将转轮室内的水位压至转轮以下，使机组转轮在空气中旋转，大大降低机组在拖动过程和调相运行时的阻力，减小机组的振动；排气回水则是在机组抽水调相转抽水、发电调相转发电或者调相工况直接转停机时，关闭调相主压气阀和补气阀，打开回水排气阀组，使尾水管水位恢复至转轮以上的过程。压气排水控制系统是抽水蓄能机组工况转换过程控制及调相稳定运行中的一个重要的组成部分。

本章将结合几个典型事故案例，对大型抽水蓄能机组压气排水控制设计时需要注意的问题进行讨论，并提出压气排水控制系统典型逻辑设计。

第一节　控制系统概述

1. 压气排水系统结构

压气排水系统是由调相压水气罐、压气及排气阀门以及尾水管水位测量装置等部分组成。

充气压水时，调相压水气罐能够在短时间内提供大量的压缩空气，将转轮室内的水体压至转轮本体以下。气罐设计的容积一般由转轮室的容积、转轮体积和压水水位决定。在计算压水气罐设计容积时一般要求在额定压力下能保证连续两次压水成功。

压气及排气阀门包括：主压气阀、补气阀、蜗壳平压阀、蜗壳排气阀、转轮排气阀、尾水排气阀、上下止漏环供水阀。主压气阀是充气压水主用阀门；补气阀的作用是当充气压水完成后，主轴密封处会产生一部分的气体泄漏，当液位升高接点到达后开启该阀；蜗壳平压阀连通蜗壳与尾水管，在机组调相运行时，将转轮室逸向蜗壳的高压气体排至下库，避免机组由抽水调相转抽水时蜗壳内还存留大量气体；蜗壳排气阀、转轮排气阀和尾水排气阀是在排气回水阶段，通过该阀组将残余的气体排至集水井，以防止该部分气体通过压力钢管排至上库；上下止漏环供水阀提供上下迷宫环冷却水，确保机组长期调相运行时温度不会升高。

尾水管水位测量装置布置于尾水锥管段，传感器测量尾水管内的实际水位，其主要作用是为机组调相启动和运行时提供尾水水位信号，控制调相压气和补气。

压气排水控制系统结构示意图如图 8-1 所示。

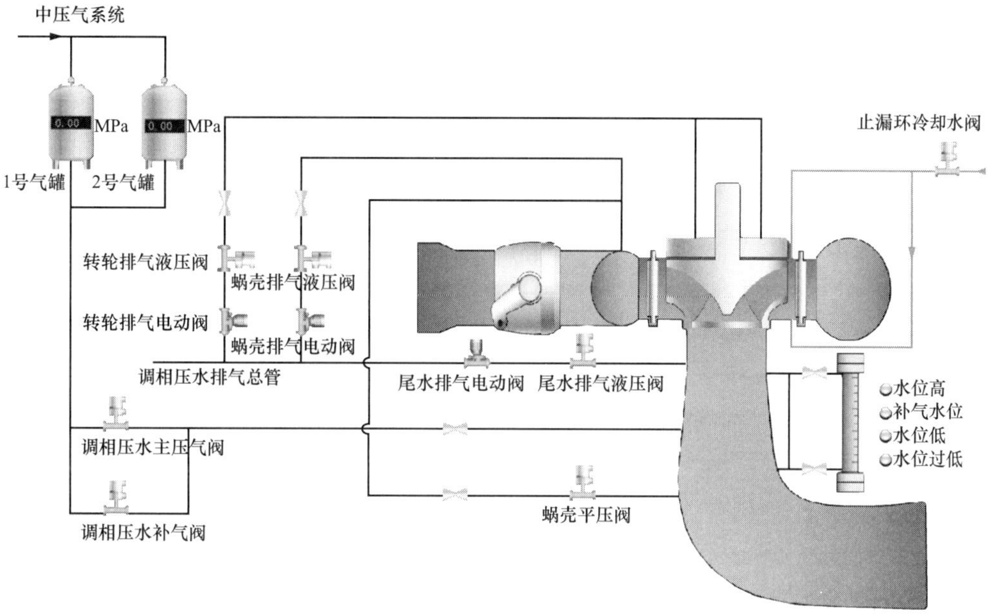

图 8-1　压气排水控制系统结构示意图

2. 压气排水控制原理

抽水蓄能机组运行方式较为复杂，主要稳定运行工况包括：停机、发电、发电调相、抽水、抽水调相等，同时具备黑启动和线路充电功能。其中发电调相和抽水调相工况状态如下。

发电调相工况：出口开关合位，换相刀闸合在发电方向位置，灭磁开关合位，导叶全关，进水阀全关，蜗壳平压阀、上下止漏环供水阀打开，主压气阀、蜗壳排气阀、转轮排气阀、尾水排气阀关闭，补气阀在需要补气时自动打开。

抽水调相工况：出口开关合位，换相刀闸合在抽水方向位置，灭磁开关合位，导叶全关，进水阀全关，蜗壳平压阀、上下止漏环供水阀打开，主压气阀、蜗壳排气阀、转轮排气阀、尾水排气阀关闭，补气阀在需要补气时自动打开。

抽水蓄能机组抽水工况启动时，为防止发电电动机的启动电流过大，采用压缩空气将转轮室的水位压下，使转轮在空气中启动，降低启动力矩。该过程采用电磁配压阀、液压操作阀及示流水位信号计等来实现。

压气排水控制系统主要用于抽水蓄能机组的水泵启动过程，在静止变频器或拖动机组拖动水泵水轮机转动前或拖动过程中，通过压缩空气操作管路向转轮室内充入压缩空气，转轮室内水位下降至转轮以下，静止变频器或拖动机组拖动水泵水轮机在空气中转动达到额定转速，同期并网后运行在调相工况。需要转抽水时，通过排气控制管路将转轮室空气排掉，转轮室水位上升至水位上限，并形成水压，待进水阀开启后通过调速器控制导叶按设定好的开度曲线开导叶，使水泵正常抽水。另外，抽水蓄能机组在发电调相转发电过程中也会用到动态排气回水环节，流程与上述的水泵启动过程类似，不同的是工况转换成功后机组在发电工况稳定运行，这里不再赘述。

抽水蓄能机组在发电转发电调相、停机转抽水调相、抽水转抽水调相过程，需要用到压气排水控制系统的充气压水环节，通过关闭导叶和进水阀，打开调相主压气阀将转轮室内水位压至转轮以下，机组在并网状态下工况转换至调相态。

同样的，机组在发电调相或抽水调相转停机过程，也需要用到压气排水控制系统的排气回水环节，关闭调相主压气阀和补气阀，打开回水排气阀组，使尾水管水位恢复至转轮以上，机组解列后待转速降至零，停止机组辅助设备，机组稳定在停机工况。

调相压水子流程调用示意图如图 8-2 所示。

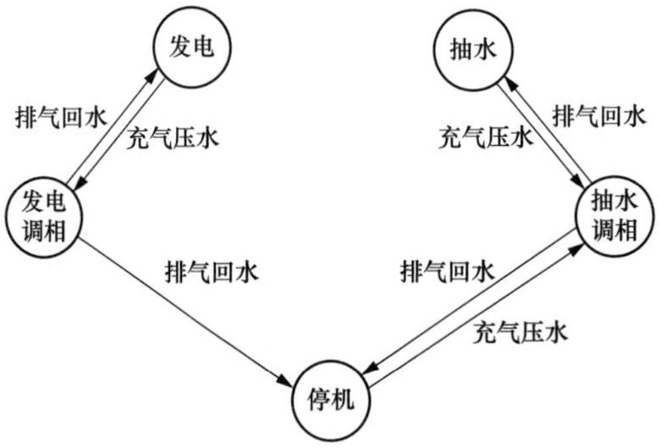

图 8-2　压气排水子流程调用示意图

第二节　典　型　案　例

抽水蓄能机组启停频繁，工况转换流程较为复杂，其中重要的一个环节就是充气压水和排气回水，压气排水控制系统往往会因为某个阀门位置信号丢失、止漏环冷却水流量异常或尾水管水位信号误动等问题导致机组工况转换失败，严重影响机组启机成功率。本节将着重介绍几例电站发生的因压气排水控制系统故障导致的事故案例。

1. 案例一

2010 年 1 月，某电站 1 号机抽水调相并网后转抽水工况条件一直不满足，调相气罐压力低报警，机组超时跳机。

随即启动 4 号机抽水调相并监视 1 号机停机过程。1 号机机械刹车未投，在转速低于 5%且闭锁条件解除后，现地手动投机械刹车，机组到达停机稳态，期间 4 号机顺利抽水调相并网后转抽水工况运行。

2. 案例二

2013 年 6 月，某电站 2 号机组抽水调相启动过程中，在机组压水状态，正常开启止漏环冷却水阀后，下止漏环供水流量低报警，机组转事故停机。

3. 案例三

2014 年 9 月，某电站 2 号机组抽水调相启动过程中，在机组压水状态，尾水管水位高位置开关动作报警，充气压水失败，进而导致机组事故停机。

4. 案例四

2015 年 7 月，某电站 4 号机组抽水调相启动过程中，在充气压水时，充气压水阀位置信号抖动，监控压水失败报警，顺控流程超时，机组转事故停机流程，抽水工况开机不成功。监控系统报警记录如图8-3所示。

5. 案例五

2016 年 1 月，某电站 1 号机组发电工况带 150MW 负荷运行时转轮排气阀显示不在全关位置，机组重故障报警，机组转停机。

6. 案例六

某电站多次出现机组在抽水调相或调相工况停机后，机组压水气罐压水条件满足信号未恢复，压水周期过长，机组不具备再次启动水泵的条件。若电站连续启动 3 台机组水泵，压水气罐压力将会降至 4.4MPa 左右，此时将要等待约 1.5h 压力才能恢复至满足再次启动抽水调相的要求，在一定程度上影响了调度对机组的控制。

01:02:19	4号机抽水调相开机
01:03:37	4号机转速<10%　否
01:03:38	4号机充气压水阀位置　打开
01:03:50	4号机尾水水位太高　否
01:03:54.352	4号机充气压水阀位置　关闭
01:03:54.455	4号机尾水水位低　是
01:03:54	4号机尾水水位高　否
01:03:54	4号机尾水水位太低　是
01:03:55	4号机蜗壳平压阀位置　中间状态
01:03:55.830	4号机充气压水阀位置　中间状态
01:03:56	4号机压水失败　报警
01:03:55	4号机蜗壳平压阀位置　打开
01:03:56	4号机步序S4S-4执行超时　是
01:03:56	4号机流程报警　报警
01:03:56	4号机停机转换命令正在执行　是
01:07:05	4号机停机工况　是

图 8-3　监控系统报警记录图

第三节　分　析　总　结

一、案例一事故分析

1. 原因分析

（1）根据设计要求，四台机组调相气罐与调相压水平衡气罐之间应为如下逻辑：平衡气罐向调相气罐补气，四台调相气罐不应向平衡气罐反补气，平衡气罐压力降低时由五台中压气机向平衡气罐补气；四台调相气罐之间不应相互补气，即有一台机在调相运行时，调相气罐压力明显降低，应从平衡气罐向压力降低的调相气罐补气，不应从其余三个调相气罐补气。可以看出，在平衡气罐的出口端设置的单向“出”逆止阀，在调相气罐的进口处设置的单向“进”逆止阀，均存在失效情况。

（2）调相气罐压力低，闭锁了机组抽水调相向抽水工况转换，该项闭锁没有必要。

2. 故障处理

检修人员进厂后建议再次启动 1 号机。经部门主任确认，重启 1 号机抽水调相运行，1 号机抽水调相并网。由于连续两次抽水调相启动，1 号调相压水气罐压力低（约 4.1MPa），闭锁工况转换。关闭 2、4 号机调相压水气罐进气阀（3 号机为检修状态），发现气压上升仍然很慢。

检修人员建议临时解除该闭锁，在监控盘柜解掉压力低至 CSCS 回路端子，工况闭锁亦解除。1 号机抽水调相转抽水成功，检修人员及运行人员恢复各自所做临时措施。

3. 防范措施

（1）解除调相气罐压力低闭锁机组抽水调相向抽水工况转换。

（2）在 1 号机机组检修时，检查调相气罐的补气管路、阀门和逆止阀是否存在堵塞、漏气等问题。

（3）检查其他机组调相压水后的补气情况，判断是否有相似情况并处理。

二、案例二事故分析

1. 原因分析

(1) 机组机械保护系统中止漏环流量整定值为160L/min(即2.67L/s)，当现地流量低于整定值并维持10s，流量计发流量低开关量信号至监控系统现地LCU，监控系统延时10s出口机械跳机。

(2) 查看止漏环冷却水流量趋势，发现在7：38：43时，冷却水流量开始下降，上止漏环流量由3.20L/s降至2.6L/s，下止漏环流量3.08L/s降至2.58L/s，均低于保护整定值，且机组于7：39：03时机械跳机，正好是流量降低后20s，故断定此次机组止漏环冷却水流量低保护正确动作。

(3) 经检查发现2号机在抽水调相启动过程中止漏环过滤器进行了反冲洗，因此止漏环冷却水流量由于管路上出现分流而降低；此外试验发现2号机1号技术供水泵运行时，冷却水系统整体流量均偏低，综合分析得出上述两个因素导致了此次故障的发生。

2. 故障处理

检查所有水管路后发现不存在水管路破裂或者堵塞现象，相关阀门都在全开位置，但是止漏环过滤器在机组启动过程中进行了反冲洗。

向调度申请2号机抽水调相试转，1号技术供水泵主用。在2号机抽水调相试转中，止漏环过滤器进行反冲洗时，会造成止漏环冷却水流量下降，且低于机组保护整定值而延时跳机，同此次故障相同，所以可以确认止漏环过滤器在抽水调相启动过程中反冲洗是此次故障的主要原因。

3. 防范措施

(1) 优化全站机组止漏环等技术供水系统过滤器反冲洗装置运行方式，闭锁其在机组运行期间启动，防止分流机组冷却水流量。

(2) 加强机组水泵工况开机时，止漏环冷却水流量监视。

(3) 全面检查机组技术供水泵的运行情况，结合机组定检和设备定期切换工作，对每台机组定期做一次冷却水流量检查，并做好相关记录，如发现问题，及时处理。

三、案例三事故分析

1. 原因分析

根据监控报警历史记录信息及监控组态分析原因：在机组压水状态，尾水水位高位置开关动作报警导致压水状态停止，进而导致机组机械停机。进一步分析导致尾水水位高位置开关动作报警的原因，分为真报警（尾水水位确实高）与误报警（尾水水位不高）。查询尾水管水位模拟量传感器的监控历史曲线，跳机时尾水水位值为－1.07m，并未达到动作值(－0.22m)。随后单独进行调相压水测试，可确定历史曲线能够反映真实的尾水水位，则可判断为开关信号误报警。综上可判断压水状态下，尾水水位高位置开关误报警导致机组机械停机。

2. 故障处理

(1) 停机后，现地检查2号机尾水水位高位置开关外观无异常，此时显示尾水水位高，显示正常。

（2）检查上送监控信号正常，上送监控回路接线无松动。

（3）将拆卸检查传感器金属探头，发现水垢较厚。

（4）将2号机拆卸下来的接在尾水已排空的1号机上显示尾水水位不高，显示正常。通过以上检查分析，本次液位开关误报警原因为传感器金属探头存在水垢和水位波动，造成了传感器灵敏度下降，输出误报警信号。

（5）对2号机尾水水位高位置开关进行更换备件，经开机测试恢复正常。

3. 防范措施

（1）根据尾水管水位波动实际情况，对尾水水位高报警信号适当增加延时，消除水位波动导致的误报警，提高机组运行可靠性。

（2）考虑增加水位开关量信号和水位传感器模拟量信号，通过组合判断提高容错率，从而提升整个控制系统稳定性。

（3）结合机组检修，定期对尾水水位高位置开关传感器探头进行水垢检查清理，提高传感器灵敏度，避免误报警。

（4）目前尾水水位测量管为与尾水相通的U形管，研究论证在取水管内安装多孔板的可行性，一方面可以过滤杂质，避免测压管堵塞；另一方面对取水管内水位的变化有阻尼稳定作用，传感器能更加准确地反映尾水水位。

四、案例四事故分析

1. 原因分析

（1）根据事件列表可知此次4号机组抽水调相开机失败，是由于步序S4S-4执行超时，导致机组自动转停机。查看机组步序S4S-4逻辑，此次步序S4S-4执行超时报警是由于压水失败信号触发。

（2）查看机组压水流程子程序，压水流程子程序共分为五步，其中任意一步发生超时报警或者预条件丢失都将触发压水失败报警信号。在发生压水失败报警前4号机蜗壳平压阀位置已经在中间状态，说明当时逻辑已执行到压水步序五，发令去开4号机蜗壳平压阀。因此可以判断是压水步序五的步序超时或者预条件丢失导致的压水失败报警。压水步序五步序时间为40s，查看事件列表可知机组压水流程启动时间为01：03：38，而压水失败报警时间为01：03：56，尚未达到40s时间。因此可以确定为压水步序五的预条件丢失导致压水失败报警。

（3）压水步序五的预条件为压水步序四执行完成，查看压水步序四逻辑可知，该步序反馈信号为充气压水阀关闭位置。查看事件列表可知在01：03：55.830时出现了4号机充气压水阀位置中间状态的信号，说明此时4号机充气压水阀关闭位置丢失，正是在执行压水步序五的过程中。

（4）综合上述分析可知导致4号机抽水调相开机失败的直接原因为4号机充气压水阀关闭位置丢失。而导致该信号丢失的可能原因如下：

1）充气压水阀位置反馈元器件故障；

2）充气压水阀关闭位置信号输送回路接线松动；

3）充气压水阀实际位置发生抖动。

2. 故障处理

（1）4 号机充气压水阀位置反馈开关为接近式位置开关，运维人员现场检查 4 号机充气压水阀位置反馈开关接线插头紧固，固定该元件的螺栓安装牢固，元器件无松动迹象。运维人员通过使用金属片靠近接近式位置开关探头，模拟充气压水动作，上位机显示信号正常。故判断充气压水阀位置反馈元件正常。

（2）运维人员根据图纸所示，逐一查看 4 号机组涉及充气压水阀关位置和开位置信号反馈回路端子。现场各相关端子接线均正常无松动，因此排除充气压水阀关闭位置信号输送回路接线松动的可能。

（3）运维人员进一步梳理机组压水流程步序和事件列表信号见表 8-1。

表 8-1　　压水流程步序执行命令及反馈信号列表

步序	步序命令	步序反馈
压水步序一	开启充气压水阀	充气压水阀开位置或者尾水管水位高和太高信号复归后延迟 15s
压水步序二	关闭充气压水阀	充气压水阀关闭位置后延时 1s
压水步序三	开启充气压水阀	尾水管水位低/水位太低/水位高和太高复归，任意信号满足后延时 1s
压水步序四	关闭充气压水阀	充气压水阀在关闭位置
压水步序五	打开蜗壳平压阀	蜗壳泄压阀在打开位置

（4）机组压水流程在大部分运行期间只需充气压水阀打开一次便可将尾水管水位压至水位太低，即机组压水流程执行完步序二时，压水步序三和步序四的反馈均已满足，不再执行步序三和四的命令。只有当机组转轮室漏气量较大，充气压水阀开启 15s 的时间无法将尾水管水位压至正常位置时才会执行步序三和四，即再次开关开启充气压水阀。

（5）查看事件列表 01：03：54.352 时收到 4 号机充气压水阀在关闭位置，结合压水步序二分析，在收到该信号延时 1s 后步序二执行完成，即在 01：03：55.352 时将执行步序三的命令：开启充气压水阀命令。监控系统在 01：03：54.455 收到“4 号机尾水水位低”信号，但因为设置了 1s 的延时，所以步序三反馈满足的时间为 01：03：55.455，即在这个时刻步序四开始执行（注：由于开关充气压水阀需通过开出继电器动作充气压水阀电磁阀，再通过液压回路去动作充气压水阀的开关，整个过程耗时相对较长。通过查阅 4 号机之前抽水调相开机事件列表可知，从逻辑发令开启充气压水阀至逻辑收到充气压水阀关闭位置丢失的时间基本在 0.5～0.6s）。因此当执行到步序四的时候，充水压水阀打开命令才过 0.103s，此时充气压水阀实际还在关闭位置，步序四反馈条件满足，导致未能发令关闭充气压水阀命令，直接执行步序五。但由于步序三的命令（开启充气压水阀命令）已经发出，因此在 01：03：55.830 时收到 4 号机充气压水阀位置中间状态（即充气压水阀关闭位置复归），导致步序四反馈信号不满足，步序四完成信号复归。此时步序五正在执行中，步序四完成信号复归，使得步序五的预条件不满足，最终导致了压水失败报警。因此判断此次事件的故障点为：压水逻辑设置不合理，有待进一步完善。

（6）修改 4 号机组压水步序五逻辑，在预条件处增加 2s 下降延时，避免因压水阀位置信号抖动或由逻辑造成短暂开启而引起前提条件不满足的问题。

（7）多次抽水调相开机试验，试验情况正常。

3. 防范措施

（1）压水逻辑设置不完善，对所有机组的充气压水逻辑进行优化，避免信号抖动导致启机失败，提高系统稳定性。

（2）加强充气压水阀位置反馈元件维护，机组定检时对充气压水阀位置反馈元件健康状态进行检查，发现异常及时更换。

五、案例五事故分析

1. 原因分析

（1）检查 1 号机组转轮排气阀现地实际在全关位置，发现转轮排气阀全关机械触发压板松动，与阀杆轴有相对滑动。

（2）监控收到转轮排气阀位置信号故障，加上球阀中间开度满足信号，则机械保护动作，触发事故停机。

2. 故障处理

事后经检查发现，转轮排气阀确实处于开启状态。调整 1 号机转轮排气阀阀杆触发压板至机械全关位置，紧固机械触发压板与阀杆轴固定螺栓，传动试验 1 号机转轮排气阀、阀门和触发压板动作正常，监控位置显示正确。

3. 防范措施

（1）优化相关机械保护跳机逻辑，转轮排气阀 1 打开故障、转轮排气阀 2 打开故障、球阀中间开度满信号三个条件同时满足作为机械保护动作跳机的条件。

（2）对全厂触发压板式的液压阀进行检查，确保阀杆与触发压板之间螺栓紧固良好。结合机组检修时将全厂此类液压阀阀杆与触发压板之间螺栓涂上紧固胶进行紧固，并将定期检查螺栓紧固情况列入月度定检工作。

（3）值守人员要加强日常开机条件监视，发现异常及时通知处理。

六、案例六事故分析

1. 原因分析

压水准备好信号恢复后机组才可以压水，这是机组启动抽水调相的必要条件，当机组两个压水气罐压力高于 5.4MPa 后，该机组压水管路上的压力传感器才会发出压水准备好信号至监控系统，机组即具备压水条件。经现地检查发现：

（1）高压管道系统管路及阀门存在漏气；

（2）转轮室气密封效果降低，导致机组调相运行用气量过多；

（3）高压气机存在漏油漏气。

2. 故障处理

针对以上发现的问题，后期对高压气系统全面检查维护以及技术改造后，提高了高压气系统运行效率，缩短了机组压水周期，降低了厂用电的损耗且延长了空压机寿命，达到了高压气系统节能运行的良好效果。

3. 防范措施

（1）定期对高压气系统管路阀门进行漏气检查，着重检查每台机组压水进气液压阀和压水保持管路的电磁阀和逆止阀。

(2) 高压气机在定检时着重检查各级汽缸缸盖漏油情况，在机组检修时检查导叶中轴套密封是否因损坏而漏水、漏气，导致转轮室气密性差，补气频繁。

(3) 值班人员加强对高压气系统监控，在机组启动抽水调相时段密切关注机组压水准备好信号是否异常，避免因未复归而导致机组水泵启动失败。

第四节 典型控制设计

1. 安全性原则

(1) 防止压水时部分压水空气积累在尾水道、尾水事故门顶或其他凹入处。

(2) 防止调相时上下止漏环缺乏冷却水而损坏。

(3) 防止调相时蜗壳压力异常升高。

(4) 防止调相时尾水管水位异常升高误动导致机组跳机。

2. 可靠性原则

(1) 压气阀宜采用压气阀、补气阀并联布置，以提高压水可靠性；充气阀、补气阀分别设置开启、关闭位置开关。

(2) 排气阀宜采用两个针阀串联布置，以确保排气管路可靠封闭；排气阀应设置开启、关闭位置开关。

(3) 压水排气宜采用监控顺控流程自启动控制方式，监控系统应能实时显示尾水水位变化情况。

(4) 调相压水压气阀，补气阀动作必须有时间做后备保护，防止尾水管水位信号故障不能关阀导致压气过量。即阀门关闭有两个条件，尾水水位信号到达或者时间延时满足，防止阀门不能正常关闭，导致压气过多。调试时应注意计算时间。

(5) 控制系统宜设置报警信号：调相气罐压力高报警、调相气罐压力低报警。

(6) 压气排水流程执行超时，充气压水成功后尾水管水位过高，应触发机组事故停机；

(7) 尾水管水位异常高宜采用水位开关及水位计双判据。

3. 典型控制程序设计

压气排水控制流程可设计成一个独立的程序块，在机组主流程中直接调用即可。压气排水控制流程可分为充气压水和排气回水两个子流程，其中排气回水根据机组工况可分为：工况转换动态排气回水和停机过程静态排气回水。

(1) 输入信号。

蜗壳排气阀全开、蜗壳排气阀全关、尾水排气阀全开、尾水排气阀全关、转轮排气阀全开、转轮排气阀全关、蜗壳平压阀全开、蜗壳平压阀全关、止漏环供水阀全开、止漏环供水阀全关、调相压气阀全开、调相压气阀全关、调相补气阀全开、调相补气阀全关、尾水管水位高、尾水管水位中（补气）、尾水管水位低、尾水管水位过低、止漏环流量正常、调相气罐压力正常。

(2) 输出信号。

蜗壳排气阀打开/关闭、尾水排气阀打开/关闭、转轮排气阀打开/关闭、蜗壳平压阀打开/关闭、止漏环供水阀打开/关闭、调相压气阀打开/关闭、调相补气阀打开/关闭。

（3）控制流程设计。

1）机组在抽水调相启动、抽水转抽水调相、发电转发电调相等过程，顺控流程执行充气压水子流程。

2）机组在抽水调相转抽水、发电调相转发电等过程，顺控流程执行动态排气回水子流程。

3）机组正常停机或事故停机过程中由监控顺控流程判断机组是否在调相压气工况，是则自动执行停机过程排气回水子流程。

4）充气压水控制流程。

步骤1：关闭蜗壳排气阀、关闭尾水排气阀、关闭转轮排气阀、关闭蜗壳平压阀；

步骤2：打开止漏环供水阀；

步骤3：打开调相主压气阀；

步骤4：尾水管到达低水位，关闭调相主压气阀，打开蜗壳平压阀；

步骤5：水位回升到补气液位，自动开启补气阀；

步骤6：尾水管水位低或一定延时到达，关闭补气阀，返回步骤5。

充气压水控制流程详见图8-4。

5）工况转换动态排气回水流程。

步骤1：关闭调相主压气阀、关闭补气阀、关闭蜗壳平压阀；

步骤2：打开蜗壳排气阀；

步骤3：延时一定时间后，关闭蜗壳排气阀；

步骤4：打开顶盖排水阀、打开尾水排气阀；

步骤5：尾水管水位高到达，关闭尾水排气阀；

步骤6：溅水功率到达，关闭转轮排气阀；

步骤7：关闭止漏环供水阀，流程结束。

动态排气回水控制流程详见图8-5。

6）停机过程静态排气回水流程

步骤1：关闭调相主压气阀、关闭补气阀、关闭蜗壳平压阀；

步骤2：打开蜗壳排气阀、打开转轮排气阀、打开尾水排气阀；

步骤3：尾水管水位高到达，关闭尾水排气阀；

步骤4：延时一定时间后，关闭蜗壳排气阀、关闭转轮排气阀；

步骤5：关闭止漏环供水阀，流程结束。

静态排气回水控制流程详见图8-6。

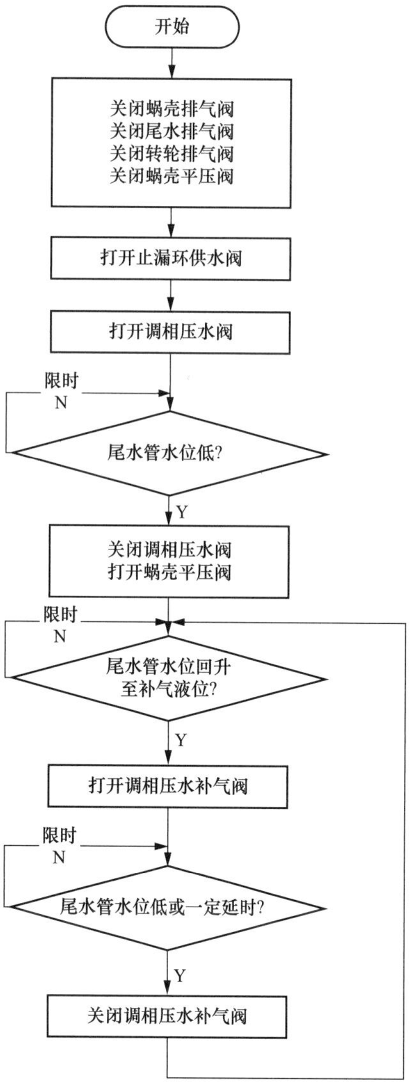

图8-4　充气压水控制流程图

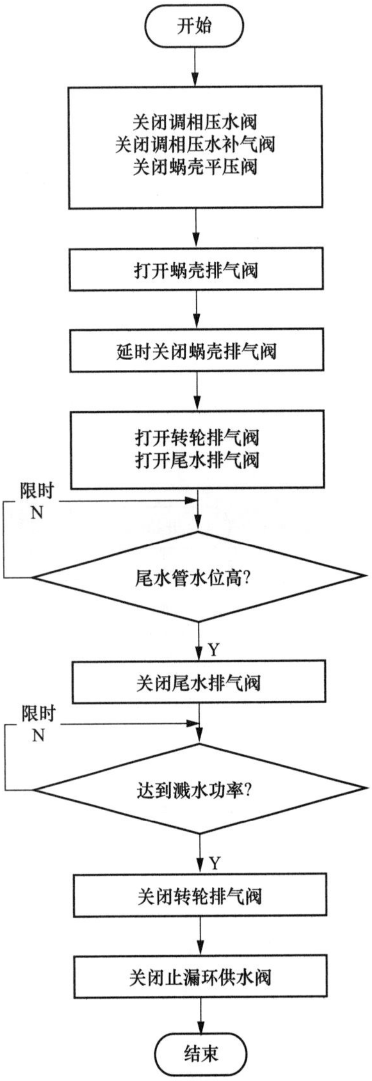

图 8-5　动态排气回水流程图

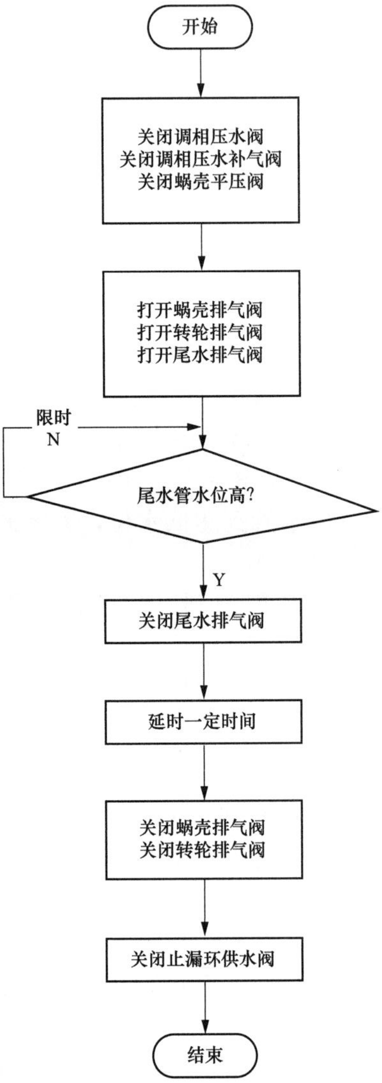

图 8-6　停机过程排气回水流程图

第五节　新技术应用

1. 智能报警应用

抽水蓄能机组充气压水和排气回水过程，涉及的设备较多，期间监控系统会产生大量状变信息和报警信号。现有监控系统报警方式单一，仅通过屏幕刷新报警信号和语音播放方式推送至运行人员，且现有监控系统对大部分信息无关联性分析，不能有效屏蔽正常不重要的无关信息，重要的事件报警信息容易淹没，整个监控系统报警信息的可靠性和有效性不高。

建立智能报警应用，以信号的实时信息，历史数据为基础，通过智能报警、趋势报警、专家知识库等功能模块，实现电站大量报警信息的自动分析和筛选，屏蔽无效或无须关注的信息，向运行人员实时推送需要运行人员关注的事件信息，提高电站自动化管理水平及预防性维护决策能力，保障设备安全稳定运行。

基于大数据挖掘技术，针对数据本身特性进行高维度关联性分析，通过快速挖掘复杂、高维度的机组运行数据中的特征模式，利用状态参量相关性分析方法，挖掘机组运行数据内在的规律，判断出设备故障模式，提出设备预警信息，实现具有数据自适应性的设备故障预警，保证设备的安全有效运行。

2. 状态监测与检修

建立智能分析平台，基于设备的实际工况，根据其在正常运行下各种特性参数的变化，通过分析比较来确定设备是否需要检修；同时根据设备的运行状态对设备进行评估，通过对设备的评估，掌握设备的完好率情况，及时消除设备缺陷，提高设备的完好率和健康水平，保证设备的安全运行。通过对设备状态的监控预警，使设备主人和管理人员及时掌握设备的运行状态，对存在问题的设备进行维护，保证电站的设备安全运行。

3. 压气排水控制系统模型

针对压气排水控制系统建立数字模型，同等地在仿真平台真实反映设备的运行状态。

统一建模是智能抽水蓄能电站的核心内容。由于 DL/T 860 标准中关于设备数据模型的实现有很大的灵活性，同一点数据可以用不同的数据定义和方式上送，所以不同厂家的设备模型实现会有较大差异。实现统一建模不仅可以解决不同厂家设备的不兼容问题，而且利于工程调试和工程维护，同时也是实现不同厂家设备装置互换的前提条件。因此需要根据抽水蓄能电站监视和生产实际运行情况，针对监控系统所需要监视和控制的各子系统如调速、励磁、辅控、保护等设备建立一种或几种标准化数据模型，规范数据访问接口，提供监控系统与各子系统间数据的统一规范管理。除各子系统外，还需要针对大量传统的传感器、控制器、采集器、智能组件等与监控系统日常运行密切相关的各类数据源或装置等建立标准数据模型，实现稳定可靠和通用唯一的数据交互过程。

构建能够支撑抽水蓄能电站各类业务需求的一体化管控平台，解决传统系统架构面临的信息孤岛和业务协同难题。在传统分析决策技术的基础上，采用大数据、人工智能、专家知识库等新兴技术，进一步提升抽水蓄能电站分析决策能力，能够更好地支撑抽水蓄能电站智能化建设，系统可随云大物移智等新兴技术发展而长期演化升级，其智能化水平可获得持续提升。

第九章　发电机辅助设备典型控制逻辑设计

近年来，我国水电发展迅速，抽水蓄能电站装机容量日益增加，单机容量也越来越大，抽水蓄能电站机组启停频繁，电站对机组辅助设备控制系统的自动化程度和可靠性要求也越来越高，其中发电机辅助设备系统担任着重要角色。本章提到的发电机辅助设备特指发电机空间加热器、抽油雾装置、制动集尘装置。

本章将结合几个典型事故案例，对大型抽水蓄能机组发电机辅助设备控制设计时需要注意的问题进行讨论，并提出发电机辅助设备系统典型控制逻辑设计。

第一节　发电机辅助设备概述

发电机空间加热器的自动加热和除湿功能，主要用于机组在长期停机或检修期间，避免发电机风罩内的潮湿和低温导致发电机定转子上结露，致使发电机绝缘性能降低。发电机空间加热器在机组停机后投入，机组开机后退出，便于发电机冷却系统将发电机温度稳定在设计要求范围之内。

抽油雾装置主要用于吸收机组轴承处的油雾，吸收的油雾经过回油箱回到轴承油箱。机组在运行过程中，随着机组的高速旋转，搅动轴承油槽内的润滑油，产生油雾。这种油雾颗粒很微小，肉眼不容易发现，但是随着机组长期运行，会发现轴承盖处出现大量油迹，严重的会直接污染发电机转子和电子线圈，直接影响机组的使用寿命。有时甚至在机组制动闸闸板上形成油膜，导致制动闸的摩擦系数减小，机组停机时间增长。

制动集尘装置主要用于吸收机械制动产生的粉尘。当机组进入停机减速过程后期，为避免机组较长时间处于低转速下运行，引起推力瓦的磨损，在机组下降到规定转速时投入机械制动，加闸停机，产生粉尘。随着抽水蓄能机组容量增加，制动闸数量也相应增加，设置制动集尘装置尤为重要。

第二节　典　型　案　例

抽水蓄能机组启停频繁，对发电机辅助设备的可靠性要求较高，运行多年的电站，机组导轴承可能存在严重的油雾问题，导轴承油雾不仅要消耗大量的润滑油而且还严重影响环境，降低传感器等自动化设备的使用寿命，严重危及机组的安全可靠运行。发电机空间加热器也会存在误投入造成发电机温度过高，导致机组事故停机的风险。本节将简单介绍几例电站发生的发电机辅助设备系统故障的案例。

1. 案例一

某电站机组在正常发电过程中，出现发电机空间加热器自动投入的现象。加热器的热量加上发电机自身热量，机组冷却系统无法正常降温，机组温度异常升高。

2. 案例二

某电站自投入运行以来，8台机组导轴承均存在严重的油雾问题，在机组运行期间，油雾随着机组的旋转造成上导油盆、发电机定子线棒、下导油盆、水导油盆等诸多设备以及生产区域存在油滴、油污积聚的现象。油雾对机组尤其是发电机的安全运行带来了较大的安全隐患。

3. 案例三

某电站机组投运多年后，存在发电机导轴承油槽挥发的油雾与发电机制动器闸板等设备产生的粉尘结合，并沉降附着于转子磁极、定子风道表面的现象，大大降低了设备散热效果，给电站运行设备带来较大的安全风险。

第三节 分析总结

1. 案例一事故分析

经现场检查，核对加热器自动投退工作原理，发现机坑加热器退出控制逻辑存在缺陷。当加热器投入状态反馈信号故障时，PLC程序无法自动切除加热器投入的自保持回路。

为解决因以上原因存在的机组安全隐患，现场经过对PLC控制程序逻辑核对，确定将机坑加热器退出的PLC控制程序闭环控制改为开环控制（即取消对加热器投入状态的判断）。开机后不再判断加热器投入状态，直接切除加热器自保持回路。

经过实际使用，修改后的程序运行正常，加热器自动投退功能正常。

2. 案例二事故分析

根据导轴承的结构特点，机组运行过程中甩油一般分为两种情况：一种情况是透平油从机组大轴轴领内侧的内油盆溢出，这种甩油称之为内甩油；另一种情况是透平油通过大轴与油盆盖之间的间隙或油盆盖板密封甩向油盆外部，称为外甩油。

电站由于平压孔和密封挡圈的合理设计，基本不存在导轴承油盆内甩油现象。轴承外甩油的主要原因是主轴轴领的高速旋转，造成轴承油槽内油面波动加剧，从而产生许多油泡。当这些油泡破裂时，也会形成很多油雾。另外，随着轴承温度的升高，使油槽内的油和空气体积逐渐膨胀，从而产生一个内压，在内压的作用下，油槽内的油雾随气体从轴承盖板缝隙处溢出，导致水导油盆盖上有细小的油滴。

电站对发电机上下导轴承，在原有气密封装置基础上进行改良，采用接触式密封刷与原气密封装置相结合的方式解决油雾溢出问题。对水轮机导轴承，采用防油雾罩与接触式密封刷相结合的方式解决油雾溢出问题。

改造完成后，机组上导油盆盖、上导油盆底、发电机定子线棒、下导油盆盖、水导油盆盖油污明显减少，机组运行过程中风洞内及水车室油雾浓度明显降低，机组设备整体运行环境得到较大改善，一定程度上提高了机组运行的可靠性。

3. 案例三事故分析

粉尘产生的原因主要是发电机励磁电流碳刷在运行时磨损而形成粉尘，以及发电机制动器在进行制动时，转子底部制动板与制动器闸板的机械摩擦，风闸闸板磨损形成粉尘，与设备产生的油雾结合沉积而形成油泥。油雾的产生主要是因为机组轴承密封结构不严，以致大量的油雾逸出。

电站同样对上导、下导、推力、水导四部轴承的油槽外圆盖设计不合理部分全部进行改造。另外，对机组加装在线监测系统，即分别在发电机空气间隙处增加摆度测点，在上机架、下机架、推力轴承和顶盖处加装振动监测点，通过实时监测系统及时对机组运行状况进行准确分析和诊断，预测设备性能和潜在的事故趋势，保证机组振动、摆度值符合运行要求，减少轴承磨损，避免轴承瓦温、油温升高，降低油液雾化及飞逸概率。

水电站油雾及粉尘产生的量通常都比较少，当设备因运行多年或设计缺陷导致上述不良现象产生时，应引起足够的重视，避免油雾与粉尘结合附着设备散热面造成设备温度升高等异常现象。

第四节 典型控制设计

一、安全性原则

（1）防止机组启动后发电机空间加热器运行。

（2）防止发电机风洞内过潮空间加热器不启动，导致发电机绝缘能力降低。

（3）防止发电机空间加热器无法退出运行。

（4）防止油雾污染上导/推力轴承油盆内部的部件。

（5）防止油雾污染下导轴承油盆内部的部件。

（6）防止油雾污染发电机定子电气元件，定子或转子接地保护动作引起跳机。

（7）防止机组启动过程中抽油雾装置未正常运行导致机组启动失败。

（8）防止因机组制动装置投入后制动集尘装置不启动造成制动粉尘过多导致发电机绝缘性能降低。

二、可靠性原则

（1）发电机风洞内宜配置多台空间加热器，具体数量依据厂家建议，且所有空间加热器均由同一自动化元器件控制，同时投退。

（2）发电机风洞内配置内、外风洞温度传感器来控制空间加热器启停，传感器宜采用Pt100温度传感器。

（3）发电机空间加热器控制方式应具备远方自动，现地手动两种，现地手动控制回路宜采用硬布线方式。

（4）发电机空间加热器应纳入监控系统统一控制，也可配置单独的PLC，PLC宜采用双电源供电方式，但均应具备控制系统失电自动退出发电机空间加热器功能，监控系统应能实时显示发电机空间加热器状态。

（5）发电机检修等停役操作，应退出发电机空间加热器。

（6）抽油雾装置接触器应配有辅助触点，指示抽油雾装置的启动状态，启动令发出后接触器吸合同时辅助触点闭合反馈给监控系统，抽油雾装置启动正常。

（7）抽油雾装置控制方式应具备远方自动，现地手动两种，现地手动控制回路宜采用硬布线方式。

（8）抽油雾装置安全防护等级应达到 IP55 及以上，不装设过滤器时工作效率应大于 90%，安装过滤器后应大于 99.97%，最大风量应该能满足所有导轴承油面以上空气体积之和。

（9）每台抽油雾装置应至少配置有一台驱动电机、一个可以调节风量的风阀、一个可以指示气压的压力变送器、一个足够容量的油流收齐装置。

（10）抽油雾装置宜配置不少于两级油雾过滤器，其中第二级过滤器宜使用可以净化油雾保护环境的过滤器。

（11）抽油雾装置应纳入监控系统统一控制，也可配置单独的 PLC，PLC 宜采用双电源供电方式，但均应具备控制系统失电自动退出功能，监控系统应能实时显示抽油雾装置状态。

（12）发电机检修等停投操作，应退出抽油雾装置。

（13）机组机械制动装置应配有制动集尘装置，包括用于收集粉尘微粒的静电过滤器、吸风电机以及所有的风管、风道、仪表和控制装置，收集的粉尘应能方便地从收集室中清除。

（14）制动集尘装置应设置为吸风风机和震打电机两个独立的电机，且功率要满足吸尘风量要求。

（15）吸风电机一般为 380V 交流电机、震打电机一般为 220V 交流电机，两个电机电源回路中应串有独立的交流接触器和热继电器。

（16）制动集尘装置控制方式应具备远方自动，现地手动两种，现地手动控制回路宜采用硬布线方式。

（17）制动集尘装置应纳入监控系统统一控制，也可配置单独的 PLC，PLC 宜采用双电源供电方式，但均应具备控制系统失电自动退出功能，监控系统应能实时显示制动集尘装置状态。

（18）制动集尘装置应设有尘满指示信号，并在现地装置和计算机监控系统中明确显示，以便运维人员第一时间进行清理，装置应满足能在尘满指示信号动作后仍能继续运行。

（19）发电机空间加热器控制闭锁：

1）机组停机稳态时发电机内、外风洞差小于某定值，经短延时启动发电机空间加热器；

2）机组停机稳态时发电机内、外风洞差大于某定值经短延时停止发电机空间加热器；

3）监控系统中机组启动指令后，发电机空间加热器立即停止运行，同时闭锁发电机空间加热器启动。

（20）抽油雾装置控制闭锁：

1）控制方式自动时，抽油雾装置启停由监控系统顺控流程控制；

2）机组高顶装置启动后应联动抽油雾装置启动；

3）机组停机稳态且高顶装置停止运行后，抽油雾装置应运行一段时间再停止。

（21）制动集尘装置控制闭锁：

1）控制方式“自动”时，机械制动投入后应联动制动集尘装置启动；

2）控制方式“自动”时，机械制动退出后经过一定时间延时退出制动集尘装置。

三、典型控制程序设计

1. 输入/输出信号

（1）发电机空间加热器。

输入信号：发电机内风洞温度信号、发电机外风洞温度信号、监控输出启/停发电机空间加热器令、发电机空间加热器投/退位置信号、发电机空间加热器电源故障信号（包括电源跳闸、热继动作等）、控制方式现地/远方、自动/手动、PLC 控制电源正常信号。

输出信号：发电机空间加热器启动/停止信号至监控系统、发电机空间加热器投入令、发电机空间加热器退出令、发电机空间加热器电源故障信号至监控系统（包括电源跳闸、热继动作等）、PLC 故障信号至监控系统。发电机空间加热器启/停状态不一致报警；发电机空间加热器启/停超时报警；发电机空间加热器电源故障报警（包括电源跳闸、热继动作等）；发电机空间加热器系统 PLC 故障报警（如有）。

（2）抽油雾装置。

输入信号：监控系统输出启/停抽油雾装置令；抽油雾装置运行/停止状态信号、电源故障信号（包括电源跳闸、热继动作等）、控制方式现地/远方、自动/手动、高顶装置运行/停止状态信号、机组转速为 0 信号、PLC 控制电源正常信号。

输出信号：抽油雾装置运行/停止状态信号至监控系统；抽油雾装置启动令、抽油雾装置停止令、抽油雾装置电源故障信号至监控系统（包括电源跳闸、热继动作等）、PLC 故障信号至监控系统、抽油雾装置启/停状态不一致报警、抽油雾装置启/停超时报警抽油雾装置电源故障报警（包括电源跳闸、热继动作等）、抽油雾装置系统 PLC 故障报警(如有)。

（3）制动集尘装置。

输入信号：监控系统输出启/停制动集尘装置令、制动集尘装置运行/停止状态信号、积尘吸风电机故障报警（包括电源跳闸、热继动作等）、积尘震打电机故障报警（包括电源跳闸、热继动作等）、静电过滤器故障报警、控制方式现地/远方，自动/手动、机械制动投入/退出状态信号、制动集尘装置尘满报警、PLC 控制电源正常信号。

输出信号：制动集尘装置运行/停止状态信号至监控系统、制动集尘装置启动令、制动集尘装置停止令、积尘吸风电机故障报警至监控系统（包括电源跳闸、热继动作等）、积尘震打电机故障报警至监控系统（包括电源跳闸、热继动作等）、PLC 故障信号至监控系统、制动集尘装置尘满报警至监控系统。制动集尘装置启/停状态不一致报警、制动集尘装置启/停超时报警、积尘吸风电机故障报警（包括电源跳闸、热继动作等）、积尘震打电机故障报警（包括电源跳闸、热继动作等）、静电过滤器故障报警、制动集尘装置尘满报警、制动集尘装置系统 PLC 故障报警（如有）。

2. 监控系统控制逻辑设计

（1）发电机空间加热器。

机组停机稳态时发电机内、外风洞差小于某定值经短延时启动发电机空间加热器，定值依据厂家提供资料数据设定。

机组停机稳态时发电机内、外风洞差大于某定值经短延时停止发电机空间加热器，定值依据厂家提供资料数据设定。

监控系统中机组启动指令后，发电机空间加热器立即停止运行，同时闭锁发电机空间加热器启动。典型的控制流程如图 9-1 所示。

（2）抽油雾装置。

抽油雾电机无故障，控制方式“远方”，由监控系统机组启动顺控流程或高顶装置运行状态信号联动抽油雾装置启动。

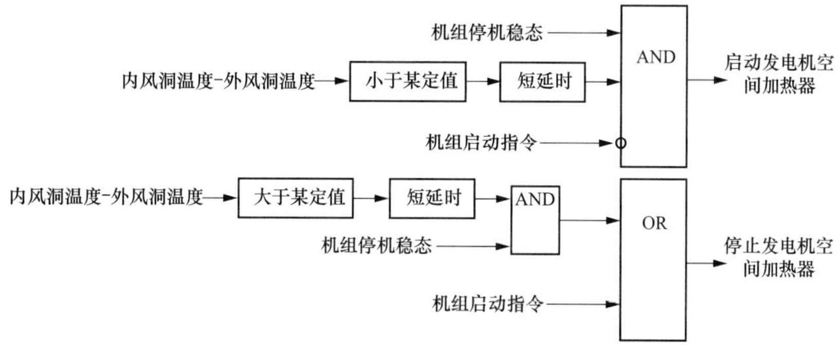

图 9-1　监控系统中发电机空间加热器的控制逻辑图

控制方式“远方”，当机组停机稳态且高顶装置退出运行一段时间后，抽油雾装置退出运行，逻辑如图 9-2 所示。

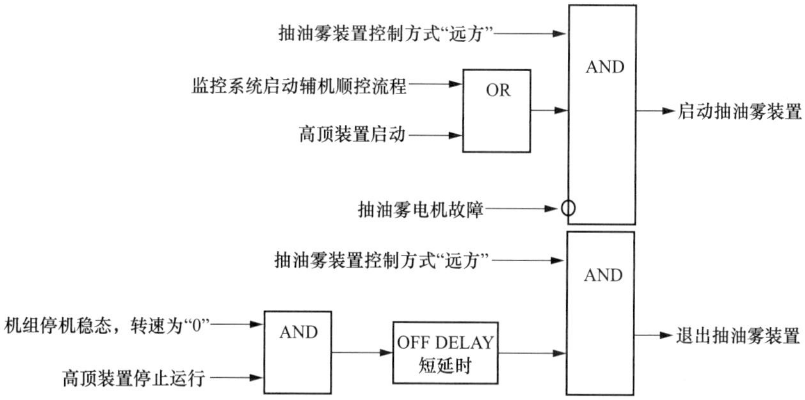

图 9-2　监控系统中抽油雾装置的控制逻辑图

（3）制动集尘装置。

制动集尘装置积尘吸风电机、积尘震打电机无故障，控制方式“远方”，由机械制动运行状态信号联动制动集尘装置启动。

控制方式“远方”，当机组机械制动装置退出运行一段时间后，制动集尘装置退出运行，逻辑如图 9-3 所示。

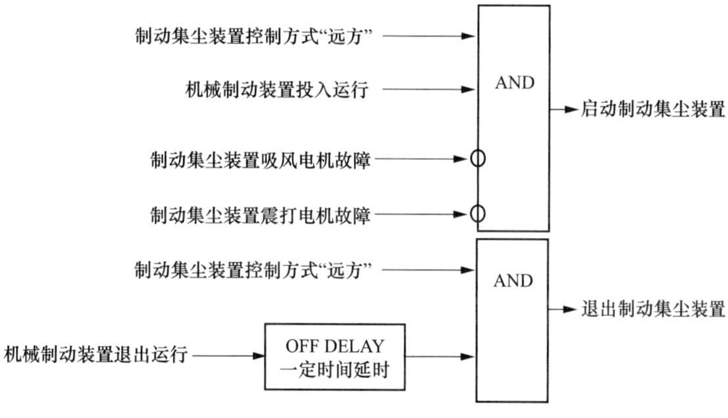

图 9-3　监控系统中制动集尘装置的控制逻辑图

3. 现地 PLC 控制逻辑

（1）发电机空间加热器。

应具备接受监控投入/退出发电机空间加热器指令的功能。

投入发电机空间加热器前应先判断 PLC 系统是否存在故障，避免因 PLC 系统故障误发投入/退出命令。典型的控制流程如图 9-4 所示。

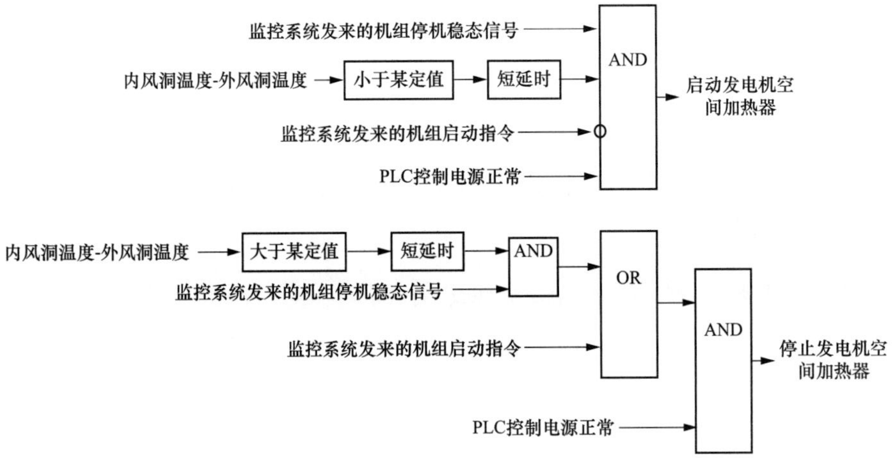

图 9-4　PLC 控制投入/退出发电机空间加热器的控制逻辑图

（2）抽油雾装置。

应具备接受监控投入/退出抽油雾装置指令的功能。

投入抽油雾装置前应先判断 PLC 系统是否存在故障，避免因 PLC 系统故障误发投入/退出命令。典型的控制流程如图 9-5 所示。

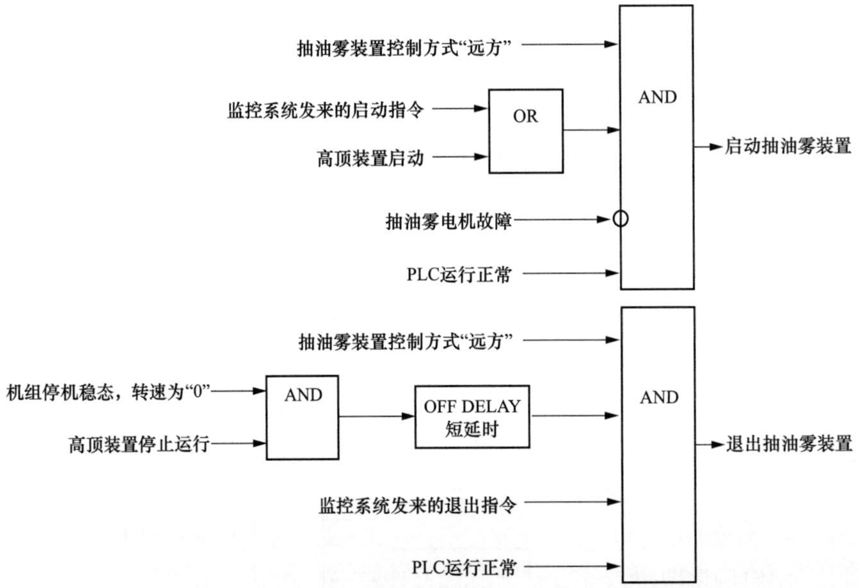

图 9-5　控制投入/退出抽油雾装置的控制逻辑图

（3）制动集尘装置。

具备接受监控投入/退出制动集尘装置指令的功能。

投入制动集尘装置前应先判断 PLC 系统是否存在故障，避免因 PLC 系统故障误发投入/退出命令。典型的控制流程如图 9-6 所示。

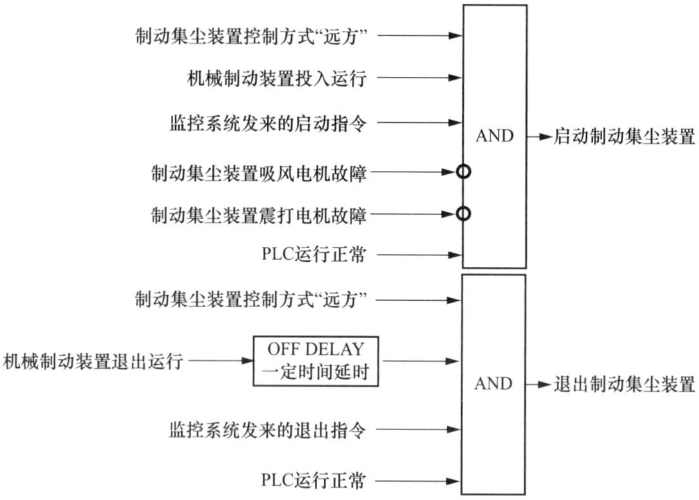

图 9-6　控制投入/退出制动集尘装置的控制逻辑图

四、典型控制回路设计

1. 发电机空间加热器

现地手动投退发电机空间加热器仅限紧急情况下或试验情况下使用，现地手动投退发电机空间加热器回路应采用硬接线方式。控制接线图如图 9-7 所示。

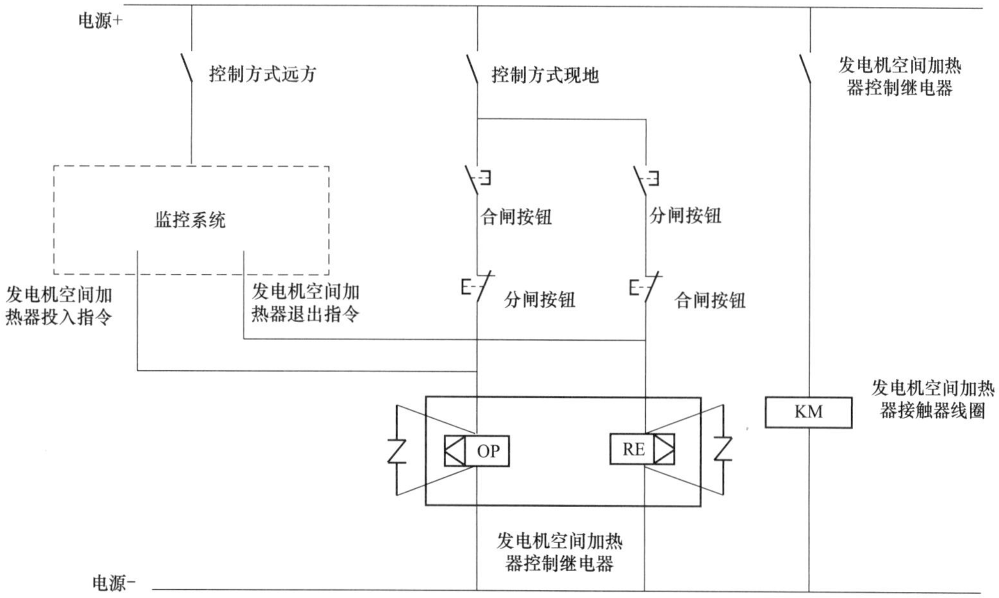

图 9-7　发电机空间加热器现地控制接线图

2. 抽油雾装置

现地手动投退抽油雾装置仅限紧急情况下或试验情况下使用，现地手动投退抽油雾装置回路应采用硬接线方式。控制接线图如图 9-8 所示。

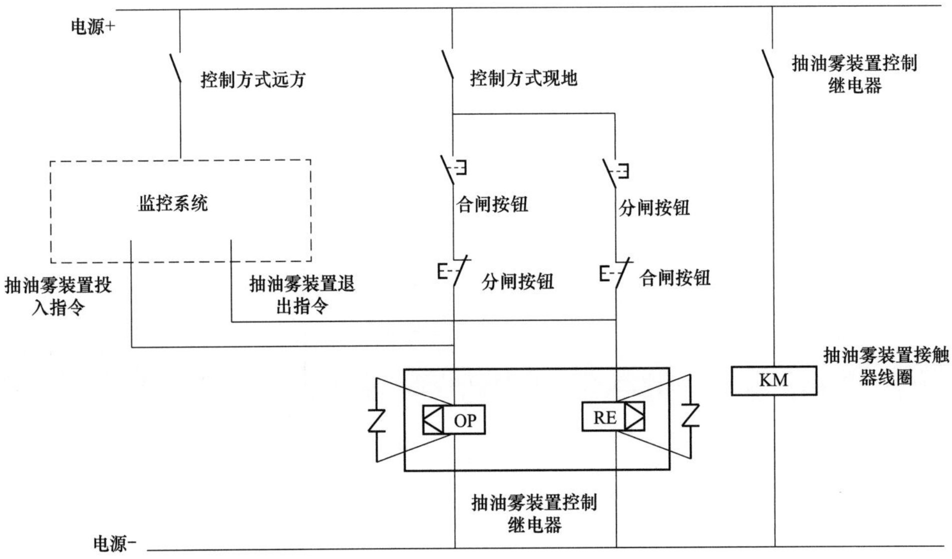

图 9-8 抽油雾装置现地控制接线图

3. 制动集尘装置

现地手动投退制动集尘装置仅限紧急情况下或试验情况下使用，现地手动投退制动集尘装置回路应采用硬接线方式。控制接线图如图 9-9 所示。

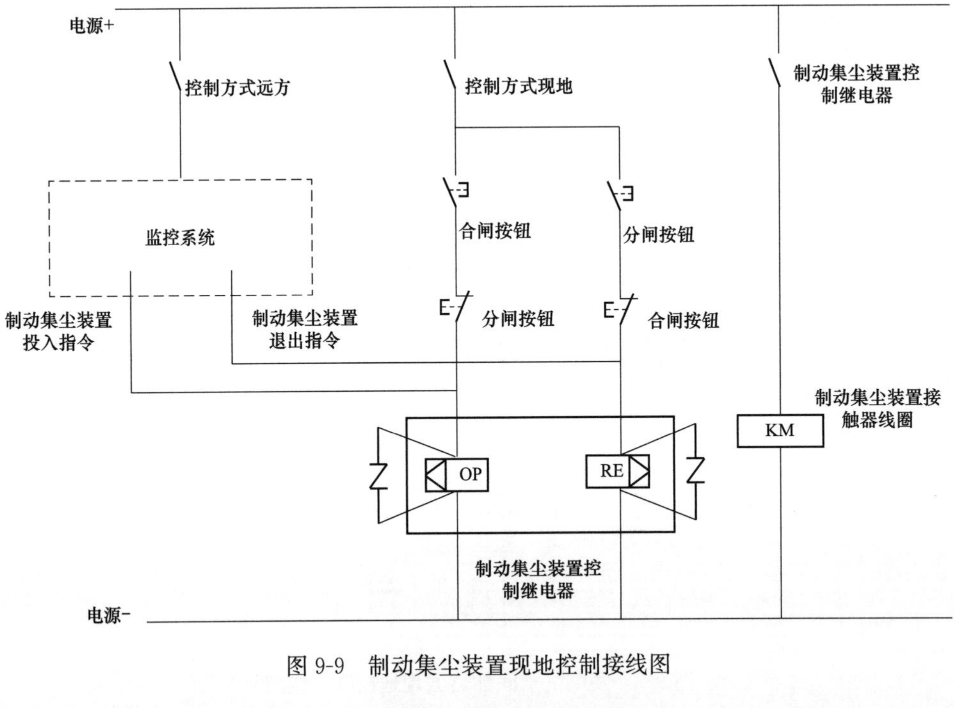

图 9-9 制动集尘装置现地控制接线图

第五节 新技术应用

规范发电机辅助设备系统控制逻辑设计，可以有效地提高发电机辅助设备控制系统的安全性和可靠性，避免启机失败，保证机组正常运行。为了进一步提高发电机辅助设备控制系统的安全性和可靠性，应实时监测发电机辅助设备控制系统的健康状态，并实现智能报警的功能。

1. 智能报警应用

建立智能报警应用，以信号的实时信息，历史数据为基础，通过智能报警、趋势报警、专家知识库等功能模块，实现电站大量报警信息的自动分析和筛选，屏蔽无效或无须关注的信息，向运行人员实时推送需要运行人员关注的事件信息，提高电站自动化管理水平及预防性维护决策能力，保障设备安全稳定运行。

基于大数据挖掘技术，针对数据本身特性进行高维度关联性分析，通过快速挖掘复杂、高维度的机组运行数据中的特征模式，利用状态参量相关性分析方法，挖掘机组运行数据内在的规律，判断出设备故障模式，提出设备预警信息，实现具有数据自适应性的设备故障预警，保证设备的安全有效运行。

2. 状态监测与检修

建立智能分析平台，基于设备的实际工况，根据其在正常运行下各种特性参数的变化，通过分析比较来确定设备是否需要检修；同时根据设备的运行状态对设备进行评估，通过对设备的评估，掌握设备的完好率情况，及时消除设备缺陷，提高设备的完好率和健康水平，保证设备的安全运行。通过对设备状态的监控预警，使设备主人和管理人员及时掌握设备的运行状态，对存在问题的设备进行维护，保证电站的设备安全运行。

第十章　电站闸门控制系统控制逻辑设计

按闸门的安装位置可分为上库闸门、下库闸门以及尾水事故闸门；按闸门的启闭操作型式可分为卷扬式启闭机和液压式启闭机。在抽水蓄能电站中，上下库闸门多采用卷扬启闭的型式，尾水事故闸门多采用液压启闭型式。其中卷扬机启闭机是利用钢索或钢索滑轮组作为吊具与闸门相连接，通过齿轮传动系统使卷扬筒转动从而绕、放钢索带动闸门升降的机械，它构造较简单易于制造，维护检修方便；液压启闭机是用液压缸活塞杆与闸门连接，以液压油作为动力推动活塞杆动作来实现闸门升降动作，其结构简单，占地面积小，传动平稳，控制方便，控制精度高。

正常情况下机组流道上下游的闸门位置信号需加入机组预启动条件中，当闸门位置不满足机组运行条件时，禁止该流道机组的启动流程执行。必要时为防止闸门下落过程中机组误启动导致闸门损坏事故，部分电站还将闸门位置信号加入机组事故启动源，在闸门位置不满足运行条件时，第一时间启动机组事故停机程序，有效防止闸门误操作、误下滑或误坠落导致的金属设备和水工设施的损坏事故。

本章将重点结合几个典型的事故案例，分析大型抽水蓄能机组闸门控制设计时需要注意的相关问题，并依据设计标准和反事故措施内容，重点阐述闸门控制系统的典型设计逻辑。

第一节　控制系统概述

1. 闸门功能

闸门是用于关闭和开放泄（放）水通道的控制设施，是水电站水工建筑物的重要组成部分，可用以拦截水流，控制水位、调节流量、排放泥沙和漂浮物等。通常情况下抽水蓄能电站会在每个引水隧洞进出水口收缩段设置一扇上库进出水口闸门和一扇下库进出水口闸门，尾水事故闸门可根据实际机组布置情况进行设定。其中隧洞上游的上库进出水口闸门通常为事故检修闸门，可用于隔离水库与机组之间的流道，以便检修输水隧洞或压力管道，当球阀或压力隧洞发生紧急情况时，该事故闸门可以动水情况下快速关闭来截断水流，防止事故扩大。

快速卷扬式启闭机是专门用于操作快速闸门的一种启闭设备。快速闸门是用来保护机组和压力钢管的，平时悬挂在流道孔口上方，当发电机、水泵或钢管发生事故时，可以快速截断水流，避免事故扩大。快速闸门的关闭时间，应满足对机组和压力钢管的保护要求，一般要求启闭机能在 2min 内将快速闸门关闭。同时为防止闸门底缘和底槛因猛烈碰撞而损坏，快速卷扬启闭机应设有限速装置，将闸门接近底槛时的下降速度限制在 5m/min 以内，但孔口以上下降过程中的速度并无限制要求，只要不对启闭机零部件造成损害即可。

快速闸门在正常启闭时，对启闭速度并无特殊要求，因此快速卷扬式启闭机还应具备普通卷扬机的功能。快速闸门启闭机，应有就地操作和远方操作两套系统，并应配有可靠的电源，为保证电源可靠供应，远方操作系统除采用交流电源外，还应采用由蓄电池组供应的直流电源；机组或钢管发生事故时，故障信号应能触发远方操作系统直流电源自动控制闸门快速闭门；必要时也可现地手动释放常闭式制动器的抱闸，实现闸门的事故快速关闭。就地操作系统仅用于闸门日常的正常启闭操作，因此只采用交流电源即可。就地操作和远方操作两套系统应设置相互闭锁功能。

液压启闭机系统包括油泵电动机组、机架、油箱（包括空气过滤器、最高和最低油位计、油温计等）、控制阀组、油缸旁路阀组、回油过滤器、压力控制器、压力变送器、液位变送器和液压系统上的其他自动化元件等。每支油缸都装有专用的行程检测装置，用于闸门启闭过程中对闸门开度及行程的实时监控，并通过电气、液压动作的同步协调，实现液压缸的自动同步调整。

2. 闸门启闭机控制

抽水蓄能电站的上水库进/出水口引水隧洞的平段处设有事故闸门，正常情况下可静水关闭挡水，以便机组主阀及闸门之间的管道检修；事故情况可动水关闭挡水，快速切断上库水源，防止事故扩大。在每台机组的尾水隧洞的进/出水口处设有一道检修闸门，用于尾水隧洞和尾水事故闸门检修时挡水。

每扇闸门一般配置有高扬程的固定卷扬式启闭机，启闭机装设在闸门上部启闭机房内，闸门平时由启闭机持住悬挂于闸门门槽上方。启闭机可现地或远方操作，事故时可实现远方一键紧急闭门。

启闭机作为特种起重设备和闸门启闭的操作设备，其控制逻辑和保护逻辑具有独特的设计结构，一般作为事故门的启闭机电源控制回路通常采用双电源供电结构，控制回路具有防止启闭机过载荷、过卷扬和防止意外坠落的相关保护逻辑，并能满足事故情况下远方一键闭门的反措要求。此外启闭机与监控系统的信号传输回路应当准确可靠，并能与机组的启动条件形成保护逻辑关系，方便特殊情况下准确判断闸门位置，并启动闸门防事故的应急回路。

第二节　典　型　案　例

电站闸门全开信号的丢失会启动机组的事故停机，导致机组不能正常运行。闸门全开信号是机组能够正常运行的前提，对机组稳定运行具有重要意义。本节将介绍几个电站闸门位置信号导致的事故停机案例。

1. 案例一

某电站监盘发现监控上位机不能接收全厂 LCU 的实时数据。9：30，厂房值班人员汇报，1、3 号机组事故停机，汇报网调监控网络通信发生故障引起 1、3 号机组事故停机，并通知二次人员处理。9：40，厂房值班人员汇报 1、3 号机事故停机回路已复归，2、4 号机组无异常，检查监控上位机接收实时数据正常。9：40，2 号机发电开机，9：41，2 号机并网。9：42，3 号机发电开机；9：43，3 号机并网，汇报网调 2、3 号机已发电并网，1、4 号机备用。

2. 案例二

某电站监控系统简报信息：1 号机组下库闸门全开信号复归；1 号机组调速器事故停机动作；1 号机组启动事故停机水机回路，调速器事故停机信号动作，1 号机组事故停机操作（流程自启动）。

3. 案例三

某电站 1 号机检修，2 号机停机状态，3、4、5、6 号机组抽水运行。在 3：22，出现下库水位测量信号 1 丢失（上下库水位：890.5/325.3m）报警，监控组态逻辑自动将下库水位测量系统切换到信号 2，随后下库水位信号监控显示出现异常（显示非当前水位）并有下库水位低报警信号出现。在 3：28 4 号机组自动转停机，3：33 6 号机组自动停机，3：38 5 号机组自动停机，3：43 3 号机组自动停机。

4. 案例四

某电站 2 号机组在发电工况带 150MW 负荷时，上位机突然出现 2 号机尾水闸门坠落（280mm）报警，机组机械跳闸动作启动 2 号机事故紧急停机。

第三节　分　析　总　结

1. 案例一事故分析

监控系统主交换机 AC/DC 电源模块损坏，造成主交换机失电，引起机组及其他公用 LCU 主用 CPU 切换到备用 CPU 工作，其中上库现地控制单元 LCU 8 的 CPU 的切换过程中，导致上库 1、2 号闸门全开位置信号丢失，引起正在发电运行的 1、3 号机组事故停机。

暴露问题：厂家提供的设备质量不可靠；上库闸门全开信号跳闸回路不合理。

防范措施：取消机组 LCU 与上库公用 LCU 间通信正常的判断条件，上库闸门全开信号尽量使用硬布线跳闸回路，同时在交换机电源模块的输出端增加 24V 电源监视回路。

2. 案例二事故分析

现地检查调速器系统，事故停机伺服比例阀 EV2 得电，判断事故停机原因为外部开入信号，导致调速器系统事故停机伺服比例阀 EV2 得电，启动水机事故停机回路。根据图 10-1 判定导致调速器事故停机动作的原因主要有 5 个：

（1）调速器电控柜紧急按钮动作；

（2）机组 LCU1 A2 柜紧急停机按钮动作；

（3）调速器机械装置控制柜 AN1 按钮动作；

（4）调速器机械装置控制柜 K6 继电器线圈绝缘能力降低；

（5）1 号机组下库闸门全开信号丢失。

现场检查调速器电控柜紧急停机按钮、调速器机械装置控制柜 AN1 按钮及其二次回路正常；检查调速器机械装置控制柜 K6 继电器线圈回路绝缘正常，确定 K6 完好。故判断可能是由于 1 号机组下库闸门全开信号复归导致事故停机动作。

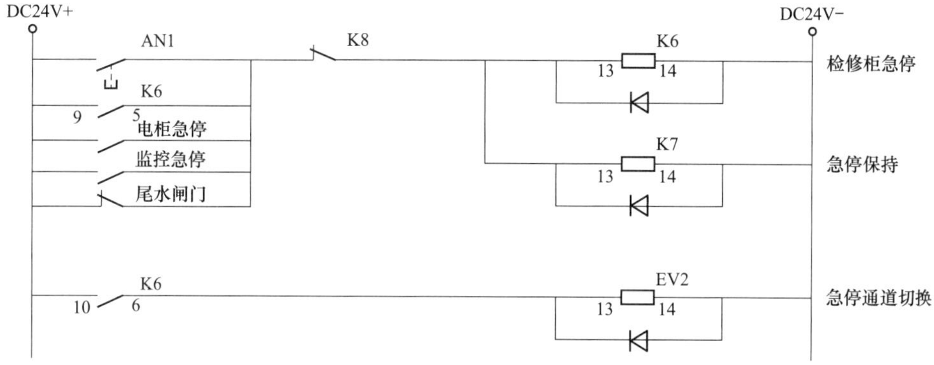

图 10-1　调速器事故停机回路

判定导致 1 号机组下库闸门全开信号丢失原因有 4 个：

（1）1 号机组下库闸门全开限位位置节点断开；

（2）1 号机组下库闸门全开信号扩展继电器损坏；

（3）1 号机组下库闸门全开信号扩展继电器电源丢失；

（4）1 号机组下库闸门全开信号回路接线松动。

对 1 号机组 LCU A2 柜下库闸门位置信号回路进行检查，发现下库闸门位置信号回路的空气开关 ZK7 正极接线柱接触不好，检查该空气开关 ZK7 时下库闸门全开信号反复出现动作、复归，由此可判断原因为空气开关 ZK7 的正极接线柱接触不好诱发回路正电源缺失，导致下库闸门全开信号丢失，导致 EV2 电磁阀线圈得电后调速器事故停机动作。

暴露问题：

（1）空气开关质量不好，由于 LCU A2 柜内接线拥挤，可能是前期安装、检修、消缺过程中接线拉扯后，接线柱出现松动现象。

（2）维护不到位，未能及时发现该开关存在的问题。

（3）送至调速器系统的下库闸门全开信号未接入监控，简报不能体现故障点信号，不利于故障查找。

（4）下库闸门全开信号扩展继电器电源未设置电源监视回路，导致电源丢失时不能及时发现。

防范措施：

（1）结合定检对其他 3 台机组下库闸门位置信号回路的空开更换为 ABB 品牌同规格开关，并加强检查维护，定期进行下库闸门全开信号回路接线及端子紧固检查，并按时校验扩展继电器。

（2）对下库闸门位置监视信号回路进行优化。

1）将现地控制柜内下库闸门扩展调速器的继电器（KK1）增加一副常开点，接入监控系统 SOE 量，提高事故动作分辨率，缩短事故处理时间；

2）球阀控制柜内下库闸门扩展信号接入监控的开关量信号改接为接入监控系统的 SOE 量信号，利于捕捉瞬时抖动信号。

（3）在水机回路中增加 ZK5-ZK7 的电源监视回路，并接入监控系统，便于事故分析。

3. 案例三事故分析

由于抽水蓄能电站水力系统上下水库的位置特殊，上下库水位对应的库容曲线直接影响着电站运行时长。下库库容有允许抽水运行的低水位保护要求，当下库水位低于低水位（水位浮子信号）机械保护设置时，会延时触发监控逻辑组态保护流程切除抽水机组。本次事故是由于下库水位输入信号异常而触发监控系统的下库低水位逻辑组态保护动作，进而导致抽水运行机组相继自动转停机。

查找下库水位信号异常原因时，发现下库水位测量系统电源开关跳闸，导致下库水位信号丢失，造成下库水位信号组态逻辑将下库水位信号自动切为最低值（预设），导致监控出现下库水位低切除抽水机组条件满足，致使故障发生。

暴露问题：

（1）事故处理过程中由于运维人员对于监控内部水位保护逻辑的设置不清楚，当该保护动作时运行人员缺乏有效的人为干预手段，导致事故发生。

（2）水位信号双通道丢失的监控逻辑设置不合理。

防范措施：

（1）对于监控系统的维护检修应明确其内部保护的相关逻辑功能，对于属于暂不投用的功能模块（比如本次事故中的相关功能其实主要用于成组无人值班模式），其是否有效必须经过相关的试验验证确认。检修应对重要辅助系统（如直流系统）有严格的监控措施，防止检修中因电压异常导致的监控设备损坏。

（2）完善两套水位信号切换逻辑，即水位信号双通道丢失将保持当前水位信号不变，同时将上下库水位监控保护逻辑在机组单机模式下退出，只保留报警信号。

4. 案例四事故分析

尾水事故闸门（简称尾闸）为液压启闭机式，为保证尾闸下坠信号能准确可靠送至2号机组监控系统，设置有四个下坠位置行程开关SQ1、SQ2、SQ3、SQ4，每两个行程开关为一组，每个行程开关选取一副接点，两个行程开关两副接点并联作为一个信号送至2号机组监控系统，分别送出280mm和340mm下坠信号，尾闸下坠280mm信号动作机组机械跳机，尾闸下坠340mm信号动作机组电气跳机。

上位机报2号机组尾水闸门坠落（280mm）后，现场检查尾水闸门坠落（280mm）信号回路，尾闸下坠信号从尾闸位置行程开关经2号机尾水事故闸门控制柜端子排转接送至2号机组监控系统，中间不经过2号机组尾闸控制系统，也没有经过继电器扩展接点再转接。检查尾水事故闸门控制柜端子、2号机组监控系统端子均未发现松动、搭接不牢现象。检查至行程开关端子盒接线时，发现行程开关接线盒端子接线均为多股的软铜线，其中一个行程开关接线端子两端各有一根软铜丝伸出，距离很近，存在振动或自然下垂导致搭接的可能，见图10-2。现场观察其他运行机组，其尾闸振动较大可能导致铜丝接触，误发下坠280mm信号，导致2号机机械跳机。

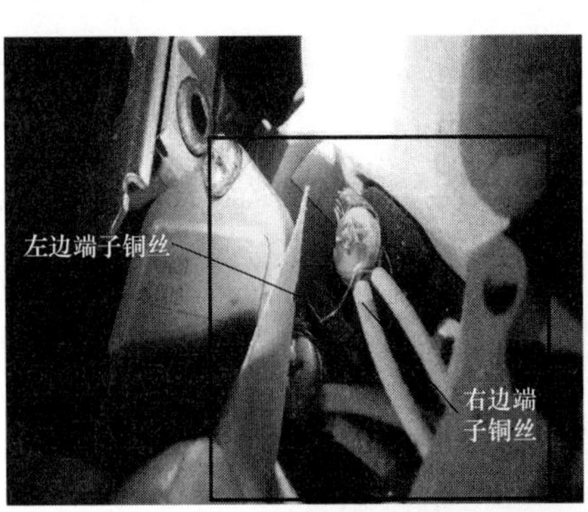

图10-2　引发故障的行程开关端子盒接线情况

处理过程：

（1）拆除图10-2中不规范接线，处理接头后重新紧固。

（2）对2号机组尾水事故闸门坠落280mm信号回路进行检查，回路端子接线均已紧固，接线工艺不良的端子已处理，处理后检查正常。现场无遗留问题，设备可以正常投入运行。

暴露问题：

（1）尾闸行程开关端子接线为软铜线，接线工艺不符合标准。

（2）设备维护时，往往强调对装置、继电器的检修工作，对接线工艺不够重视，维护检查不到位。

防范措施：

（1）多股软铜线应压接线鼻子。

（2）结合机组检修，对其他机组尾闸下坠位置行程开关接线进行检查，确认没有铜丝未压紧的情况。

（3）在机组检修及日常运维过程中，对于有多股软铜线的接线端子，全面检查整改，保证接线工艺质量到位，确保不存在搭接、不牢、未压紧、虚接等现象。

通过以上四个案例可以看出，闸门全开信号是机组能够正常运行的重要参量，其可靠性直接关系到电站的安全性，在设计控制流程和控制回路时必须考虑闸门全开信号的情况，否则对于机组的运行存在重大的安全隐患。

第四节　典型控制设计

一、安全性原则

（1）防止发生闸门意外下滑损坏事故。

（2）防止启闭机意外过载损坏事故。

（3）防止闸门启闭机钢丝意外断裂、脱落事故。

（4）防止发生闸门本体封水装置损坏事故。

（5）闸门关闭回路中应串联相应机组球阀或导叶全关位置。

二、可靠性原则

（1）应单独设置一套纯手动操作回路，避免因 PLC 故障无法操作闸门的风险。

（2）闸门系统应配置一路独立于厂电的应急电源。

（3）闸门启闭机的起升、变幅、运行、回转机构都应按要求装可靠的双制动功能或增加对卷筒的直接制动功能，必要时应增设手动应急操作系统。

（4）闸门启闭机应备有一个或多个可从操作控制站操作的紧急停止开关，紧急停止开关不能自动复位。

（5）与闸门吊耳（或拉杆）连接的动滑轮组至卷筒之间、动滑轮组至定滑轮之间的钢丝绳中心线，与卷筒绳槽或滑轮槽中心线构成的绕入夹角应在规定值内。

（6）采用电动机变频调速技术实现变速运行的启闭机，变频系统应有良好的低速性能，转矩平滑、无爬行现象。

（7）一门一机的工作闸门、快速闸门及有时间要求的事故闸门（启闭设备）应设置可靠的并能满足远方自动闭门操作要求的锁定（制动）装置。

（8）闸门启闭机应设置有过卷扬限制器、过负荷限制器、联锁开关等安全装置。

（9）静水操作的工作闸门应设置平压检测装置和防误操作闭锁装置，并严禁未平压强行操作。

(10) 闸门启闭应设置有起升机构电机定子异常失电保护功能，在起升电机异常失电后避免闸门因自重意外坠落。

(11) 机组 LCU 应设置紧急停机按钮，中控室应设置独立于监控系统的紧急停机按钮及上水库事故闸门、尾水事故闸门紧急关闭按钮。

(12) 发电机层逃生通道应设置至少一处手动启动水淹厂房按钮，可实现一键所有机组紧急停机、关闭上库进出水口事故闸门、尾水事故闸门功能。回路设计采用独立于电站监控系统的硬布线（包括独立光缆），电源应独立提供。

三、输入信号

现地/远方（开关量）、自动/手动（开关量）、闸门提升（开关量）、闸门下落（开关量）、闸门停止（开关量）、闸门急停（开关量不可自动复归）、故障复位（开关量）、锁定杆投入（开关量）、锁定杆（按钮）、充水阀开/停/关（开关量）、变频器电源正常/丢失（开关量）、工作制动器退出/投入位置（开关量）、安全制动器投入/退出位置（开关量）、闸门锁定杆退出位置（开关量）、闸门锁定杆投入位置（开关量）、变频装置正常/故障（开关量）、变频电机风机电源正常/故障（开关量）、闸门上极限位置信号（开关量）、闸门下极限位置（开关量）、闸门开度（模拟量）、闸门荷重（模拟量）、闸门前水位（模拟量）、闸门后水位（模拟量）、闸门事故紧急关闭信号（事故闸门独有，远方一键落门，开关量）。

四、输出信号

闸门提升动作（开关量）、闸门下落动作（开关量）、闸门上极限位置（开关量）、闸门下极限位置（开关量）、闸门充水阀开（开关量）、闸门充水阀关（开关量）、闸门前后平压完成信号（开关量）、启闭机过载报警（开关量）、闸门安全制动器撤出令（开关量）、闸门工作制动器撤出令（开关量）、闸门孔口以上速度（至变频器，开关量）、闸门孔口以下速度（至变频器，开关量）、闸门锁定杆油泵启动令（开关量）、闸门锁定杆投入令（开关量）、闸门锁定杆退出令（开关量）、控制回路电源消失（至监控，开关量）、闸门全开位置（至监控，开关量）、闸门全关位置信号（至监控，开关量）、闸门前水位（至监控，模拟量）、闸门后水位（至监控，模拟量）。

五、典型控制程序设计

1. 监控系统控制逻辑

上库进出水口闸门全开位置应列入机组预启动条件判据，当上库进出水口闸门未在全开位置时，对应机组预启动条件不满足。

2. 现地 PLC 控制逻辑

(1) 闸门 PLC 自动开启流程逻辑（见图 10-3）。

1) 提升前确认闸门系统无异常报警；

2) 开启流道充水阀；

3) 确认闸门前后已平压；

4) 退出安全制动器和工作制动器；

5) 退出工作制动器；

6）闸门提升令；
7）闸门提升至锁定投入高度；
8）投入闸门锁定；
9）闸门停止在锁定位置，安全制动器和工作制动器投入；
10）提升流程退出。
（2）闸门 PLC 自动下落流程逻辑（见图 10-4）。
1）下落前确认闸门系统无异常报警；
2）闸门下落令；
3）退出安全制动器和工作制动器；
4）闸门提升至锁定退出位置；
5）确认锁定杆已撤出；
6）闸门以设定速度下落；
7）闸门孔口高度；
8）闸门以孔口速度下落；
9）闸全关位置；
10）下落流程退出。

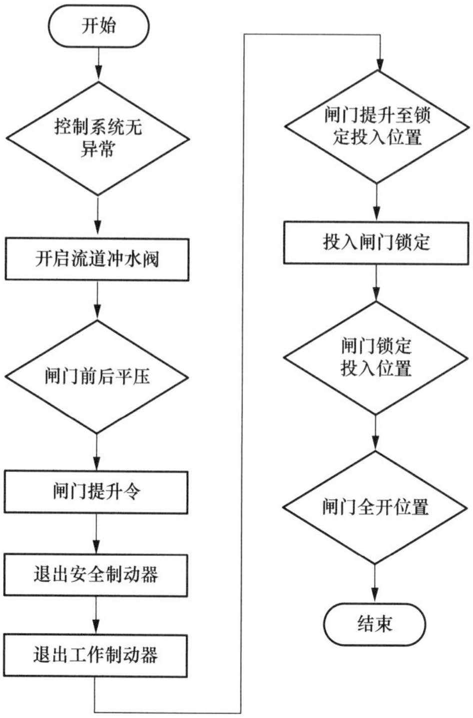

图 10-3　闸门启闭机自动提升逻辑图

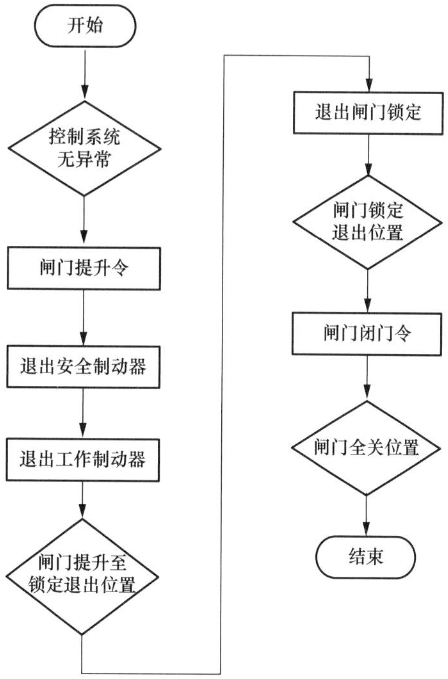

图 10-4　闸门启闭机自动下落流程图

六、典型控制回路设计

1. 控制回路节点

（1）闸门提升与平压信号闭锁：闸门平压信号未到，闭锁闸门提升流程或回路。

（2）闸门提升与制动装置闭锁：即制动装置不退出，启闭机电机不动作。

（3）闸门下落与制动装置闭锁：即制动装置不退出，启闭机电机不动作。

（4）闸门上极限与提升信号闭锁：即提升至上极限位置，闸门提升流程结束并闭锁闸门继续提升流程或回路。

（5）闸门下极限与下降信号闭锁：即下落至下极限位置，闸门下落流程结束并闭锁闸门继续下落流程或回路。

（6）提升回路与下落回路闭锁：闸门提升时闭锁闸门下落回路导通，闸门下落时闭锁闸门提升回路。

2. 控制回路功能

（1）闸门启闭机电机控制电路设计图（见图 10-5）。

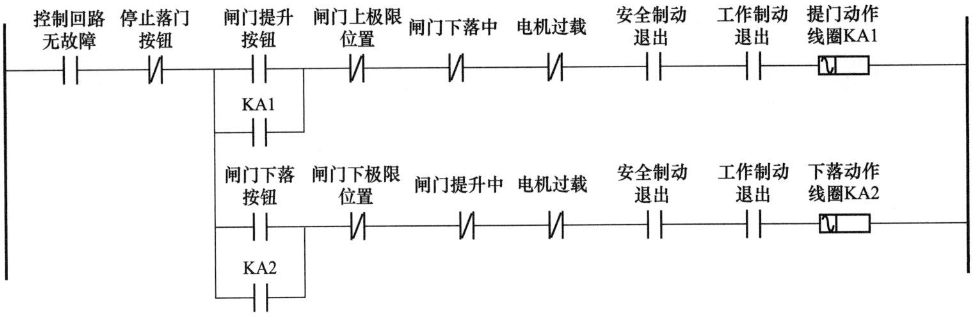

图 10-5　闸门启闭机手动控制控制回路图

闸门启闭机在收到控制柜的启动命令后，首先松开安全制动，同时发令给变频装置，变频装置调整电机为荷载态（即做提升转矩抵消闸门下滑重力），此时动作工作制动器松闸，变频器再根据提升或下降令来控制执行机构电机正转或反转，实现闸门的提升和下落。在此期间 PLC 根据闸门高程，向变频器发转速命令，变频器通过控制电机转速来控制闸门下落速度，达到快速闭门的要求。

（2）闸门系统远方一键闭门回路典型设计。

1）上库进出水口闸门防水淹厂房事故落门控制回路，具有水淹厂房联动落闸门和远方一键落闸门功能；

2）远方一键落上库进出水口闸门回路应为独立于监控系统的硬布线（光缆）回路，且不受闸门和监控系统控制方式的影响；

3）远方一键落上库进出水口闸门应具备自保持功能，即按钮按下后信号一直保持，直至按钮恢复正常位置。

第五节　新技术应用

1. 智能报警

对闸门控制系统，建立智能报警应用，以闸门启门、落门时长、闸门开度变化以及闸门荷重等实时信息、历史数据为基础，通过智能报警、趋势报警、专家知识库等功能模块，实现电站大量报警信息的自动分析和筛选，屏蔽无效或无须关注的信息，挖掘机组运行数据内在的规律，判断出设备故障模式，提出设备预警信息，实现具有数据自适应性的设备故障预警，向运行人员实时推送需要运行人员关注的事件信息，提高电站自动化管理水平及预防性维护决策能力，保障设备安全稳定运行。

2. 智能联动

通过计算机监控、闸门、工业电视、声光报警系统智能联动。当闸门全开信号丢失后，工业电视在大屏上自动切换到闸门以及相关系统，并发出声光报警。如果只是信号丢失，实际闸门并没有下滑，则监控系统无须事故停机。根据智能报警联动工业电视将对应设备图像推送到大屏上，提前通知监盘人员，更加形象地让监盘人员感知现场设备运行情况。

第十一章　渗漏、检修与顶盖排水控制逻辑设计

渗漏排水系统的任务是排除地下厂房水工建筑物的积水，包括渗水、机组管路的漏水、主轴密封排水、主变压器空载冷却排水、空压机排水、冷水机组排水、滤水器排污等。

检修排水系统的任务是在机组、引水隧洞和尾水隧洞检修时排除流道内的水。机组检修排水包括球阀与尾水闸门之间的水体及闸门漏水；引水隧洞检修排水包括上库进出水口闸门与尾水闸门之间的残留水及闸门漏水；尾水隧洞检修排水包括球阀与下库进出水口闸门之间的水体及闸门漏水。

在水电站的设备布置上，顶盖相对机组的其他部件较低，为了及时排出大轴工作密封的排水和其他部位的漏水避免水淹水导，必须设置顶盖排水系统。

本章将结合几个典型事故案例，对抽水蓄能机组渗漏、检修与顶盖排水设计时需要注意的问题进行分析，并提出抽水蓄能机组渗漏、检修与顶盖排水控制系统典型设计。

第一节　控制系统概述

1. 渗漏排水控制系统

渗漏排水系统主要是排出地下厂房围岩渗水、机组顶盖及主轴密封漏水、技术供水系统中的冷却排水等。

渗漏排水控制系统由控制柜及相应的自动化元件构成，控制柜内有一套 PLC，控制渗漏排水泵启停。PLC 控制逻辑为：渗漏排水泵是依据各泵启停顺序进行主、备用泵的判断。在收到集水井启主泵水位开关信号或启主泵水位，启动主泵。收到集水井启备泵水位开关信号、启备泵水位或发生主泵启泵失败，启动备泵；收到集水井水位过高液位开关信号或过高水位启动所有泵；收到集水井水位过低液位开关信号、停泵水位开关信号或停泵水位，停止所有泵。启动渗漏泵前，先打开润滑水电磁阀，收到润滑水信号后延时发出渗漏泵启动令，渗漏泵启动成功后延时关闭润滑水电磁阀。润滑水电磁阀打开后，若规定时间内未收到润滑水示流信号，判断其泵失败；渗漏泵启动令发出后，若规定时间内未收到旁路接触器信号，判断启泵失败；渗漏泵启动令发出后，若规定时间内未收到泵出口流量示流信号，判断启泵失败；渗漏泵连续运行规定时间后，切换至备用泵运行。

2. 检修排水控制系统

检修排水系统是当水轮机或引水系统检修时，排出引水压力钢管、蜗壳、尾水管与尾水隧洞内积水的设备；由于抽水蓄能电站一般尾水隧洞较长，尾水隧洞的排水系统可考虑临时设施或与机组检修排水系统一并考虑。根据 NB/T 35035—2014《水力发电厂水力机

械辅助设备系统设计技术规定》4.2.7 第 1 条规定："对于地下厂房或尾水位较高的水电厂宜采用直接排水方式。" 对于抽水蓄能电站而言，一般都属尾水位较高的地下厂房，故推荐采用直接排水方式，如果厂房地形条件不允许，也可采用间接排水方式。

检修排水控制系统由控制柜及相应的自动化元件构成，控制柜内有一套 PLC，控制检修排水泵启停。PLC 控制逻辑为：2 台检修排水泵互为备用，主备关系相互轮换，两台泵同时启动时有时间间隔。收到尾水管启主泵压力开关信号或启主泵压力，启动主泵。收到尾水管启备泵压力开关信号、或启备泵压力或发生主泵启泵失败，启动备泵。收到尾水管启停泵压力开关信号或停泵压力，停止所有泵。检修排水泵启动令发出后，若规定时间内未收到旁路接触器信号，判断启泵失败。检修排水泵启动令发出后，若规定时间内未收到差压正常信号，判断启泵失败。检修排水辅助泵连续运行规定时间后，切换至备用泵运行。

3. 顶盖排水控制系统

顶盖排水主要是排出大轴工作密封水和其他部位的漏水。顶盖排水控制系统由控制柜及相应的自动化元件构成，控制柜内有一套 PLC，控制顶盖排水泵启停。现地控制柜上设有切换开关和按钮，以进行控制方式选择和排水泵的启停操作；切换开关有现地、切除、自动三种控制方式；当控制方式为现地时，在现地控制柜上可手动启、停各台排水泵；当控制方式为自动时，顶盖排水控制系统根据液位变送器测量的顶盖水位来实现对排水泵的自动启停控制。

第二节　典　型　案　例

1. 渗漏排水泵案例

某抽水蓄能电站"2 号泵故障"指示灯点亮，经过仔细检查后发现 2 号泵没有任何问题，将这台水泵从自动控制方式切换到手动方式启动该泵，水泵正常运转。按控制屏上的"复位"按钮，"2 号泵故障"指示灯熄灭；再将该泵切换到自动控制方式，经过一段时间的观察，在新一轮水泵自动切换时，水泵又能够正常启动运行。这种异常情况多次出现且不局限于 2 号泵，其他泵也时有发生。对于这一系列的误报，运行人员通常都用"复位"故障信号并重新投运一次予以解决，一次未遂的水淹厂房事故后，经过严密的分析，发现 PLC 控制程序存在的缺陷导致了这一系列异常情况的发生。

2. 检修排水泵案例

某抽水蓄能电站增加模拟量水位信号后，检修排水泵的运行可靠性虽然显著提高，但调试中发现：如果水位开关量"停泵"信号保持（故障），不管检修集水井水位在任何位置，程序都不会启动检修排水泵，这是致命的安全隐患。

3. 顶盖排水泵案例

某抽水蓄能电站机组顶盖排水系统 PLC 的 DO 开出模块经常发生故障，在 DO 开出异常一直导通时，电磁阀一直得电，排水泵一直运行，导致无法自动停泵，顶盖水位过低时，排水泵持续工作，导致了泵的损坏；在 DO 开出异常一直断开时，导致无法自动启泵，顶盖水位过高，排水泵无法工作，同时由于不及时手动启泵，造成了水淹厂房的严重后果。

第三节　分　析　总　结

渗漏排水泵案例分析：为防止信号抖动，都会在信号确认前加上延时判断。但从程序看，启泵过程结束后延时继电器一直导通，因此，在任何时候，只要“运行反馈信号”消失就会立刻报故障，因而并没有将信号抖动屏蔽掉。正常情况下，水泵运行时软启动器的运行反馈触点一直闭合，故不会报故障。但在停泵时，由于发出停泵命令和水泵停止运行命令几乎是同时，再加上 PLC 扫描周期延迟等因素，PLC 很有可能判定收到运行反馈触点断开信号时水泵仍处于运行状态，于是报故障。采用增加延时防止信号抖动的办法消除缺陷，在“运行反馈信号”确认之前，先延时几秒钟（无论是动合还是动断），这样在停泵时，“运行反馈信号”总会在停泵令之后的几秒钟才会被确认，从而解决了两个信号的顺序问题。

检修排水泵案例分析：当启主泵（或启备泵或水位过高）信号触点动作的同时有停泵水位信号触点同时动作，则判断为水位信号器异常，“开关量”信号自动退出，同时向监控系统发送“扩建检修集水井机组检修方式水位信号器异常”或“扩建检修集水井尾水洞方式水位信号器异常”。一旦出现过故障信息，需检查无异常后，在触摸屏手动投入“开关量”信号。模拟量断线或越限情况下即判断为“模拟量”信号异常，“模拟量”信号自动退出，同时向监控系统发送“扩建检修集水井水位异常”。

顶盖排水泵案例分析：为了避免 DO 开出异常或者手动停泵异常，可以在控制回路增加顶盖水位浮子开关以送来水位过低信号和水位过高信号，当水位过低时，自动断开控制回路，手动或者自动方式都无法启泵；当水位过高时，自动闭合控制回路，自动启泵。针对 PLC 模件开出异常一直断开的情况，防止水位过高时泵无法运行，增加水位过高的控制信号，自动方式下，水位过高时，可以不经 PLC 直接启 1 号、2 号、3 号泵，实现了全自动控制功能，有效地降低了水淹厂房的风险。

第四节　典 型 控 制 设 计

一、安全性原则

（1）防止渗漏泵长时间全停导致水淹厂房。

（2）防止渗漏泵失去动力电源。

（3）防止顶盖有大量漏水时顶盖排水泵未启动。

（4）防止检修排水泵无法运行导致机组尾水无法排空。

二、可靠性原则

（1）地下厂房渗漏排水与检修排水应严格分开，两系统都必须安全可靠，确保厂房安全。有条件时，排水系统宜采用自流排水方式。

（2）渗漏排水系统应设置备用泵。渗漏排水泵可根据需要设置两个单元系统，每个单元至少设置 3 台泵。集水井应设置水位过低、水位低、正常水位、水位过高液位开关及液位计，用于控制渗漏排水泵启停。

（3）渗漏排水泵控制系统宜采用单独的 PLC 控制，控制电源应采用双回路冗余配置。渗漏排水泵系统控制方式应具备自动、手动两种控制。手动控制回路宜采用硬布线方式。

（4）应将渗漏泵润滑水信号作为启泵判断条件，应将泵出口流量作为渗漏泵启动成功的判断条件。

（5）厂房渗漏排水系统应配置正常和事故两种情况下的供电电源，厂用电丢失时，保安电源应满足至少 2 台渗漏泵负荷。

（6）可为每台机组分别配置一台检修排水泵，或全厂机组共用相应台数检修排水泵，检修排水泵的台数不应少于 2 台，不设备用泵。同时需要配备不小于 2 台的检修排水辅助泵用于排空机组检修期间进入尾水管的渗漏水。

（7）检修排水泵宜现地手动控制，检修排水辅助泵可采用远方自动、现地手动控制方式。现地手动控制回路宜采用硬布线线方式。在机组尾水管排水阀后可装设压力变送器或压力高、压力低压力开关，用于检修排水辅助泵的自动启停。

（8）顶盖排水泵可由 LCU 或者 PLC 控制系统进行启停控制，PLC 供电电源宜采用双电源冗余配置。顶盖排水泵系统控制方式可采用远方、现地自动、现地手动三种控制方式。现地手动控制回路宜采用硬布线方式。

（9）顶盖排水泵宜双重备用。顶盖内应设置水位低、水位高、水位过高、水位超高液位开关及液位计，水位低、水位高、水位过高用于控制顶盖排水泵停泵、启动主泵、启动备泵。水位超高液位开关送至监控系统报警。液位计信号送至监控系统或 PLC 系统。

三、典型控制程序设计

1. 渗漏泵控制逻辑设计

（1）输入/输出信号。

输入信号：渗漏排水泵自动控制（开关量）、渗漏排水泵运行（开关量）、渗漏排水泵故障（开关量）、渗漏排水泵旁路运行（开关量）、渗漏排水泵出口流量（开关量）、渗漏排水泵润滑水流量（开关量）、故障复归（开关量）、控制电源正常（开关量）、集水井水位（模拟量）、集水井水位过低（开关量）、启主泵水位（开关量）、集水井水位正常（开关量）、启备泵水位（开关量）、集水井水位过高（开关量）、渗漏排水泵电源故障报警（开关量）。

输出信号：集水井水位（模拟量或通信量）、PLC 运行（开关量）、综合故障（开关量）、渗漏排水泵启动（开关量）、渗漏排水泵故障报警（开关量）、渗漏排水泵润滑水电磁阀开阀令（开关量）、备用泵投入（开关量）、PLC 故障报警（开关量）、集水井水位过高报警（开关量）、集水井水位过低报警（开关量）。

（2）现地 PLC 控制逻辑。

渗漏泵依据各泵启、停顺序进行主、备用泵判断。

收到集水井启主泵水位开关信号或启主泵水位，启动主泵。

收到集水井启备泵水位开关信号、启泵泵水位或发生主泵启泵失败，启动备泵。

收到集水井水位过高液位开关信号或过高水位启动所有泵。

收到集水井水位过低液位开关信号、停泵水位开关信号或停泵水位（模拟量判断），停止所有泵。

启动渗漏泵前先打开润滑水电磁阀，收到润滑水信号后延时发出渗漏泵启动令，渗漏泵启动成功后延时关闭润滑水电磁阀。

各主泵按顺序依次延时启动。

润滑水电磁阀打开后，若规定时间内未收到润滑水示流信号，判断其泵失败。

渗漏泵启动令发出后，若规定时间内未收到旁路接触器信号，判断启泵失败。

渗漏泵启动令发出后，若规定时间内未收到泵出口流量示流信号，判断启泵失败。

渗漏泵连续运行规定时间后，切换至备用泵运行。

PLC 控制逻辑如图 11-1 所示。

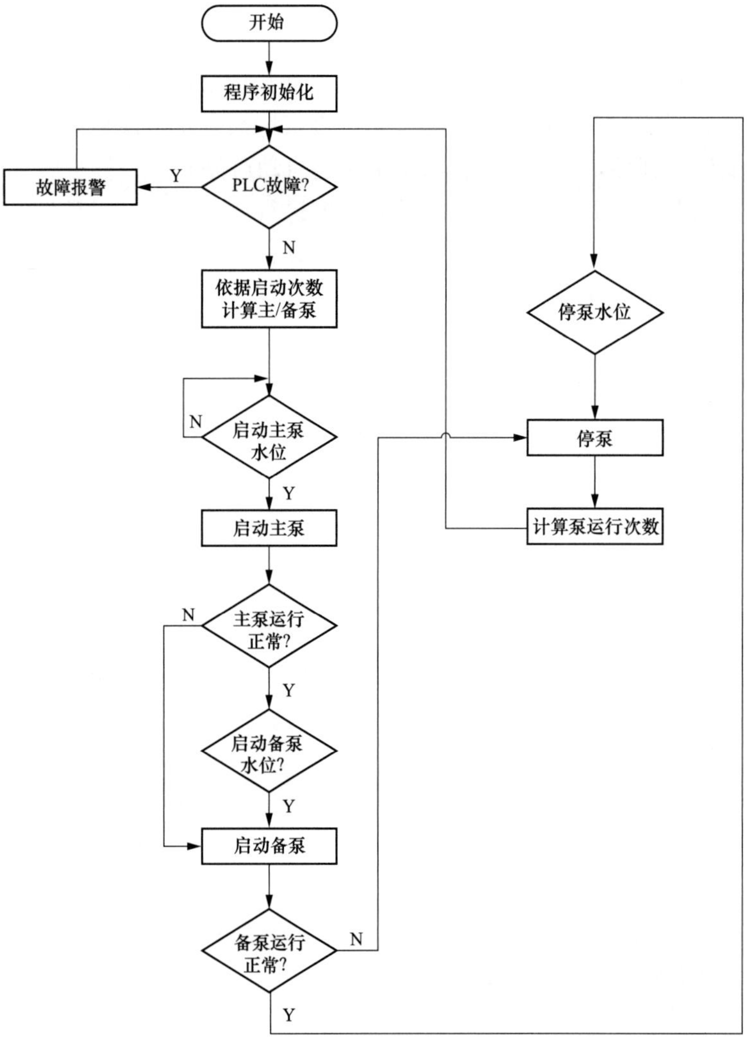

图 11-1　渗漏泵 PLC 逻辑图

2. 渗漏泵控制回路设计

(1) 控制回路接点。

手动/自动/切除、自动启/停、手动启/停、手动自锁、自动开阀、手动开阀、旁路控制、软启运行扩展、软启故障、软启启动令、控制回路电源监视、旁路接触器、主接触器、热继电器。

（2）控制回路功能。

通过控制软启动器进行启停渗漏泵。渗漏泵先由软启动器实现软启动，到额定转速后旁路运行；停渗漏泵由软启动器实现软停。

渗漏泵电气主回路设置热继电器，防止回路过流。

在渗漏泵启动回路中串入软启动故障常开点实现软启故障停泵功能，并且软启动器故障继电器为常励继电器。

现地手动启动渗漏泵控制回路具有自保持功能。

电气主回路中通过电流、电压表实时监视泵的运行情况。

3. 检修排水泵控制逻辑设计

（1）输入/输出信号。

输入信号：控制电源监视（开关量）、泵自动位（开关量）、泵运行（开关量）、泵故障（开关量）、泵控制电源故障（开关量）、泵差压开关（开关量）、尾水管排水阀后压力（模拟量）或启主泵压力、启备泵压力、停泵压力（开关量）。

输出信号：泵启动控制（开关量）、泵故障报警（开关量）、备用泵投入（开关量）、水位过高（开关量）、水位过低（开关量）、蜂鸣（开关量）、PLC 运行（开关量）、压力异常（开关量）、总故障（开关量）。

（2）现地 PLC 控制逻辑。

2 台检修排水辅助泵互为备用，主备关系相互轮换，两台泵同时启动时有时间间隔。

收到尾水管启主泵压力开关信号或启主泵压力，启动主泵。

收到尾水管启备泵压力开关信号、或启备泵压力或发生主泵启泵失败，启动备泵。

收到尾水管启停泵压力开关信号或停泵压力，停止所有泵。

检修排水辅助泵启动令发出后，若规定时间内未收到旁路接触器信号，判断启泵失败。

检修排水辅助泵启动令发出后，若规定时间内未收到差压正常信号，判断启泵失败。

检修排水辅助泵连续运行规定时间后，切换至备用泵运行。

PLC 控制逻辑如图 11-3 所示。

4. 检修排水泵控制回路设计

（1）控制回路接点。

手动/自动/切除、自动启/停、手动启/停、手动自锁、旁路控制、软启运行扩展、软启故障、软启启动令、控制回路电源监视、旁路接触器、主接触器、热继电器。

（2）控制回路功能。

通过控制软启动器进行启停检修排水辅助泵。检修排水辅助泵先由软启动器实现软启动，到额定转速后旁路运行；停检修排水辅助泵由软启动器实现软停（见图 11-2）。

检修排水辅助泵电气主回路设置热继电器，防止回路过流。

在检修排水辅助泵启动回路中串入软启动故障常开点实现软启故障停泵功能，并且软启动器故障继电器为常励继电器。

现地手动启动检修排水辅助泵控制回路具有自保持功能。

电气主回路中通过电流、电压表实时监视泵的运行情况。

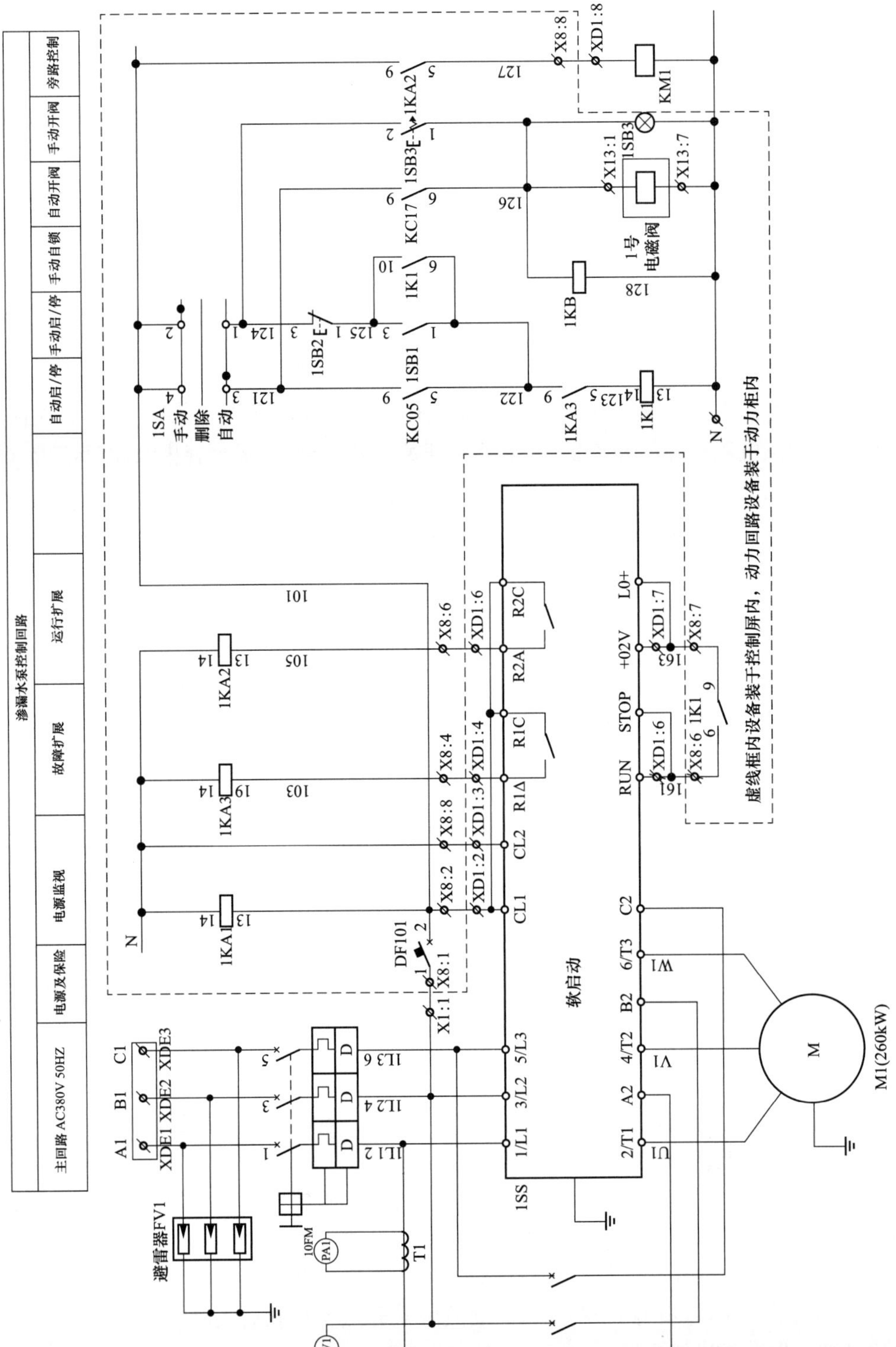

图 11-2 渗漏泵控制回路图

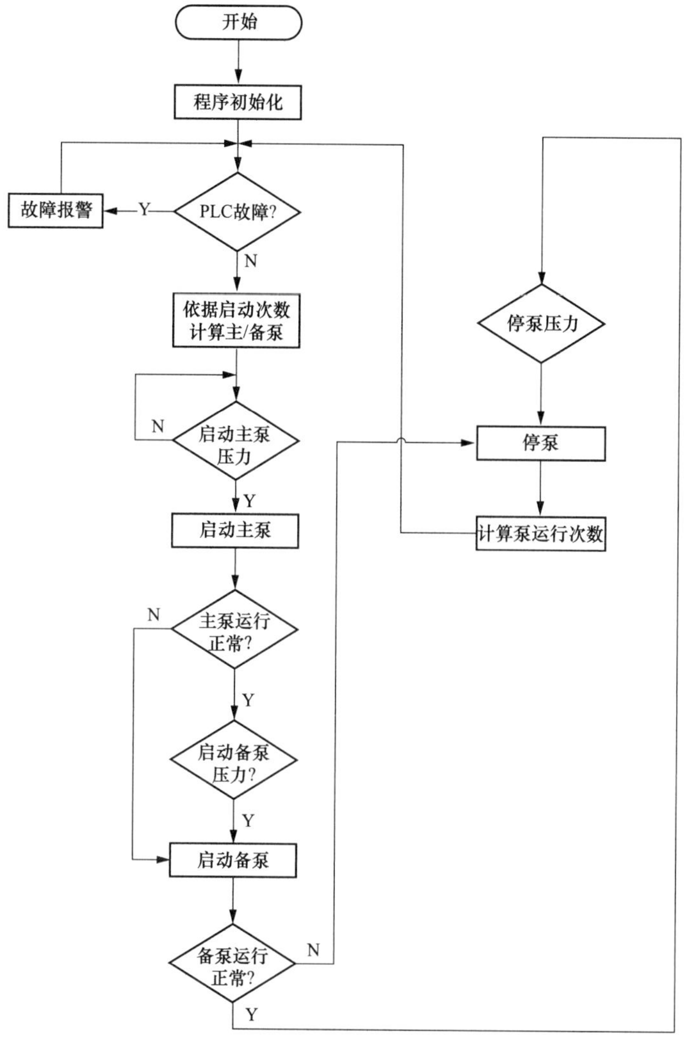

图 11-3　检修排水泵 PLC 逻辑

5. 顶盖排水泵控制逻辑设计

（1）输入/输出信号。

输入量：顶盖水位低、顶盖水位高、顶盖水位过高、顶盖排水泵运行、顶盖排水泵故障、顶盖排水泵电源故障、顶盖水位（若送至 PLC，模拟量）。

输出量：顶盖排水泵启动、顶盖排水泵退出、顶盖排水泵故障（见图 11-4）。

（2）现地 PLC 控制逻辑。

2 台顶盖排水泵互为备用，主备关系相互轮换。

收到顶盖水位高液位开关信号，启动主用泵。

收到顶盖水位过高液位开关信号或发生主泵启泵失败，启动备用泵。

收到顶盖水位低信号，停止所有顶盖排水泵。

PLC 控制逻辑如图 11-5 所示。

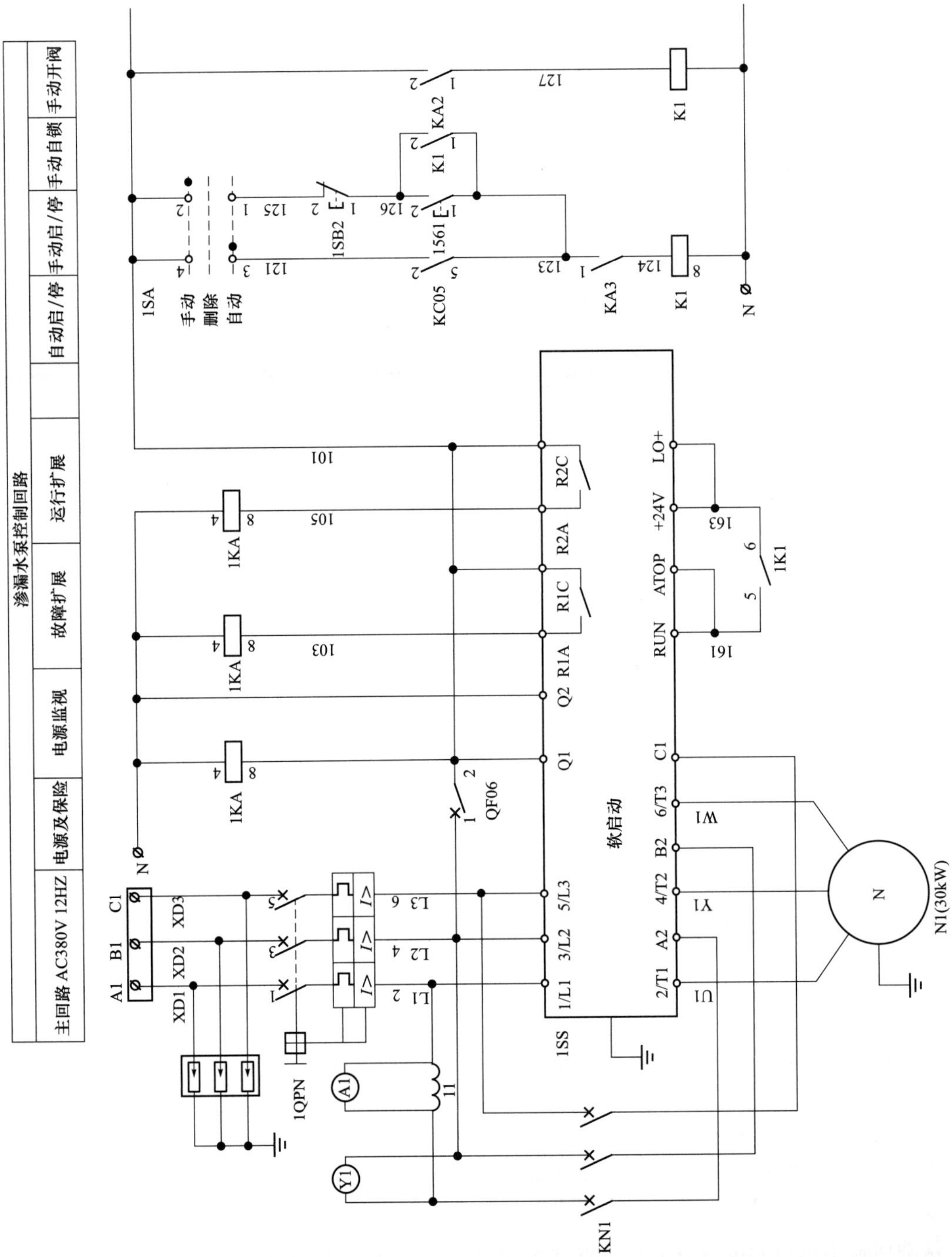

图 11-4 检修排水泵控制回路图

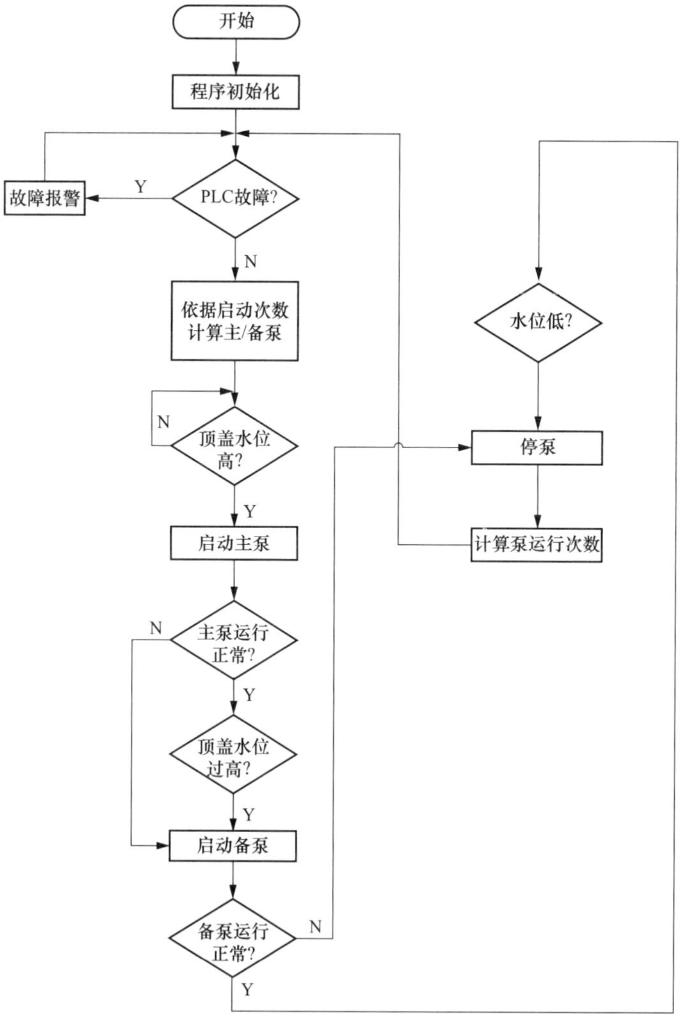

图 11-5　顶盖排水泵 PLC 逻辑

6. 顶盖排水泵控制回路设计

(1) 控制回路接点。

手动/自动/切除、自动启/停、手动自锁、控制回路电源监视、热继电器、接触器信号。

(2) 控制回路功能。

顶盖排水泵电气主回路设置热继电器，防止回路过流，并将热电器常闭点串如启泵回路中。

顶盖排水泵控制回路自动启动后具有自保持功能。

第五节　新技术应用

1. 智能报警

对渗漏、检修、顶盖排水控制系统建立智能报警应用，以实时信息、历史数据为基础，通过智能报警、趋势报警、专家知识库等功能模块，实现电站大量报警信息的自动分析和筛选，挖掘数据内在规律，判断出设备故障模式，发出设备预警信息，实现具有数据自适应性的设备故障预警，向运行人员实时推送需要运行人员关注的事件信息，提高电站自动化管理水平及预防性维护决策能力，保障渗漏、检修、顶盖排水控制系统安全稳定运行（见图 11-6）。

2. 智能联动

通过渗漏排水、检修排水、顶盖排水、工业电视、声光报警系统智能联动。当水位信号高后，工业电视自动切换到相关排水控制系统，并发出声光报警，通知监盘人员，更加形象地让监盘人员感知现场设备运行情况。

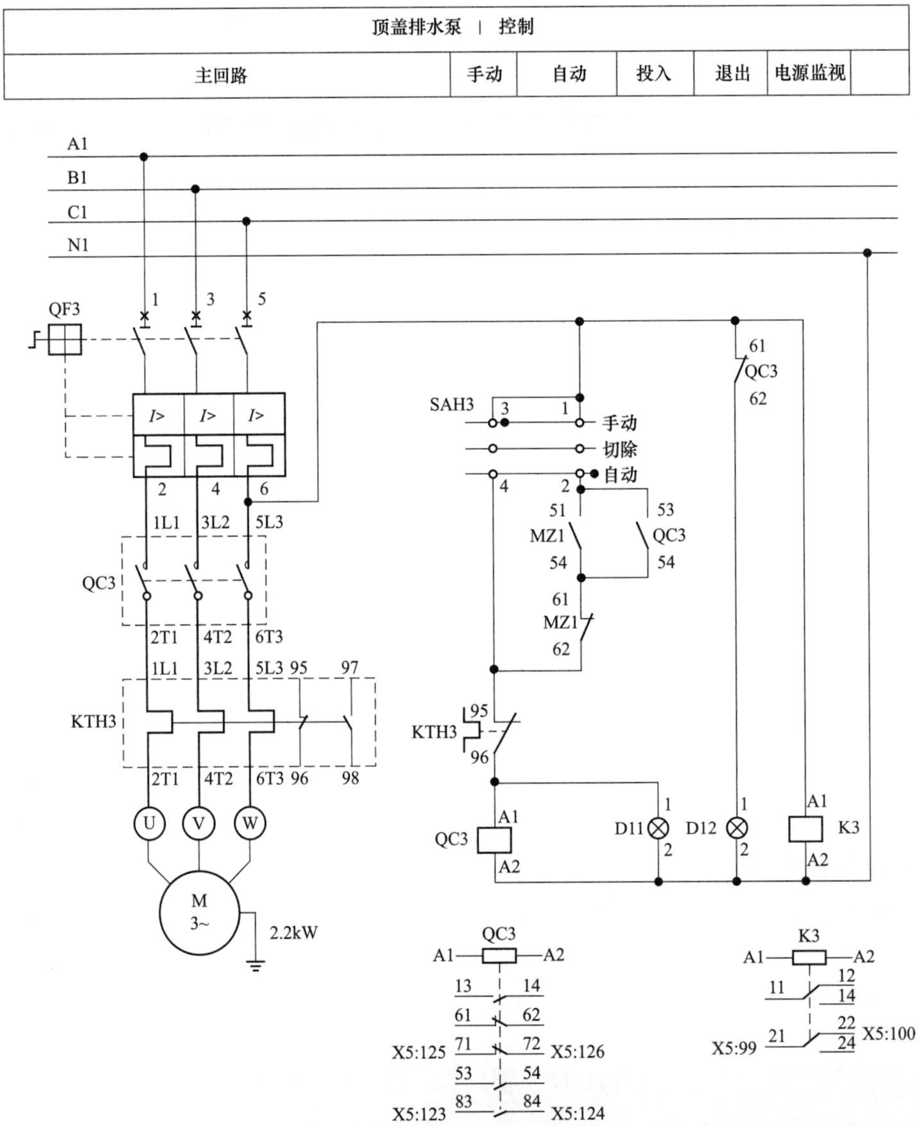

图 11-6　顶盖排水泵控制回路图

第十二章　水淹厂房紧急停机控制逻辑设计

抽水蓄能电站通常采用地下厂房设计，厂房内遍布洞群，大部分机电设备布置于此。抽水蓄能电站水头较高，一般为500～700m，引水系统压力钢管较长。一旦发生机组爆裂、进水阀破损、重要引水管路破裂等事故，机组导叶及进水阀未能及时关闭，将引起水淹厂房事故。

2010年某抽水蓄能电站试验时，水泵水轮机水环排水管连通尾水管的阀门破裂，下游水库水经此涌入厂房，造成水淹厂房事故；2015年某水电站枯水期机组检修时遭遇洪水，下游水位超过尾水闸门设计水位，导致下节门槽和门体破损。此时机组刚完成检修，人孔门尚未关闭，造成水淹厂房事故；2016年某抽水蓄能电站机组甩负荷过程中，水轮机顶盖连接螺栓断裂，顶盖在水压作用下被抬起，造成水淹厂房事故。

水淹厂房紧急停机控制系统是抽水蓄能电站整体设计中的重要部分，应对此进行专项研究和评价。从电站的设计和运行角度出发，对涉及影响厂房安全性的构筑物、设备、系统进行排查梳理，提出防止水淹厂房的反事故技术措施、运行维护管理及应急预案要求等。

本章将结合几个典型的事故案例，对大型抽水蓄能电站水淹厂房紧急停机控制系统设计时需要注意的问题进行讨论，阐述了水淹厂房紧急停机控制系统的典型控制逻辑。

第一节　控制系统概述

一、排水系统

1. 排水分类

抽水蓄能电站排水系统主要分为渗漏排水和检修排水两大类。

目前部分抽水蓄能电站高压输水管道采用钢筋混凝土结构，采用透水衬砌方式，其本身会有一定程度渗水。地下洞室围岩渗漏水的规律性较差，为了减少厂房洞室顶拱和边墙在施工期和运行期的渗水滴水现象，有必要设置厂内排水系统。一般在洞室周边按一定的孔距、孔向布设4～6m深的浅排水孔，用来降低地下水的渗透压力。

在机组检修期间，根据检修需要，需排空水道内积水，包括球阀至尾水事故闸门之间的水体，引水道检查或维修时上、下游水库进出水口闸门之间在引水隧洞、压力钢管和尾水隧洞内的残留水。检修排水的特点是排水量大、时间短。对于检修排水可在各排水段底部设置排水阀门，采用自流排水方式，通常有高压钢管排水阀、蜗壳排水阀、尾水管排水阀，或在尾水管最低处设置排水泵将水抽至集水井。

2. 排水措施

无论是渗漏排水还是检修排水，最终都通过自流排水洞或先排至集水井再通过泵抽至厂房外。对于下游河道低于厂房的电站，可设置自流排水洞。该方案初期投入成本高，但是排水量大，长期运行费用低，设备少。对于下游河道水位高程高于厂房最低位的抽水蓄能电站，可设置集水井。该方案成本低，适用范围广，但是排水量较小。目前，大多数抽水蓄能电站由于地理条件的限制，多采用第二种方案。

二、危险源

抽水蓄能电站地下厂房廊道、引水管道纵横，水路复杂。可能导致水淹厂房的危险源很多，不同事故的类型和危害程度不尽相同，主要有以下六种：

（1）机组顶盖连接螺栓断裂。

（2）球阀前引水钢管接缝破损或爆管，上游引水隧洞形成渗水通道，机组爆裂等。

（3）球阀与尾水闸门之间设备爆管。包括球阀本体爆裂，蜗壳、尾水管排水管和阀门爆裂，球阀伸缩节爆裂，尾水管爆裂，锥管进人孔爆裂，主变压器冷却水系统管路爆裂，技术供水排水管路爆裂，渗漏排水管路爆裂，消防水管路爆裂，尾水事故闸门充水旁通及测压管爆裂等。

（4）尾水事故闸门或隧洞爆裂。包括尾闸室闸门顶盖爆裂，尾水隧洞大量爆裂漏水等。

（5）洪水暴发导致水淹厂房。洪水主要从进厂交通洞倒灌至地下厂房。由于抽水蓄能电站多处于山区，在夏季降雨量大的时候易形成山洪。一旦发生倒灌事件，将危急设备安全运行，可能发生水淹厂房事故。

（6）技术供水系统大面积漏水。包括技术供排水管路或阀门爆裂，密封破损等导致的漏水。抽水蓄能电站机电设备用水量大、水压高、技术供水用户多。一旦发生此类漏水事件，虽然后果没有前五点的严重，但如果发现不及时，也将对蜗壳层电气和机械设备造成损害。

三、防护措施

1. 完善紧急停机控制系统

配置1套独立于计算机监控系统之外的硬布线（包括独立光缆）防止水淹厂房紧急操作系统。对于水淹厂房造成计算机监控系统控制电源全部失电无法控制的极端情况，值守人员仍能通过布置在中控室或逃生通道旁的独立于计算机监控系统的紧急操作装置，完成机组紧急停机和事故闸门紧急关闭操作。

2. 完善监测系统

实时掌握机组的运行工况，特别是加强对机组主要受力部件、关键转动部件、过水流道部件的日常监控检查和检修维护的力度，确保机组各关键部件安全健康运行。

（1）增设机组在线监测系统，实时监测机组振摆情况。

实时监测机组推导、上导、水导等重点部位的振动和摆度。当机组振动和摆度超标时，在线监测系统及时发信告警，方便运行人员迅速采取措施。

（2）在全厂增设水位检测装置。

（3）部署工业电视系统。

全方位监控机组重点部位的运行工况，加强对厂房漏水情况的监视。对于工业电视摄像头位置设置不合理的情况，应及时调整，充分发挥工业电视监视系统的最大效能。

（4）建立气象预报系统。

根据水库来水的日、旬、月、季、年测报资料进行水情预报，提前对极端暴雨天气进行预警。对暴雨可能导致的滑坡、山洪等二次灾害进行预防，可有效防止或减轻极端天气导致的水淹厂房事故。

（5）加强分析。

及时了解机组运行工况。做好机组振动、摆度的日常趋势分析，根据运行趋势的发展过程及时调整运行工况，确保机组在最佳工况下运行。做好机组漏水量的日常分析，及时分析判断出机组漏水部位的运行状况。分析厂房排水系统的启停间隔、排水时间的变化情况，确保排水系统稳定运行。

（6）编制应急预案。

编制《水淹厂房应急预案》，制定水淹厂房事故的启动条件、组织机构、通信手段和方法、处理流程、物资储备、注意事项等。每年汛前进行水淹厂房保护传动试验、事故处理及逃生演练，并检查核实物资储备是否满足预案要求。

（7）定期安全检查。

定期安全检查包括厂区及厂房安全性检查、引水系统安全性检查、输水发电系统水力过渡过程安全性检查、尾水系统安全性检查、金属结构安全性检查、机组及其附属设备安全性检查、排水系统安全性检查、控制保护通信系统安全性检查、厂用电系统安全性检查、工业电视系统安全性检查、水淹厂房应急预案检查等。

检查主厂房最底层和其他重要部位水淹厂房保护水位信号器及其动作规则、试验结果；检查厂房集水井水位监测装置及水位过高报警信号传输通道；检查水库水位测量控制装置及水库水位数据通信通道。抽水蓄能电站需具备抽水工况上水库水位、发电工况下水库水位禁止超过警戒值的技术措施；检查水情测报系统的站网设置及自动测报系统的通信方式；检查独立硬布线（包括独立光缆）紧急操作系统水淹厂房报警信号作用于机组停机和关闭事故闸门的保护动作逻辑和回路的可靠性；检查中控室内设置的紧急操作按钮箱在紧急情况下是否可以通过独立于计算机监控系统的硬布线回路直接作用于机组停机、关闭事故闸门；检查并核实操作电源是否独立可靠，并进行模拟试验；检查厂房内独立的水淹厂房声光、警铃等报警系统的功能；检查主进水阀控制回路电源的可靠性，核实主进水阀的“得电关闭”和“失电关闭”双回路冗余控制功能；检查调速器控制回路电源可靠性，核实调速器“得电关闭”和“失电关闭”双回路冗余控制功能；检查水库进出水口事故闸门和尾水事故闸门控制电源的可靠性，紧急关门命令应不经过 PLC 直接动作于闸门；检查抽水蓄能电站尾水事故闸门和主进水阀之间的电气闭锁功能：进水阀全关允许尾闸操作，尾闸全关闭锁球阀操作。

检查水车室、主进水阀、渗漏集水井、廊道及水位信号器、蜗壳进人门、尾水进人门、水库水位标尺、上下库闸门井、尾水闸门井、柴油发电机房等重要部位工业电视设置及运行状态；检查重要部位的固定工业电视摄像头防护等级不低于 IP67，应自带大容量存储卡，工业电视系统设备 UPS 供电时间不小于 1h。

检查防水淹厂房事故应急预案的针对性、完备性、可操作性以及编制、更新、演练、物资准备状态。

第二节 典 型 案 例

抽水蓄能电站水淹厂房事故的特点是：突发性、发展快、危害大，后果极其严重，会造成较大的设备损伤，甚至人员伤亡。本节将介绍几例水电站发生的水淹厂房典型案例。

1. 案例一工程类事故案例

水电站厂房挡水结构和承压设备设施较多，有的与库水连通，有的与下游尾水相接。一旦挡水结构、设备设施发生故障或破损，发现处置不及时，就可能引发水淹厂房事故。

（1）2000 年 10 月，某抽水蓄能电站在做机组背靠背抽水启动试验时，调速器故障导致导叶快速关闭，5 号机消防水环管阀门破裂。导致大量尾水涌入地下厂房，水位淹没至发电机层以上 1.32m，造成重大设备损坏。

（2）2016 年 9 月，某抽水蓄能电站 1 号机组发生电气事故导致停机。在机组甩负荷过程中，因水轮机顶盖 M42 把合螺栓（50 颗）脆断，顶盖抬起，压力水通过顶盖涌出，水淹厂房，全厂停电。

（3）2017 年 7 月，某水电站处于检修状态的 2 号机组进水球阀漏水，导致运行中的 1 号机组、3 号机组及 220kV 送出线路被迫停运，漏水漫至发电机层。

2. 案例二自然灾害类事故案例

自然灾害造成的水淹厂房案例比较多。典型的有强降雨导致河道洪水泛滥、地震引发山体滑坡形成堰塞湖、泥石流堵塞或抬高下游河床导致河水倒灌等。

（1）2013 年 7 月，某水电站因流域强降雨发生泥石流，导致电站下游河道河床剧烈抬升，洪水漫过厂区防浪墙，沿进厂公路和厂区围墙涌入厂区，造成厂区水深近 0.8m，水位与河道水位齐平。导致电站厂房四周被洪水包围，发电机层及以下全面进水。

（2）2015 年 11 月，某水电站枯水期机组检修期间遭遇洪水，下游水位超过尾水闸门设计水头，导致下节门槽和门体破损。因机组刚完成检修，人孔门尚未关闭，造成水淹厂房事故。

（3）2008 年“5·12”汶川地震以及 2010 年“8·13”暴雨导致的某水电站水淹厂房事故，都是自然灾害类水淹厂房事故的典型案例。

3. 案例三设计、施工缺陷案例

有些水电站工程存在设计布置不合理、洪水设防标准不足、水文地质条件未勘探清楚、挡水结构强度不满足要求、排水能力不足等缺陷，导致发生水淹厂房事故。工程施工时如果在基础开挖、挡水结构施工质量、设备安装、竣工清理等工作中存在失误，就可能埋下水淹厂房的事故隐患。

（1）某水电站发电厂房布置在一条冲沟内，厂区位于主河槽一侧，除需满足大坝宣泄 200 年一遇洪水的防洪要求外，冲沟一侧也需满足宣泄 200 年一遇冲沟洪水的防洪要求。由于设计时没有考虑冲沟侧的洪水威胁，厂区排水能力显著不足。2006 年 7 月发生 50 年一遇降雨，冲沟洪水淹没了厂房，造成了较大的经济损失。

（2）2016 年 6 月，某水电站所在河流流域普降暴雨，河水暴涨。由于尾水管排气孔设计高程位于本次下游洪水位 149.95m 以下，且该孔位置处于人员无法到达的混凝土尾水平台中心，洪水从排气孔管道进入到厂房集水井，集水井中 3 台抽水泵的抽水量远小于倒灌水量，导致厂房发电机层以下设备全部被淹。

4. 案例四人为风险类事故案例

（1）2000 年 3 月，某水电站 3 号机组检修后，试运行时发现调速器系统油质不好，于是停机关闸抽水进行换油处理。操作中工人违章，误打开尾水叠梁闸门，水从尾水闸门叠梁间的缝隙涌进机组流道，再从人孔门喷出流入主厂房廊道，导致 3 台机组进水，部分机电设备被淹。

（2）2007 年 6 月，某水电站泄洪期间按照防办指令调整闸门开度时，为排泄库区漂浮物，将紧邻左岸厂房坝段的 1 号闸门关闭，调控 3 号闸门开度至全开状态。导致下泄水流越过左岸厂房坝段与溢流坝段的导墙飘入坝后主变压器平台。平台积水漫入安装场，并溢向发电机层、上游副厂房 14.00m 高程的廊道。所幸工作人员及时处理，未造成重大的设备损失。

（3）2011 年 11 月，某水电站在检修 1 号机组主阀接力器时，因主阀活门动作出现间隙，造成主阀大量漏水，水淹厂房至水轮机层。导致运行中的 2 号机组、3 号机组停止运行。

（4）2012 年 2 月，某抽水蓄能电站 1 号机组完成定期检查后，为缩短 1 号机组尾水管充水时间，运行人员打开引水系统的排水阀及针阀，使机组尾水管在短时间内充满。在关闭针阀时，引发水锤，导致 1 号蜗壳放空阀与尾水管相连的法兰处破裂，大量压力水灌入厂房。

第三节　分　析　总　结

1. 工程类事故分析

机电设备故障与管理不当、设计缺陷等原因紧密相关。运行管理的重要任务就是及时发现设备的缺陷，并予以更新改造。

案例一（1）事故点 5804 闸阀（型号 Z41T DN350）系 5 号机组水环排水管直接连通尾水管的阀门，其爆破使下游库水由尾水管经爆破点涌入厂房。由于 1 号机组、5 号机组调速器动作失控，造成尾水管水锤压力超常。在 5 号机组对 6 号机组背靠背启动方式下，5 号机组调速器正常动作应为：5 号机组导叶以 0.1°/s 的速度经 2～3min 将 6 号机组拖至同期转速（导叶开度约为 40%）。但此次 5 号机组调速器出现异常：其在导叶开启的指令发出后不到 21s，导叶就开到了 25%开度，紧接着又以 6s 时间从 25%开度开至 100%开度，这一动作违背了正常背靠背启动的规律，空载开度开至全开度的时间仅为 6s，远小于调速器的允许快速开启值（约 11s），这将在尾水管中引起超常的正水锤。在 5 号机组开度刚到达 100%时失步保护动作，事故关闭 5 号机组，导叶从 100%开度关至全关仅为 6s，又在尾水管中产生了超常的负水锤。由于 5 号机组调速器失控，未按预定规律开机和事故停机，使尾水管在超常正水锤冲击还未结束时又发生了超常负水锤，这样使与之直接相连的 5804 闸阀遭受连续、混合、超常的压力脉动与振动冲击。同时 5804 闸阀质量低劣，有夹砂缺陷，且铸造壁厚最薄处仅 11mm，低于规定最小壁厚 14mm，含磷量也超标。由此可见，这起水淹厂房事故是由于 5 号机组 5804 闸阀质量低劣，又遭遇尾水管超常正负水锤的冲击破损所致。

案例一（2）水轮机顶盖和座环圆周方向均匀分布50个螺栓连接。螺栓为双头刚性螺栓，材质为35CrMo，制造方式为锻造加调质处理，屈服强度的下限要求为735MPa，抗拉强度为882MPa。在某次机组甩负荷过程中，水轮机顶盖把合螺栓因故断裂，顶盖抬起，水车室往外大量冒水，最终导致水淹厂房。螺栓断裂后，螺栓的上半部分断裂高度基本一致，从现场捡出的部分螺栓的断口可以发现，大部分为脆性断口，存在疲劳裂纹。疲劳裂纹均起源于螺纹根部，裂纹源形成的尖端应力集中使螺栓发生断裂。由此可见，这起水淹厂房事故是由于水轮机顶盖M42使合螺栓（50颗）疲劳，遭遇机组甩负荷冲击时发生脆断所致。

案例一（3）机组进水球阀漏水也表明日常对这些部位的检查维护存在不足。

2. 自然灾害类事故分析

自然灾害导致的水淹厂房事故，一般后果比较严重。这主要是由于强地震、大洪水、滑坡、泥石流等自然灾害的危害性大且事发突然，预测预警及应急处置难度大，一旦发生水淹厂房，造成的破坏后果非常严重。其他几类因素导致的事故，只要发现及时、应对妥当，一般可以控制事故后果，减少损失。

与其他电力安全生产事故一样，水淹厂房事故大都是由某一因素引发、多种原因综合作用的结果。反思自然灾害造成的事故，可以发现或多或少都在工程布置、施工质量、运行管理、应急处置等方面存在薄弱环节或缺陷。如案例二（2）主要原因是枯水期遭遇大洪水，下游水位超过了尾水闸门的设计水头，但直接原因是检修后人孔门没有及时关闭，说明运行管理存在隐患。

3. 设计、施工缺陷类事故分析

统计施工期发生的水淹厂房事故可以发现，施工方案不合理、施工质量不符合要求是导致施工期间发生水淹厂房事故的主要原因。对已运行的水电站，工程建设期的设计、施工缺陷会给工程留下严重的隐患，一旦遭遇自然灾害等其他原因，极易引发水淹厂房事故。案例三（1）是由于厂房设计时只考虑了河道洪水设防标准，没有考虑冲沟的洪水设防标准造成的。案例三（2）则是由于尾水管排气孔位置布置不合理造成的。

4. 人为风险类事故分析

水电站是一个复杂统一的系统，不同设备之间相互关联，各设备都需按照规定的程序运转才能正常发挥功能。一旦违反操作规程，就容易导致设备设施故障甚至破损，引发水淹厂房事故。在水电站运行过程中，若存在生产调度不合理、巡视检查不到位、检修维护不及时、应急措施不完善、运行维护人员故障处理能力不足、信息传递不畅通等情况，也可能造成水淹厂房事故，而设备设施缺陷导致的事故大多都可以从中发现运行维护等管理方面存在的不足。

第四节 典型控制设计

一、安全性原则

（1）防止误碰水淹厂房紧急停机按钮导致机组误停机、闸门误关闭。

（2）防止元件误动导致机组误停机、闸门误关闭。

（3）防止水淹厂房保护水位信号器误动，采用 N 取 2 动作逻辑。

二、可靠性原则

（1）主厂房最底层设置水淹厂房保护水位信号器，数量不少于三套，且每套信号器至少包含两个不同高程的水位。每套信号器的间隔宜大于主厂房总长度的三分之一。

（2）水淹厂房保护水位信号器具备 IP67 的防护等级，具备防潮、防水功能，保证浸水后可靠报警。

（3）水淹厂房保护水位信号器，供电电源应保证可靠，两路直流或一路直流和直流蓄电池供电。

（4）机组 LCU 设置紧急停机按钮，紧急停机按钮同时触发计算机监控紧急停机和后备水机保护出口。

（5）中控室设置独立于计算机监控系统的紧急停机按钮、上水库事故闸门及尾水事故闸门紧急关闭按钮。中控室紧急停机按钮以硬布线（包括独立光缆）的形式接至闸门的控制回路。

（6）发电机层逃生通道应设置至少一处手动启动水淹厂房保护按钮，可实现一键紧急停机所有机组、关闭上水库进出水口事故闸门及尾水事故闸门的功能。

（7）一键停机按钮回路设计采用独立于电站计算机监控系统的硬布线（包括独立光缆），电源应独立提供。

（8）水位告警装置的水位高和水位过高信号输入至水淹厂房控制系统的同时需要输入至计算机监控系统进行告警。

（9）水淹厂房控制系统应对水淹厂房保护按钮动作信号和水位告警装置水位过高信号设置短延时滤波，以防止水淹厂房控制系统误动。

三、输入/输出信号

水位、闸门、球阀和按钮等信号是紧急停机控制系统的重要参量，其可靠性直接关系到紧急停机的速动性和安全性。水位信号异常可能导致运行机组误紧急停机，后果严重，应引起高度重视。

1. 输入信号

水位告警装置 1 水位高、水位告警装置 1 水位过高、水位告警装置 2 水位高、水位告警装置 2 水位过高、水位告警装置 3 水位高、水位告警装置 3 水位过高、机组球阀全开、机组球阀全关、尾水事故闸门全开、尾水事故闸门全关、进出水口事故闸门全开、进出水口事故闸门全关等。

2. 输出信号

中控室水淹厂房按钮、厂房水淹厂房按钮、机组紧急停机按钮、尾水事故闸门落门令、进出水口事故闸门落门令、厂房声光报警装置启动令等。

四、典型控制逻辑设计

1. 计算机监控系统控制逻辑

在蜗壳层（最底层）设置不少于 3 套水位信号器，每套水位信号器包括两对水位开关量输出（高限和高高限）。水位达到高限时报警，当同时有 2 套水位信号器高高限信号动作时，作用于各机组紧急事故停机、关闭各机组上库进出水口事故闸门及尾水事故闸门，并发出水淹厂房报警信号，启动设置在电站各区域的水淹厂房声光报警器和广播。

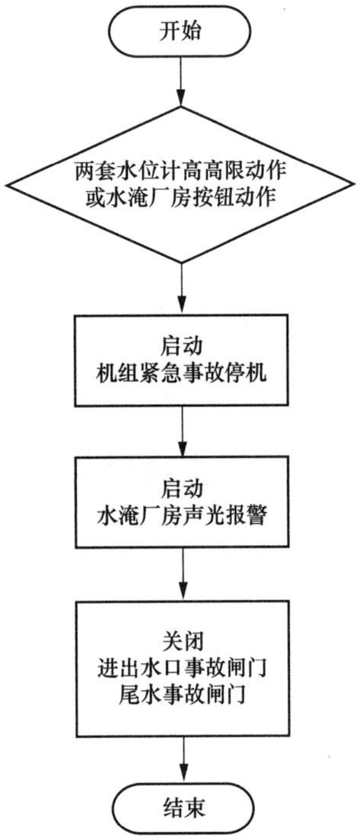

图 12-1 水淹厂房紧急停机控制逻辑图

2. 硬布线控制逻辑

配置 1 套独立于计算机监控系统之外硬布线（包括独立光缆）防止水淹厂房紧急操作系统，在发生水淹厂房时，能够实现紧急停机和快速关闭上库进出水口事故闸门及尾水事故闸门的逻辑功能。硬布线包括独立光端机、独立光纤回路、紧急停机按钮箱、独立继电器、声光报警装置等设备，分别设置在中控楼控制室、厂房、机组 LCU 柜、公用 LCU 柜及上库进出水口 LCU 柜等位置。

计算机监控系统和水淹厂房控制系统均接收 3 套水位信号器高高限动作信号，均能发出水淹厂房信号并作用于各机组紧急事故停机、关闭各机组上库进出水口事故闸门及尾水事故闸门。关闭机组尾水事故闸门时需要保证球阀全关。水淹厂房紧急停机控制逻辑如图 12-1 所示。

五、典型控制回路设计

1. 计算机监控系统控制回路设计

在公用 LCU 柜设置 1 套独立水淹厂房 PLC，并在发电机层各机组侧逃生通道分别设置一个水淹厂房紧急停机按钮箱。当发生水淹厂房等紧急情况时，厂房人员可以在逃生的同时按下紧急停机按钮，将事故的范围及危害降到最小。

在蜗壳层（厂房最底层）设置 3 套独立的水淹厂房液位信号器，每套水淹厂房液位信号器有两对液位开关量输出，分别为液位高报警信号（100mm）和液位过高报警信号（300mm）。这六个开关量信号通过硬布线送至公用 LCU 柜内的独立水淹厂房 PLC，液位高报警信号对应 I001、I003、I005 开关量，液位过高报警信号对应 I002、I004、I006 开关量，水淹厂房液位浮子三取二逻辑如图 12-2 所示。

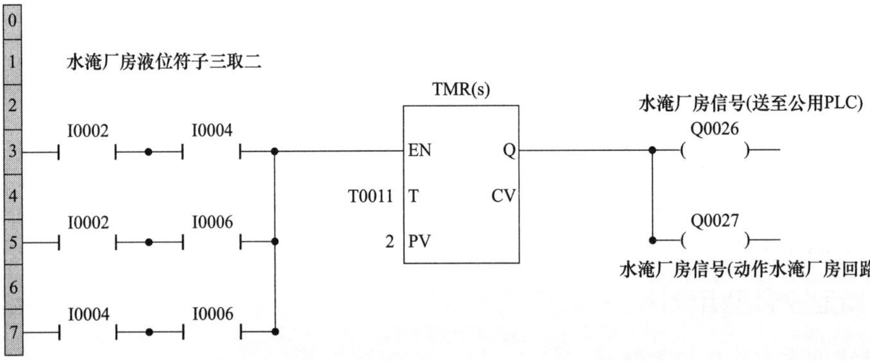

图 12-2 水淹厂房液位浮子三取二逻辑图

当液位达到液位高报警信号（100mm）时只报警发信，只有当任意2套及以上同时达到液位过高报警信号（300mm）并延时2s后才动作，并发出水淹厂房报警信号，串入动作水淹厂房回路并送至公用PLC。另外通过独立光纤硬布线将水淹厂房报警信号传送至中控室的应急广播系统，启动水淹厂房的逃生广播及声光报警。

当公用PLC收到来自中控室水淹厂房按钮动作信号、发电机层逃生通道水淹厂房紧急停机按钮动作信号或独立水淹厂房PLC发出的水淹厂房报警信号后，发出各机组紧急停机命令给各机组主PLC和水机PLC；发出落上库进出水口闸门命令进公用LCU柜发送侧光端机送至上库LCU柜接收侧光端机；发出各机组落尾水事故闸门命令给各机组尾水闸门启闭机控制柜；通过硬布线输出水淹厂房信号至机组水机保护回路。

机组现地控制单元分别布置于主厂房发电机层机旁，在LCU1号柜正面设置紧急停机按钮SB2，按下紧急停机按钮SB2启动PLC紧急事故停机流程，同时触发后备水机保护出口并记录紧急事故启动原因。计算机监控系统机组主PLC紧急事故停机流程见图12-3所示。

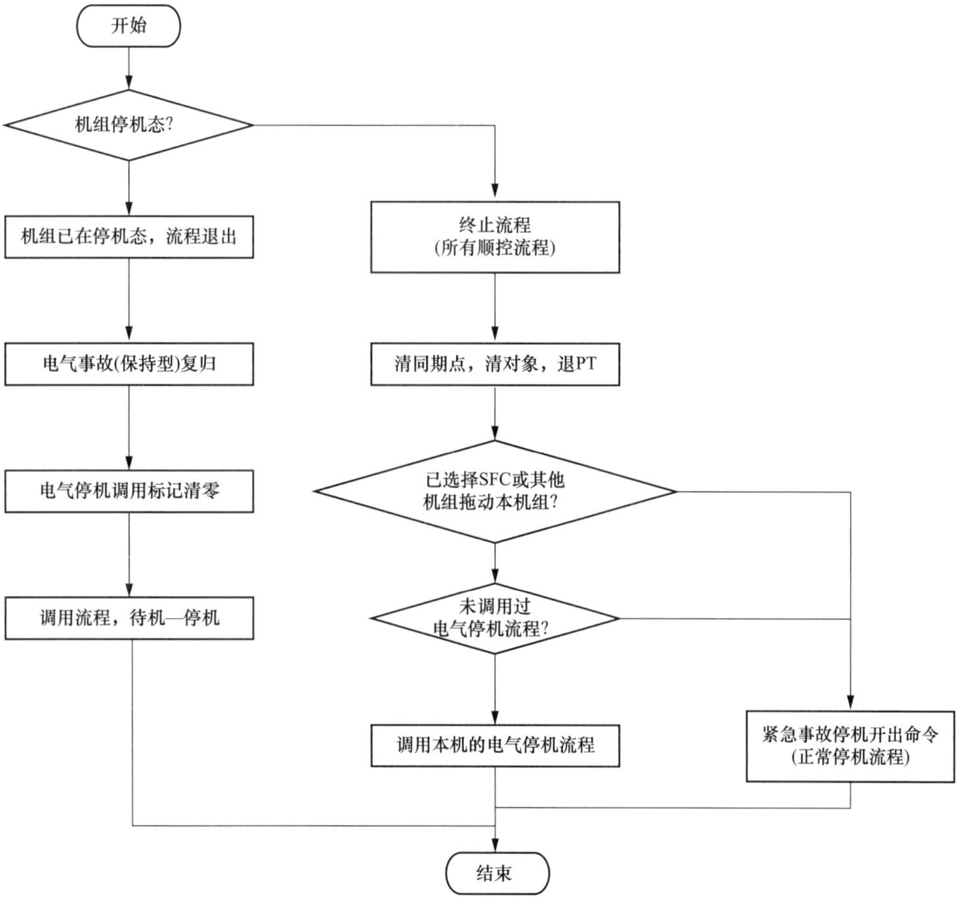

图12-3 机组主PLC紧急事故停机流程

2. 硬布线控制回路设计

防水淹厂房硬布线控制系统需要独立于计算机监控系统之外，用光缆将上库部分、厂房部分、中控部分组网形成，系统结构如图12-4所示。

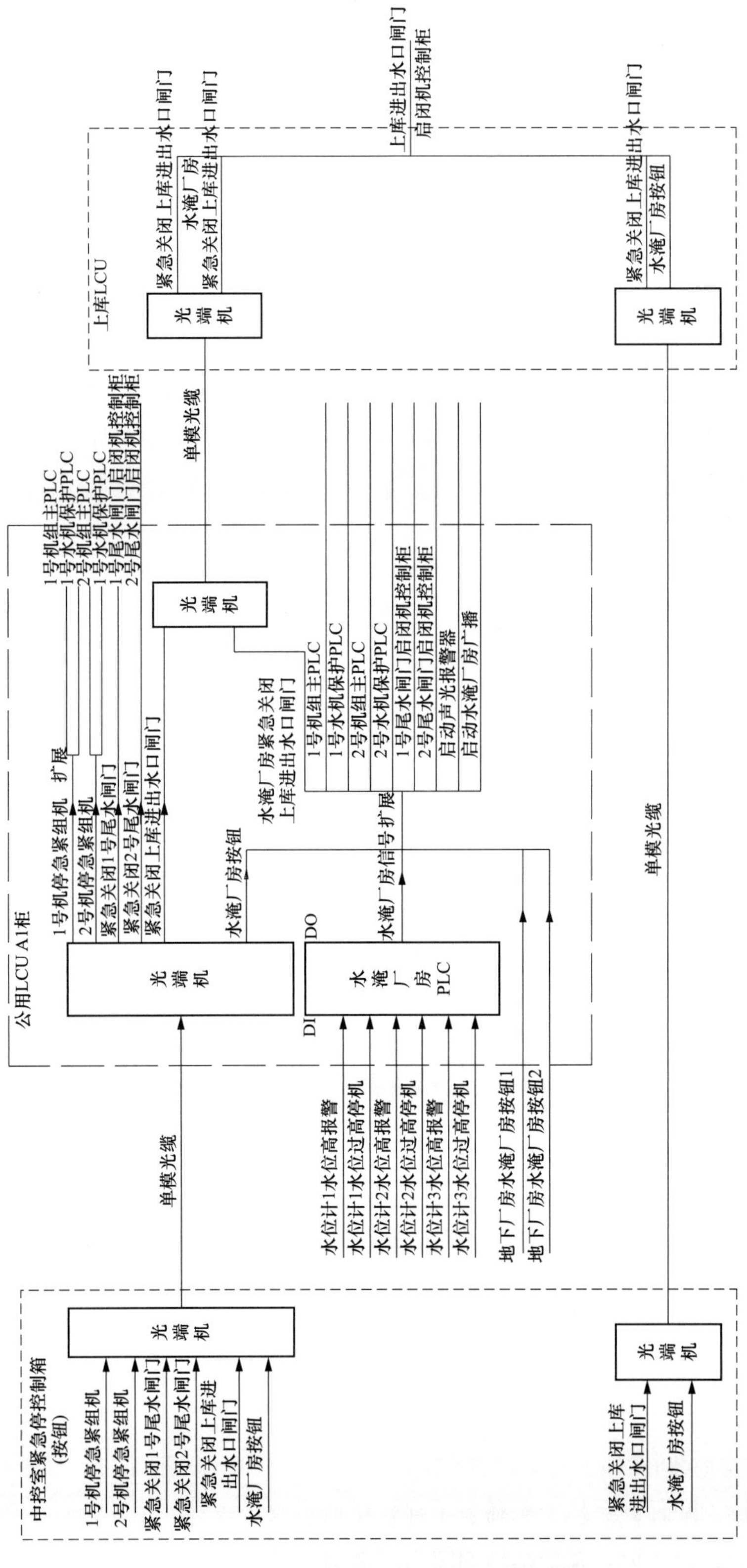

图 12-4　防水淹厂房紧急停机控制系统结构图

在中控室设置1套紧急停机控制箱，分别为水淹厂房按钮SB1、上库进出水口闸门紧急关闭按钮SB2、1号机组紧急停机按钮SB3、2号机组紧急停机按钮SB4、1号机组尾水事故闸门紧急关闭按钮SB5、2号机组尾水事故闸门紧急关闭按钮SB6，按钮动作信号分别输出至点对点光端机。这六个按钮信号为无源触点，通过中控楼LCU发送侧柜光端机传输至公用LCU柜接收侧光端机，由公用LCU中的水机PLC对各控制对象进行控制。为保证可靠动作，该控制箱中水淹厂房按钮SB1和上库进出水口闸门紧急关闭按钮SB2另外通过中控楼LCU柜发送侧光端机传输至上水库LCU柜接收侧光端机，由上库进出水口闸门现地控制柜对上库进出水口闸门进行控制。

上水库LCU柜内设置2套独立光纤紧急停机操作系统：点对点光端机及光端机信号扩展回路。一台光端机接收水淹厂房PLC和公用LCU光端机送来的落闸命令并传送至上水库进出水口闸门现地控制柜；另一台光端机直接通过单模光缆接收中控室水淹厂房按钮动作信号和上库进出水口闸门紧急关闭按钮信号并传送至上水库进出水口闸门现地控制柜。

3. 防水淹厂房紧急停机控制系统主要功能

防水淹厂房光纤硬布线紧急操作系统通过独立光缆和光端机与厂房公用LCU及上水库LCU连接，能够通过光端机将开关量信号送至机组控制回路或尾水闸门启闭机控制回路，在紧急情况下可以在中控室及厂房逃生通道完成对上库进出水口闸门、尾水事故闸门的快速落闸控制和机组紧急停机控制。

当计算机监控系统在水淹厂房无法控制的极端情况或其他紧急情况下，值守人员可以迅速按下控制室紧急停机控制箱内的水淹厂房按钮SB1，将紧急事故停机信号、上库进出水口闸门紧急落闸信号和尾水事故闸门紧急落闸信号通过光端机经独立光缆传输至厂房公用LCU柜及上水库LCU柜。水淹厂房信号经过光电转换器转换为电信号后再通过硬接线送至机组LCU水机保护回路及闸门启闭机控制柜，完成紧急停机及快速落闸操作。

第五节　新技术应用

通过水电站设备告警事件的在线辩识，实现水电站运行状态的态势感知、趋势预测、系统联动和应急处置。快速辩识设备的故障状态，提前预警设备的故障风险，及时推送应急预案，指导运行维护人员迅速定位和处理相应故障，提升水电站智能化、科学化、标准化运行管理水平。

1. 智能报警

通过通用数据接口获取水电站运行的实时数据、历史数据以及设备对象的信息模型及关系，基于知识库诊断策略，应用人工智能及数理统计算法，挖掘水电站历史运行数据中的故障特征。建立设备故障、电网异常、水淹厂房、气象异常的在线辩识与告警机制，实时感知水电站的运行态势，快速告警系统安全风险。智能报警结构如图12-5所示。

2. 系统联动

设置联动服务器，通过和计算机监控、闸门、排水、门禁、工业电视、声光报警等子系统的联动，构建防水淹厂房系统联动体。联动服务器实时采集各子系统的数据，根据防水淹厂房系统联动策略，下达联动指令。防水淹厂房系统联动体结构如图12-6所示。

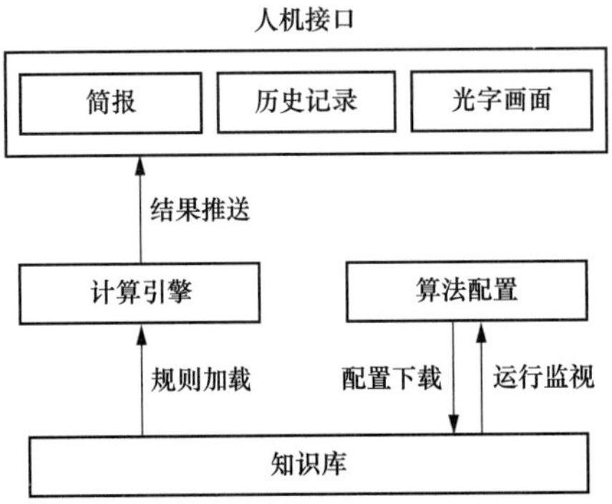

图 12-5　智能报警结构图

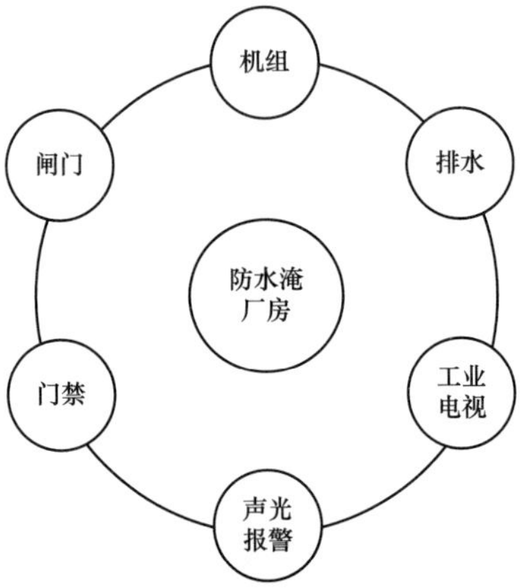

图 12-6　防水淹厂房系统联动体结构图

（1）联动服务器与计算机监控系统通信，实时获取各部位水位、机组、闸门等状态和报警信号。当发生水淹厂房后，自动启动排水系统、落闸门、机组紧急停机。

（2）联动服务器与声光报警系统通信，当发生水淹厂房后，自动启动全厂声光报警系统。

（3）联动服务器与门禁系统通信，当发生水淹厂房后，可在管理工作站或管理工作子站上控制打开需要开启的通道门以供逃生，也可自动打开所有事先设置好的通道门。

（4）联动服务器与工业电视系统通信，在发生水淹厂房时，工业电视能自动将重要区域的画面切换至监控终端。

3. 应急预案

按照发电企业发布的流程化、标准化应急处置预案，建立防水淹厂房应急处置知识库。通过计算机监控、闸门、排水、门禁、工业电视、智能巡检、声光报警系统智能联动，实现防水淹厂房应急处置的流程化、标准化。当报警事件产生后，按照标准应急预案步骤，指导运行人员高效准确地进行应急处置。

第十三章　油压装置控制系统典型控制逻辑设计

抽水蓄能电站油压装置是抽水蓄能电站的重要设备，主要包括调速系统油压装置和主进水阀油压装置。调速系统油压装置主要为调速器提供安全、可靠、稳定的压力油源，以实现机组的开停机、频率和负荷调节等功能；主进水阀油压装置主要为进水阀系统提供安全、可靠、稳定的压力油源，以实现主进水阀的正常开启关闭、紧急关闭等功能。

不论是调速器油压装置还是主进水阀油压装置，其原理与功能基本一致，核心功能都是控制压力油罐内的油气比例和压力范围，控制内容有压力控制、自动补气控制、回油箱油位控制、油泵控制以及回油箱冷却系统控制。

本章将结合几个典型事故案例，对大型抽水蓄能机组油压装置控制设计时需要注意的问题进行讨论，并提出油压装置控制系统典型控制逻辑设计。

第一节　控制系统概述

1. 油压装置控制原理

油压装置系统一般采用PLC进行控制，系统采用以油压控制为主、油位控制为辅的方式。由PLC根据压力油罐自动化元件所提供的压力、油位信号对油泵、组合阀、自动补气装置等设备进行控制，实现对压力油罐的自动补气控制以及油泵控制，从而使压力油罐内的油压、油位保持在正常的范围内，同时PLC根据回油箱自动化元件反馈的压力、油位信号对自动添油装置和循环过滤装置进行控制，保证回油箱油位正常、油质清洁，使整个油压装置得以正常运行。

2. 油压装置控制功能

油压装置控制系统的主要功能有压力控制、自动补气控制、回油箱液位控制、油泵控制、回油箱冷却系统的控制等。

压力控制：当压力油罐内的压力发生变化时，对油泵以及自动补气装置进行控制，以保持压力罐内的压力在合理的范围内，保证机组的正常运行。

自动补气控制：当压力油罐内的油位到达上限，而压力又达不到合理范围内时，则自动补气装置动作向压力油罐内补气，直到压力到达合理范围或者油位下降到油位下限时，停止补气。

回油箱油位控制：回油箱油位低时，油位低开关动作自动加油，当油量加到足够位置时，正常油位开关触点闭合，关闭加油装置。

油泵的控制：一般油压装置系统至少设置两台油泵，互为主备用。正常运行时，一台运行，另外一台油泵作为备用泵；当压力油罐的压力低于一定值时，启动第一台油泵；压力油罐压力再低时，启动第二台油泵；压力油罐压力继续降低时，根据实际情况，有第三台油泵的则继续启动，没有第三台油泵的则事故停机。

回油箱冷却系统控制：由于油泵的长期运行，回油箱内的油温会上升，为了满足油压装置的运行温度条件，回油箱设有冷却系统，当温度升高时，冷却系统投入运行；当温度降低时，冷却系统退出运行。

3. 油压装置的要求

油压装置是整个抽水蓄能电站重要的水力机械辅助设备，其作用是产生并贮存高压油，作为机组启动、停止、调节出力的操作能源以及水轮机蜗壳主进水阀的操作能源。由于抽水蓄能电站机组开停机较为频繁，更需要有可靠的油压系统作为保证。

抽水蓄能电站使用的油压装置一般需满足下列要求：

(1) 水轮机组不论在正常情况还是事故情况下，均应保证有足够的压力油量供机组主阀操作使用，即使在厂用电消失时也应当有一定的能源储备，以保证在任何情况下相关设备都能够安全、可靠的动作。

(2) 不论机组是处于运行状态还是在停机状态，油压装置都应处于备用状态，即油压装置的自动控制程序应相对独立于机组的控制程序，油压装置是按照它本身的预定条件，即压力油罐的油位和油压的关系自动控制进行供油还是进行补气操作。

(3) 机组启停及运行过程中，油压装置的投入应自动进行，即不需要电站运行人员的参与，并能发出备用油泵启动报警信号。

(4) 油压装置应设有备用油泵，当工作油泵发生故障时，备用油泵应能自动启动，并能发出备用油泵启动报警信号。

(5) 油压装置发生故障时或当油压下降到事故低油压时，油压装置所储存的压力油源应能够可靠地保证机组安全停机。

第二节 典型案例

油压装置在电站的重要性不言而喻，由于设备老化、传感器问题、设计缺陷、程序逻辑问题等原因导致油压装置不能正常运行，甚至导致机组事故停机的情况也时有发生。本节将通过几例典型的油压装置应用案例来介绍油压装置的改造升级、故障排查、缺陷处理等内容。

1. 案例一

某电站油压装置在运行中暴露出较多问题，主要表现为：

(1) 自动补气装置的电磁阀体经常发生卡涩、泄漏、生锈、烧毁等问题，直接造成油压装置补气功能不能正常工作，现场的四套自动补气装置只能退出自动补气功能。不少其他电站的自动补气装置也存在着类似问题，因而采用了人工手动补气的方式。

(2) 油压装置无油压模拟量上送监控，远方运行人员不能监视到压力油罐的实时油压，不利于远方监视。

(3) 远方运行人员不能监视到压力油罐的油位报警信号，在油罐油位异常时只能靠巡视时发现，不利于异常处理。

（4）回油箱油位信号器结构陈旧，其报警点在报警过程中为点接触，动作区过小，不能真实地反映实际油位信号，存在不便于监视等问题，容易造成运行人员的误判。

（5）控制流程不完善：未考虑单台泵运行程序以及泵控制回路故障后切换程序，造成控制上的漏洞，如一台泵由于过流动作，退出后它仍参与两台泵的切换。

针对以上缺陷，该电站着手进行油压装置的升级改造，重点从采用先进技术设备、增加油压装置的自动化程度方面进行，以保证其安全、稳定运行，并且在故障时能够及时被运行人员发现，并采取必要的处理措施，提高电站的自动化运行程度。

2. 案例二

某电站 3 号机组抽水工况带-300MW 稳态运行，3 号机调速器 1 号油泵无法转空载运行，持续负载打压导致调速器压力油罐油压、油位持续上升，调速器大故障触发机械停机继电器，导致机组抽水工况下机械停机。

3. 案例三

某电站 2 号机组于 18：23：00 发电工况并网，18：39：42 2 号机组调速器事故低油压报警，18：39：43 2 号机组机械事故停机报警，18：40：00 2 号机组出口开关跳闸。18：41 中控室值班员将机组跳闸情况汇报给当班值长，18：45 值长与维护人员一起赶到现场进行检查处理。检查发现 2 号机调速器压油罐压力低于事故低油压报警值，油罐油位低于油位指示最下限，且 2 台油泵均没有启动。检查发现两台油泵的热继电器均动作，维护人员检查油泵电机温度及外观正常后，复归两台油泵的热继电器，两台油泵启动正常，调整压油罐压力及油位到正常值。18：52 调速器压力油罐压力恢复正常，2 号机组并网发电。

4. 案例四

某电站 3 机组抽水停机过程中，机组达到静止状态后向停机稳态转换，执行时，出现调速器压力引导阀故障报警，监控一直收不到调速器控制油压消失有效的信号，导致反馈信号超时，机组停机超时。

5. 案例五

某电站 1 号机启动过程中，1 号机球阀 1、2 油泵故障跳闸导致 1 号球阀操作油压低，机组启动失败。

6. 案例六

某电站每年检修中需要对油压装置各油压、油位信号整定值进行校验，人为进行油压及油位变化，进行油压装置运行模拟试验。

然而电站原有控制系统下执行该项目试验需要对油罐反复充排油，对每个压力开关分别进行校验，校验过程繁琐。原控制系统不具备主备用泵定期切换功能，油泵切换依靠运行维护人员定期工作来完成。原控制系统中自动化原件状态信号无现地监测，也未将全部信号送至监控系统，即使部分关键信号送至监控系统也只作为监视使用，并不能实现对现场设备的动态调节。同时系统中 DI/DO 信号无记录功能，给故障判断带来很大难度。

7. 案例七

某电站机组每套油压装置配套 3 台大油泵、2 台小油泵，并配置了 1 个事故压力罐和 2 个工作压力罐（工作油罐和工作气罐）。主要的自动化元件有：工作油罐设置了 8 个压力开关、1个压力变送器和个磁翻板液位计；工作气罐设置了1个补气电磁阀；事故油罐设置了4个压力开关，1个压力变送器、1个磁翻板液位计和1个补气电磁阀。

工作压力罐压力定值：停泵压力为6.3MPa、启小泵压力为6.15MPa、补气压力为6.1MPa、启主泵压力为6.0MPa、启备1泵压力为5.7MPa、启备2泵压力为5.5MPa、事故低油压压力为5.1MPa、事故油源切换压力为4.8MPa。

事故压力罐压力定值：停泵压力为6.3MPa、补气压力为6.1MPa、启主泵压力为5.9MPa、启备1泵压力为5.6MPa。

工作过程：压力达到6.3MPa时，所有油泵停止打油，自动补气装置停止补气；当工作油罐油压下降到6.15MPa时，每次只启动一台小油泵，两台小油泵轮换启动；当工作油罐油压下降到6.0MPa或事故油罐油压下降到5.9MPa时，启动一台大油泵，3台大油泵（主油泵，备1油泵，备2油泵）轮换启动。当工作油罐油压下降到5.7MPa或事故油罐油压下降到5.6MPa时，启动一台大油主泵，再启动一台大备1泵，两台大油泵打油；当工作油罐油压下降到5.5MPa时，启动一台大油主泵，一台大备1泵，一台大备2泵，3台泵打油。

油泵打油时，一边给工作油罐补油，如事故压力罐油压偏低时也同时给事故压力罐补油；机组正常运行情况下，单向切换装置为工作油罐提供油压油源。当工作油罐油压下降到4.8MPa时，油压装置控制屏控制单向切换装置电磁阀，将调速系统操作油源切换至事故压力罐。

最初的设计逻辑是其工作油罐上的压力开关、压力传感器和事故压力罐的压力开关、压力传感器均参与控制。

原设计逻辑在调试、运行过程中主要存在以下问题：

（1）油泵启动频繁，短时间内油泵多次启动；

（2）工作油罐压力已降至启小油泵压力6.15MPa以下，但油泵仍无法启动；

（3）油泵的启停、补气装置的启动和停止动作压力不准确。

8. 案例八

某电站2号机组在发电工况下，压力油罐油压下降较快，压油泵启动频繁，特别是机组在未进行负荷调整的情况下，压力油罐油压下降仍较快，较其他3台机组压油泵启动打压次数明显增加，油泵启动的时间间隔缩短至十几分钟，但回油箱油位以及压油罐油位均没有变化。调速器压油泵的频繁启动会带来以下危害：

（1）油压下降快，导致电触点压力表和压油泵动作频繁，加大其损耗；

（2）压油泵频繁打油，造成油温偏高，油液变质，缩短油泵寿命，严重影响电站的安全、经济、稳定运行。

第三节　分　析　总　结

一、案例一事故分析

针对自动补气装置采用电磁阀控制经常出现发卡、泄漏、生锈、烧毁等情况，采用了非电磁阀控制形式的自动补气装置，彻底摆脱电磁阀本身的缺点，从而恢复自动补气装置的功能，提高油压装置的自动运行水平。

压力油罐液位设计上仅仅为几个报警点，只有当油位或油压达到某一设定值时，方能报出相关信号，这种设计情况会给运行人员的监控带来一定的盲区。改造后在设计上采用具有模拟量上送形式的液位计，将油压以及油位的实时值上送到监控系统，保证运行人员能够实时监视到油压以及油位值，提前发现油压异常等各种故障信息。

针对回油箱油位信号器报警信号为点接触的陈旧设计结果，采用线接触式的报警液位信号计。

控制流程不完善，增加单台泵的控制流程和两台泵运行、一台故障时的切换流程。

电站油压装置经过改造后，系统运行中未再发生因油压装置设备故障影响机组运行的情况，装置的可靠性和安全性有了很大的提高。

二、案例二事故分析

1. 原因分析

根据值守及 ON-CALL 人员检查处理的过程，调速器 1 号油泵无法转空载运行，持续负载打压导致调速器压力油罐油压、油位持续上升，在油位超过压力油罐油位机械跳机值后，调速器大故障触发机械停机继电器，导致机组抽水工况下转机械停机。可能导致油泵无法转空载的原因有：

（1）调速器供油回路压力传感器故障，未正常反馈油泵转空载所需的压力信号；

（2）电磁阀励磁命令未发出；

（3）电磁阀电源回路故障；

（4）电磁阀线圈烧毁；

（5）电磁阀内部卡塞。

查看监控记录，调速器供油回路压力传感器压力信号反馈正常，电磁阀励磁命令正常发出，排除可能的原因（1）、（2）。

测量电磁阀供电回路电压，电压正常，排除电磁阀电源回路故障。

测量电磁阀线圈阻值为无穷大，判断故障的直接原因为电磁阀线圈烧毁。

根据电磁阀线圈阻值的测量结果，判断导致 3 号机组调速器 1 号油泵不能转空载的直接原因为电磁阀线圈烧毁。由于抽水蓄能电站机组工况切换频繁，运行强度大，电磁阀励磁/失磁频繁，加速了线圈的老化，最终导致线圈烧毁。同时考虑到该电磁阀线圈使用期限不足半年，由此初步判断该电磁阀线圈质量不良及运行强度大是造成线圈开路的主要原因。

2. 处理过程

领用新的电磁阀线圈备件，对故障线圈进行更换，现地启动调速器油站，电磁阀励磁/失磁动作正常，油泵空载负载转换动作正确，缺陷消除。

3. 暴露问题

（1）在机组设备运行强度较大的情况下，对于电磁阀线圈寿命的评估，除了定期测量线圈阻值外缺乏更好的技术手段；

（2）对于电磁线圈元件的老化周期和质量水平缺乏足够的经验和有效的甄别手段；

（3）调速器压力油罐油压油位报警跳机值设置不合理。

4. 防范措施

（1）针对电磁阀线圈寿命的评估问题，优化线圈阻值的检查测量周期，确保线圈阻值在合理的运行区间。

(2) 对于电磁线圈元件的老化周期和质量水平缺乏足够的经验和有效的甄别手段的问题，采取加强交流，选取质量更好的品牌备件；同时对全厂该类型的在用电磁阀线圈进行一次全面排查，对线圈阻值异常的电磁阀线圈及时更换新备件。

(3) 针对调速器压力油罐油压油位报警跳机值设置不合理的问题，将压力油罐油位高跳机功能取消，仅保留报警功能；将压力油罐油压高及供油管油压高跳机功能取消，仅保留报警功能；调整泵出口卸载阀定值，确保当压力油罐及管路的压力高报警后，泵出口卸载阀先动作。如果泵出口卸载阀未能正常动作或故障，压力持续上升，则压力油罐安全阀动作，以保护设备安全。

三、案例三事故分析

1. 原因分析

(1) 由于调速器压力油罐两台油泵的热继电器动作，致使不能及时启泵补油来提高油罐压力，使油罐压力达到“调速器事故低油压”值，发出报警信号并停机，是这次事件发生的直接原因。

(2) 2 号机组调速器压油罐自动补气装置不能自动补气，长期依靠手动进行补气，致使在压力低时（油位在上限）不能靠自动补气来提高油罐压力，是这次事件的主要原因。

(3) 由于监控系统的设计和容量问题，在发出“事故低油压报警”4.4MPa 信号后，立即执行“机械事故停机”流程，而没有在事故低油压跳机点前设置一个报警点以发出报警信号，因此运行值班人员无法及时发现，也没有充裕的时间进行处理。

(4) 由于压油罐不能自动补气，压力降低至一定值时（5.7MPa，启主油泵；5.2MPa，启备用泵），完全靠油泵自动补油来提高压力，引起油位在高值附近时油泵频繁启停，致使热保护动作，在未复归的情况下油泵不能启动。另外，2 号机发电工况并网出力升至额定负荷后，根据调度命令又对负荷进行了调整，先将负荷降至 3 万 kW，随后又升至 6 万 kW，由于调速系统的调整，增加了油泵启动运行时间。

2. 暴露问题

(1) 监控容量不足，部分主要设备参数和信号如电机热保护信号、10kV 电压等，未引至监控。

(2) 调速器压油罐及调速系统多处存在漏气、漏油及不能自动补气等缺陷，应制订方案，及时进行处理。

3. 防范措施

(1) 尽快恢复补气装置的自动补气功能。

(2) 对监控系统进行改造，将热继电器动作信号引至监控，同时在监控增加低油压（高于跳机报警值）报警信号，以便运行值班人员及时发现问题，并有充分的时间进行处理。

(3) 尽快安排人员对压油罐及调速系统漏气、漏油部位进行处理，同时重视所有跑冒滴漏现象，进行排查和及时处理。

(4) 在压油罐自动补气功能未实现前，在油泵启动条件中增加油位控制条件，使油位不降至某一值时不启泵，以免在高油位附近油泵频繁启动。

（5）研讨将油泵热继电器动作信号与油泵电源失去信号并联送至监控系统的可行性，以便实施后能及时发现热继电器的动作情况。

四、案例四事故分析

1. 原因分析

结合监控程序，对调速器控制油压消失信号、调速器压力引导阀故障报警有效信号进行分析，程序发令关阀 30s 后未收到控制油压消失信号，则发出调速器压力引导阀故障报警信号，并触发机械跳闸。

无法收到调速器控制油压消失信号，存在三种可能：①测压传感器故障，辅助触点无法动作；②调速器压力引导阀控制回路故障，开关阀的命令无法作用到引导阀；③调速器压力引导阀本体故障。

分别强制调速器压力引导阀关阀继电器和调速器压力引导阀开阀继电器，中间互锁继电器能相应动作。关闭命令发出后，测量电压，显示 230V，说明直流电压已加至调速器压力引导阀的电磁线圈上。测量调速器压力引导阀的电磁线圈电阻，阻值为无穷大（如图 13-1 所示），判断电磁线圈烧毁。

2. 处理过程

更换调速器压力引导阀（线圈电阻为 1.525kΩ，如图 13-2 所示），试验两次均能正常动作，上位机能正常收到相应信号。

图 13-1　旧电磁阀线圈电阻为无穷大

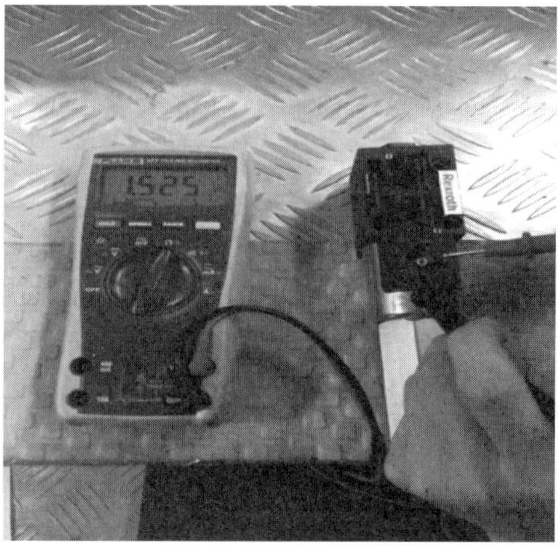

图 13-2　新电磁阀线圈电阻为 1.525kΩ

3. 暴露问题

（1）机组在停机稳态工况时，调速器压力引导阀电磁线圈长期带电，散热性能不佳，发热严重，线圈绝缘老化，最终烧毁。

（2）运行维护不到位，对长期带电的电磁阀线圈电阻测量频次不够，未能提前发现问题。

4. 防范措施

加强运行维护，结合机组检修、日常运行维护，有计划的对长期带电的电磁阀线圈进行测量，及早发现问题。

五、案例五事故分析

1. 原因分析

（1）冬季气温较低，导致油的黏稠度比平时高，在星三角切换间隔时间 0.5s 后电机及油泵转速下降的比平时快。

（2）为减小系统冲击，设计油泵电机启动方式为星三角降压启动。

过程如下：

1）星型启动。KM11 和 KM13 吸合，运行 4s。

2）进行星三角转换。先断开接触器 KM13，断开星型连接；0.5s 后接触器 KM12 吸合，形成三角形连接，完成星三角转换。

3）三角形空载运行。空载运行 3s，此时油泵加载电磁阀不动作，油泵出口阀组为空载状态。

4）加载运行，出力打油。此时油泵加载电磁阀动作，油泵出口阀组为加载状态。

为避免星三角切换时电机主回路短路拉弧，在星三角切换接触器 KM12 和 KM13（以 1 号油泵为例，见图 13-3 中左侧部分）设置硬接线互锁的同时（见图 13-3 中右侧部分），在程序中设置 2 台油泵电机的星三角切换间隔时间为 0.5s。当电机在启动过程中的星三角切换时，KM13 先断开，0.5s 后 KM12 再吸合。在这 0.5s 过程中电机是没有动力源的，此时电机及油泵转速有一定下降。当接触器 KM12 吸合瞬间，瞬时电流最高达到 510A。导致塑壳断路器脱扣（脱扣定值设定为最大定值 200A）。2 台油泵的塑壳断路器 Q1 和 Q2 跳闸。

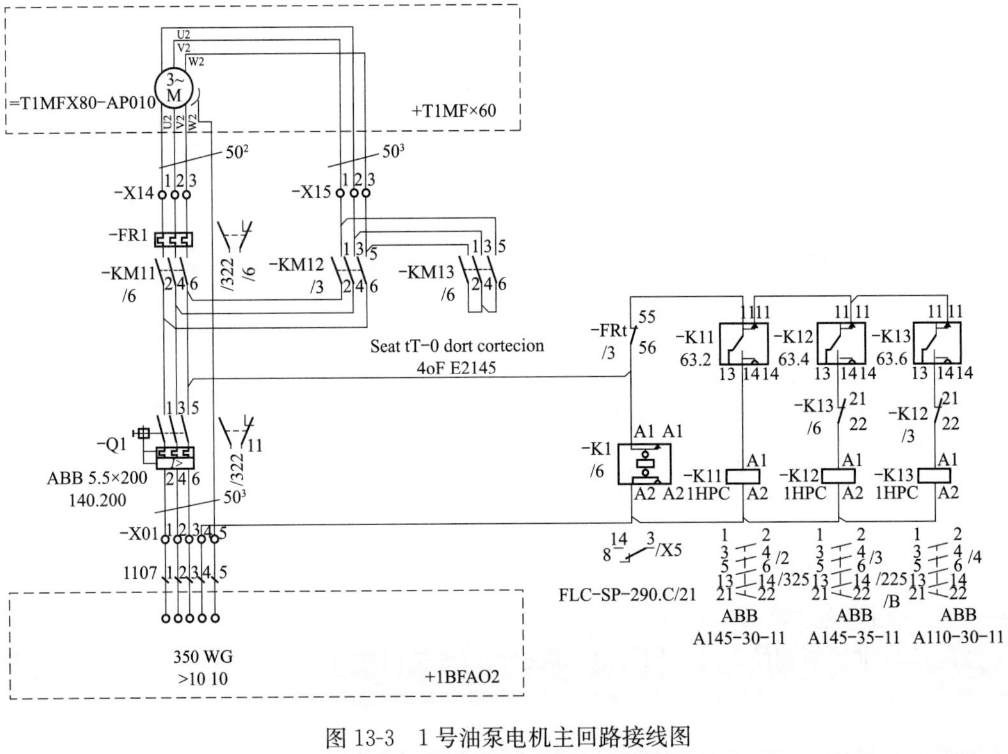

图 13-3　1 号油泵电机主回路接线图

2. 处理过程

（1）将 1 号机组球阀 2 台油泵的星三角切换间隔时间由原来的 0.5s 改为 0.1s。

（2）经启泵试验验证，油泵电机电流在接触器 2 吸合瞬间瞬时电流最高达到 500A 降低为 300A。程序修改后星三角转换完成瞬间两台泵电流值如下所示：

1）1 号油泵电机星三角转换完成瞬间三相电流：280A，小于程序修改前的 500A。

2）2 号油泵电机星三角转换完成瞬间三相电流：330A，小于程序修改前的 500A。

3. 暴露问题

（1）冬季气温较低，导致油的黏稠度比平时高，油泵启动时电流偏大。

（2）1 号机组球阀 2 台油泵的星三角切换间隔时间偏长，设置不合理。

4. 防范措施

对 2、3、4 号机组球阀油泵的星三角切换间隔时间进行完善，并进行录波核对验证。

六、案例六事故分析

1. 方案及实施

针对以上问题，电站对调速器液压控制系统进行优化设计，结合公司技术要求，创新提出分级监控理念，以现地控制系统监视液压系统全部信号并实现动态调节，上级监控系统只监视液压系统必要报警和状态变化。

具体方案：对现有控制系统改造，使用变频器启动，恒定频率驱动油泵运转代替原有星三角启动方式，并通过 PLC 实现油泵的自动切换功能。将全部自动化元件信号接入新系统中，并在现地通过触控显示屏幕实时展示元件状态及模拟量信息以及控制闭锁逻辑。对系统涉及的全部信号生成报表系统，并且具备报表导出和模拟量趋势查询功能。在触控屏系统中加入试验界面，通过对数据的收集生成油位开关、油压开关、油压模拟量的试验报告。

2. 可靠性分析

变频器启动油泵加载可以根据油泵、电机的自身性能特性设置适合的启动斜率，并可以自动判断油泵电机一次回路出现的各种问题。自动化元件未进行改动，只将信号接入 PLC 中，不会对系统造成影响。

3. 实施效果

自 2017 年完成 4 台机组液压控制系统改造至今，该系统已经稳定运行 1 年时间。一年时间内通过该系统发现并确定调速器油泵出口加载电磁阀故障一次、调速器油压开关定值不稳定故障一次、监控系统开入启动令丢失故障一次。

结合年度检修，对调速器液压系统内油压开关、油位开关等信号校验工作，只需要对调速器油罐完成一次充排油即可得到全部开关动作定值，大大提高检修的工作效率和工作质量。

该系统增加了调速器油泵自动轮换功能，通过制定轮换规则实现调速器主备油泵定期稳定轮换，减少了定期切换的工作量，提升了液压控制系统的自动化水平。

改造后，电站运维人员对该系统不断完善，对报警信号增加附属模拟量信息，增加系统报警清单导出功能。通过一年的应用，该系统达到了改造目的，为某电站老旧控制系统升级改造提供了新思路。

4. 经验推广

通过本次改进，消除了因原有控制系统元件老化、控制方式落后导致的安全隐患，提高了液压控制系统的数字化与智能水平，提高了检修工作效率及质量。另外通过对系统内各自动化元件及信号的监控可以达到快速定位故障的目的，总体效果显著，给其他电站相关液压控制系统的升级改造提供一个新的思路，有一定的借鉴意义。

七、案例七事故分析

1. 原因分析

（1）由于油泵打油时可同时给工作油罐和事故压力罐补油，而给事故压力罐补油时必须先顶开事故压力罐进油管前端的单向阀，所以实际油泵停止打油时，工作油罐的压力比事故油罐的压力高 0.3～0.5MPa，而控制逻辑中启小泵和启大泵则由工作油罐和事故油罐压力共同控制。当出现事故罐油压低于 5.9MPa、而工作油罐压力接近 6.3MPa 时，大油泵就会启动至工作油罐压力为 6.3MPa 时停止，而此时的事故油罐压力仍低于 5.9MPa；当工作油罐压力降至 6.3MPa 以下时，大油泵再次启动，如此循环，从而造成大油泵频繁启动。

（2）由于原设计中事故压力罐的停止压力也作用于停泵和停止补气，正常运行时，事故压力油罐达不到 6.3MPa 而不起作用，当自动或手动将事故压力油罐的压力补至 6.3MPa 后，由于机组正常运行时仅由工作油罐提供压力油源，事故油罐压力会长时间保持在 6.3MPa 而作用于停泵，此时无论工作油罐压力下降到多少，油泵均不能启动。

（3）由于压力传感器和压力开关同时作用，因校验整定原因及压力开关本身的特性问题，两者之间总会存在误差，进而造成很多时候动作值不一致。

2. 控制逻辑的改进

针对以上几种故障产生的原因，对原控制逻辑进行了以下修改：

（1）取消油泵启动逻辑回路中的事故压力油罐启泵压力触点（含压力传感器和压力开关）。

（2）取消油泵停止回路和工作压力罐停止补气回路中的事故压力油罐停泵触点（含压力传感器和压力开关）。

（3）除事故低油压信号由模拟量或开关量判断外，其他的控制压力定值均以模拟量为主用，压力开关触点的开关量为备用，模拟量故障时方采用开关量参与控制。通过以上控制逻辑的改进，该电站的油压装置运行已满足设备现场运行要求。

八、案例八事故分析

1. 原因分析

可能引起调速器压油泵频繁启停的原因主要有以下 3 种。

（1）正常情况下，压油罐内的压力油因频繁参与调节，会导致压油罐内的压力在短时间内降低，进而使得压油泵频繁启停。

（2）调速系统中管路或阀组发生压力油泄漏，如果泄漏量较大就会使压油罐压力下降变快，压油泵启动间隔缩短。

（3）压油罐发生气体泄漏，压油罐内压力降低，由于电站调速器压油罐自动补气装置退出，为了维持压油罐压力正常，压油泵会频繁启停。

2号机组在发电工况且未调整负荷的情况下，调速器压油泵仍频繁启动，由此排除上述第1种情况；2号机组调速器压油罐油位和回油箱油位没有发生显著变化，总油量没有减少，因此排除第2种情况；若压油罐发生漏气，则压油泵的频繁启动会导致压油罐油位上涨，但实际未出现压油罐油位上涨的情况，因此排除第3种可能。经分析认为，电站2号机组调速系统压油泵频繁启停是压力油经过回油管直接回流至回油箱所致。

调速系统压力油经过回油管直接流至回油箱主要由以下几种因素引起。

（1）压油泵出口阀关闭不严、逆止阀磨损严重或压力油夹带杂质使逆止阀卡阻，导致压力油直接排至回油箱。

（2）调速器压油罐事故排油阀关闭不严。

（3）调速器导叶主配压阀卡阻或运行异常，出现窜油、回油现象。

（4）导叶接力器活塞与缸体间隙过大，引起窜油。

2. 排查与处理

（1）漏油点查找。

对调速器系统进行全面检查，发现压油泵出口阀和逆止阀均正常，未发现调速系统压油泵出口阀组卡阻、关闭不严等情况，也不存在压力油经压油泵出口阀组倒流进回油箱的情况；对调速器系统的压力油管路、回油管路、漏油管路和控制油管路进行检查，均未发现漏油点。

（2）调速器导叶静水启闭试验。

在2号机组停机状态下，投入机械制动，退出导叶接力器自动锁锭，通过现地手动调整导叶开度，分别开至25%、50%、75%、100%、0%，并保持1～2min，观察导叶接力器动作情况及调速器系统油泵启停情况。经过多次试验，未发现异常。

电站1、2号机组调速器型号相同，由同一厂家提供，在相同条件下对1号机组做静水启闭试验，将试验结果与2号机组静水启闭试验结果进行对比后未发现异常。

经过多次静水启闭试验、泄漏点排查和分析，确定电站2号机组调速系统油压装置压油泵频繁启停的原因是调速系统中个别主配压阀有异物、关闭不严，导致了窜油现象。通过对主配压阀进行清洗，2号机组调速器压油泵在开机情况下的启动时间间隔已恢复至约60min，属于较为正常的状态，电站2号机组调速器油泵再未出现频繁启停的问题。

第四节　典型控制设计

1. 安全性原则

（1）防止压力油罐超压运行，造成承压装置损坏事故。

（2）防止压力油罐油压过低，导致导水机构或主进水阀接力器无法正常动作。

（3）防止补油泵过压运行导致油泵损坏。

（4）防止油压装置油温过高，造成螺杆泵衬套损坏。

（5）防止油压装置误报警导致机组事故停机。

2. 可靠性原则

（1）每套油压装置应至少配置两台冗余的补油泵，采用轮换方式启动。

（2）压力油罐应设置压力开关或压力变送器、液位开关或液位计，用于补油泵和补气装置自动控制、油压和油位的告警和监视。

（3）油压装置补油泵应至少具有机组现地控制柜手动控制、监控系统自动控制两种方式。在监控系统自动控制系统失灵时，应能通过现地手动控制实现油泵补油。

（4）压力油罐应设置自动补气装置。

（5）机组稳态运行时，应保证压力油罐油压、油位正常，停机稳态时，宜保证压力油罐油压、油位正常。

3. 输入信号

压力油罐油位高、压力油罐压力低开补气阀、压力油罐压力高关补气阀、油压低补油信号、压力过低启动备用泵信号、压力高停止备用泵信号、油压高停止补油信号、主用泵运行信号、备用泵运行信号、主用泵故障、备用泵故障、油温过高、油泵控制方式等。

4. 输出信号

开补气阀、关补气阀、启动主油泵、停止主油泵补油泵电机故障报警、压力油罐油压高报警、油压低报警、油压低跳闸、压力油罐油位高报警、油位低报警、油位低跳闸、压力油罐油位高报警、油位过高、油压装置油温高报警、压力油罐补气装置故障报警、油压装置油混水报警、油过滤器压差高报警等。

5. 典型控制程序设计

油压装置远程控制：监控发开机令后，现地 PLC 根据收到的开机令，判断并执行补气、补油程序；监控系统收到油压系统事故低油压和事故低油位应启动事故停机流程。

油压装置现地 PLC 控制：在自动方式下，收到压力油罐油压低起泵信号时，则主用泵投入运行并加载，收到压力油罐油压高停泵信号，则主用泵卸载并停止运行。压力油罐油位高、集油槽油位低时闭锁启泵。

在正常运行方式下，收到压力油罐油位高开补气阀信号时，则补气阀打开，收到压力油罐油位低关补气阀信号，则补气阀关闭。压力油罐油压高闭锁补气。

在正常运行方式下，主、备用泵应根据累计运行时间或累计运行次数自动切换运行；油泵运行过程中不宜切换，应在下一次启动运行前进行切换选择；在主用泵故障情况下，应切换至备用泵运行。

当主用泵运行期间，如油压过低，则应启动备用油泵保持两台泵运行，当油压继续低至事故低油压时，作用于紧急停机的压力信号器应立即动作机械跳闸。

电机故障、油温过高、集油箱油位过低、压力油罐油压过高应闭锁启动任何一台泵，在运行时出现上述报警，应发出故障信号并停止运行。

压力油罐压力测点应设两级越下限信号输出，其中一级越限作用于报警，二级越限（事故低油压）作用于报警和机械跳闸。压力油罐油位低报警、油位低跳闸信号应相与后再出口跳闸，防范单一自动化元件误动导致机组跳闸。

油过滤器压差高时应能发出报警信号。

典型控制逻辑图见图 13-4。

6. 典型控制回路设计

控制回路触点：油泵控制方式；监控启泵命令；油压装置油压高报警；集油箱油位低

报警；油泵电源进线开关位置信号；油泵电源进线开关位置信号；油泵电源进线开关位置信号；电机故障报警。油压装置典型控制回路典型的控制接线图如图 13-5 所示。

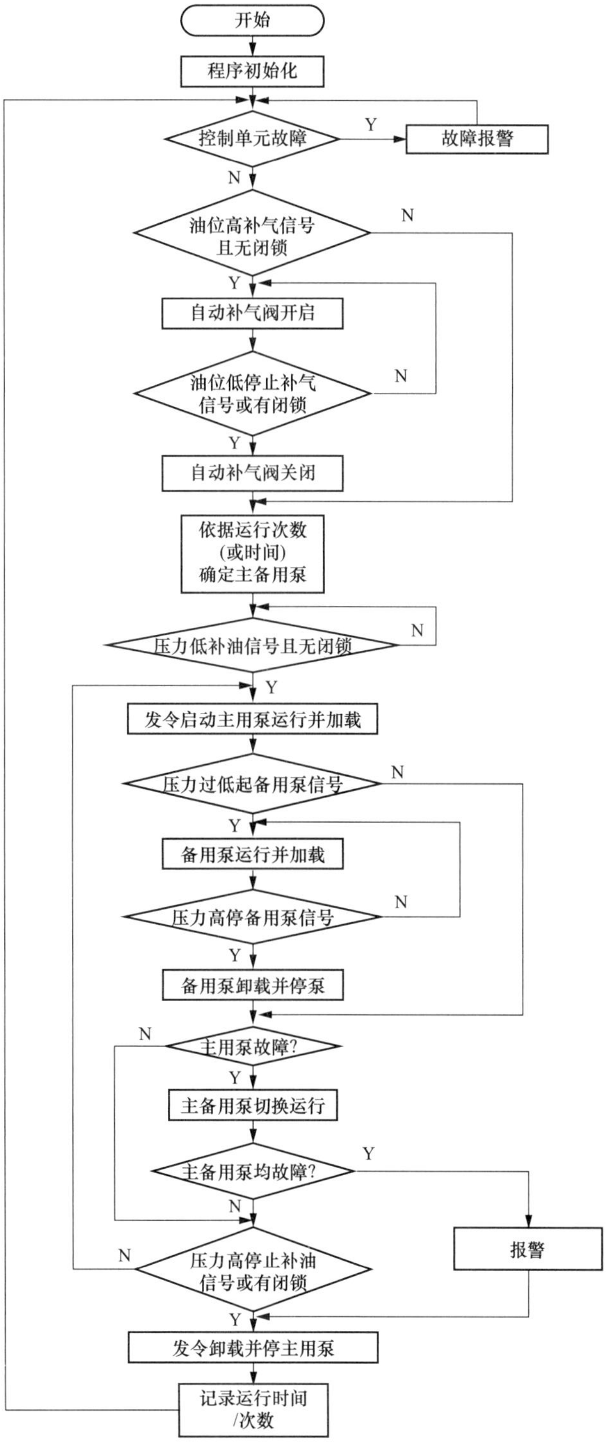

图 13-4　油压装置 PLC 控制逻辑图

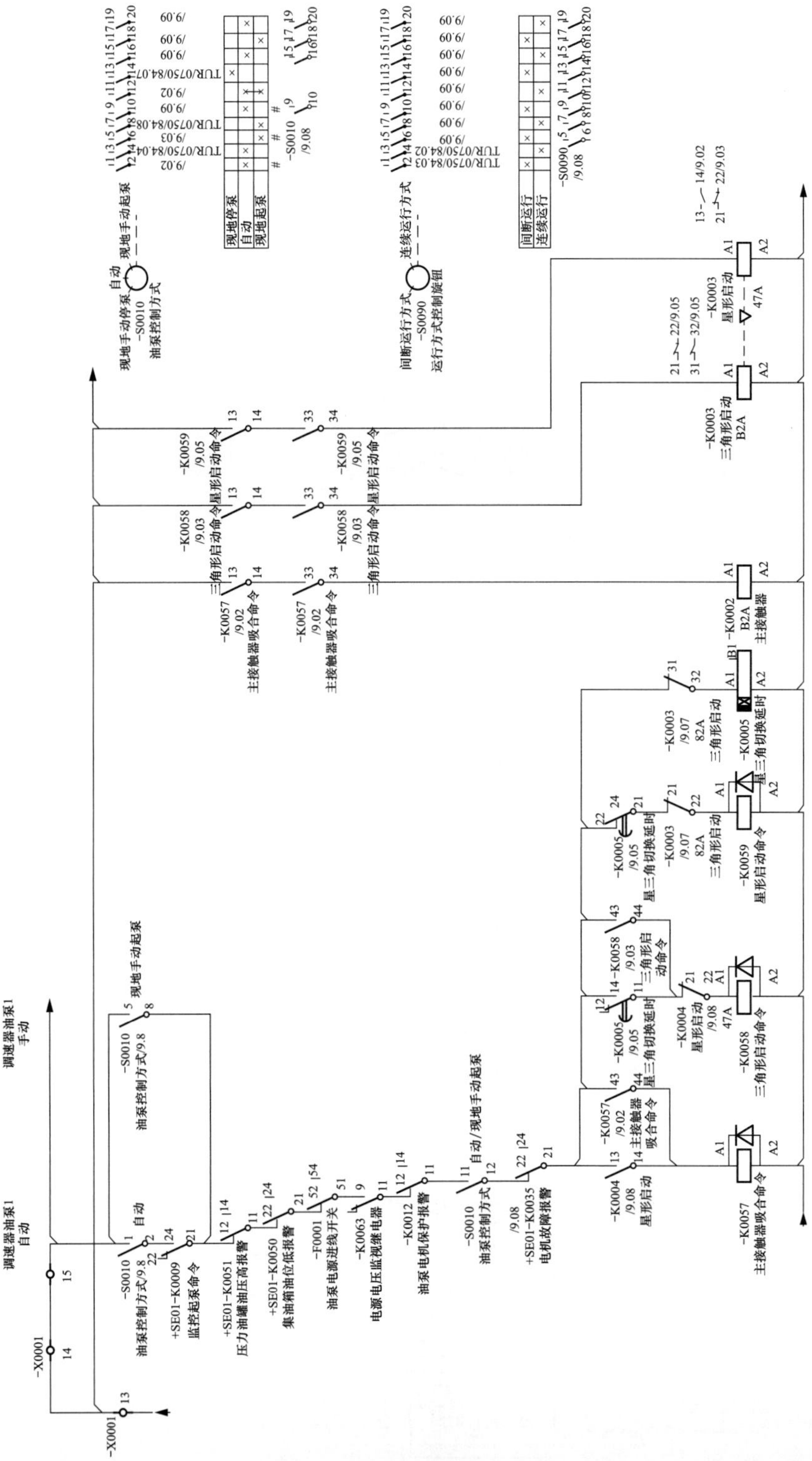

图 13-5　典型的控制接线图

第五节　新技术应用

1. 一种新型水电油压装置

一种水电站油压装置，包括一个长方体形状的油箱和储能罐，所述油箱的顶面设置有注油口、吸油口、回油口，回油口设置有 3 号电控阀，油箱的吸油口、回油口和注油口均设置有用于过滤油液中杂质的油液过滤器，油箱的侧面设置有用于测量油箱内油液高度的 1 号液位计，油箱的底端还设置有用于排出油液的排油口；所述储能罐用于存储高压油液，储能罐设置在油箱的顶端，油箱的吸油口通过管路依次串联油泵、逆止阀、手动阀门与储能罐连通，且在油泵和逆止阀之间的管路上设置有与油箱相连通的卸载回油旁路，卸载回油旁路上设置有 1 号电控阀，由 1 号电控阀控制卸载回油旁路的导通与否；储能罐的底端设置有与油箱相连通的卸压回油管路，在卸压回油管路上设置有安全阀，当储能罐内的油压超过警戒值时，安全阀自动打开进行卸压，防止储能罐压力过大而发生爆炸；储能罐的底端设置有高压供油出路，高压供油出路上设置有 2 号电控阀；储能罐的顶端设置有用于补气的与高压气泵相连通的进气通路，且在储能罐和高压气泵之间的管路上设置有单向气阀；储能罐上还设置有压力传感器、用于测量储能罐内油液高度的 2 号液位计和压力表，压力表包括两个，两个压力表可以有效保证测量的准确性，防止单个压力表出现问题时无法显示压力的情况发生。

使用时，油泵从油箱内吸取油液向储能罐中供油，当油泵刚开始启动时，油泵未达到额定输出功率之前，1 号电控阀开启，通过卸载回油旁路使油液回流至油箱，使油泵进行无负载启动，防止因油泵在启动过程中的输出压力不足无法使逆止阀导通，而导致油泵带上负载启动造成油泵自身的损伤，当油泵达到额定输出功率后，关闭 1 号电控阀，此时逆止阀导通，开始对储能罐内供入高压油；为了保证储能罐内油液的压力稳定以及有足够的油液向执行机构供油，需通过高压气泵向储能罐内供入高压气体，使储能罐内保持一定比例的高压油液和气体；将储能罐的压力传感器、油泵、高压气泵以及各个电控阀等检测和控制部件与 PLC 连接，通过 PLC 对其进行综合调控可以达到自动化控制的效果（见图 13-6）。

图 13-6　油压装置示意图

2. 一种新型水电油压装置的自动补气装置

一种用于水电站的调速器油压装置的自动补气装置，包括自动补气电动球阀、自动排气电动球阀、第一手动球阀、第二手动球阀、第三手动球阀、单向阀。可分为自动补气管路、手动补气管路和检修排气管路。自动补气管路上进气口、自动补气电动球阀、单向阀、压油罐依次连接，自动补气管道支路上在自动补气电动球阀输出端设置有三通，通过三通将进气口、自动补气电动球阀、与自动排气电动球阀、1 号手动球阀依次连接；手动补气管路上在进气口输出端和单向阀输入端设置有两个三通，进气口、2 号手动球阀、单向阀、压油罐依次连接；检修排气管路上在单向阀 7 输出端设置有三通，进气口、自动补气电动球阀、单向阀、3号手动球阀依次连接。所述自动补气电动球阀与自动排气电动球阀为相互闭锁关系，不同时开启也不同时关闭。

在自动补气管路支路上，1号手动球阀的输出端设置1号消声器。在检修排气管路上3号手动球阀的输出端设置有2号消声器。所述检修排气管路同时可作为过补气排气管路使用（见图13-7）。

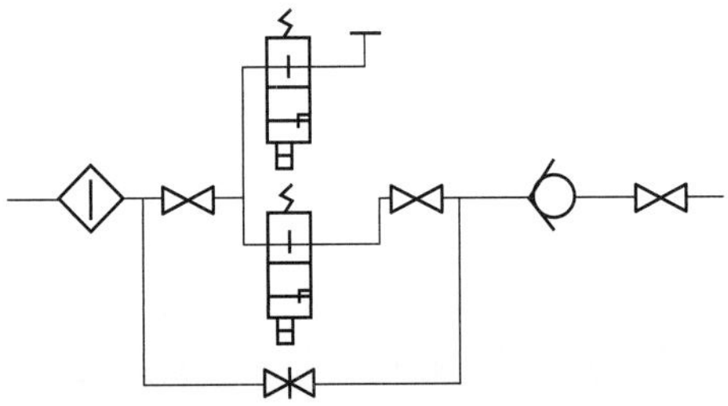

图13-7　自动补气装置示意图

该系统具有自动补气、手动补气和检修排气三种工作方式：

（1）装置自动运行过程：自动补气电动球阀为常闭球阀，自动排气电动球阀为常开球阀。1号手动球阀为常开球阀，2号手动球阀、3号手动球阀为常闭球阀。当压油罐中气压低于设定值时，即满足自动补气条件，自动补气电动球阀自动打开，同时自动排气电动球阀自动关闭，高压气从进气口P依次经过电动球阀、单向阀到压油罐补气。当压油罐中气压达到设定值，满足停止补气条件时，自动补气电动球阀自动关闭，停止补气。压油罐内的高压气体被单向阀阻断。自动排气电动球阀自动打开，将自动补气管路内的残余高压气排出。排气时，气体经过1号消声器达到消减噪声的目的。

（2）装置手动运行过程：当压油罐中气压低于设定值，但自动补气程序故障或者由于其他原因不方便使用，而需要手动补气时，关闭1号手动球阀，打开2号手动球阀，直接对压油罐进行补气。当气压达到设定值时，关闭2号手动球阀，停止补气，压油罐的高压气被单向阀阻断。打开1号手动球阀，排出手动补气管路中的残余高压气。

（3）检修排气或过补气排气过程：当装置检修需要对管路进行排气或过补气需要排气时，直接打开3号手动球阀，对自动补气管路或者手动补气管路进行排气。

该系统中使用到的球阀都是电动或者气动球阀通用型标准件，管内径为15mm，操作简单、适用范围广、零件易得，方便工厂实际生产中的维护与检修更换等操作。该系统工作时，可以解决水电站调速器油压装置现有补气装置中存在的电磁阀卡涩、低气压下工作流量小、高气压下工作密封性差的问题，同时还具有抗污能力较强、耐高压等诸多优点。

第十四章　厂用电备自投控制系统控制逻辑设计

厂用电系统是抽水蓄能电站最重要的负荷，其工作可靠性，在很大程度上决定着电站的安全运行，如果厂用电电源消失，有可能引发电厂出力下降，机组停运，甚至使电厂全部停电。为保厂用电的可靠性和连续性，需要通过备自投将异常失电负荷快速、安全、可靠地切换至备用电源供电。

备自投控制系统（以下简称备自投）是抽水蓄能电站保证厂用电系统可靠性的重要设备，为提高供电可靠性，保证供电连续性，防止因厂用电失电导致机组运行异常，常常会采用备自投，它能在一段母线失电后切断工作电源并迅速投入备用电源（备自投功能），并能在工作电源恢复供电后切断备用电源投入工作电源（自恢复功能），从而缩短供电中断时间、降低因失电而引起的损失。

但在实际运行过程中，备自投往往存在接入的模拟量、开关量较多，控制逻辑较复杂，闭锁措施不完善，检修维护困难，运行可靠性差等诸多问题。

本章将结合几个典型事故案例，对大型抽水蓄能电站厂用电系统备自投控制逻辑设计时需要注意的问题进行讨论，并提出厂用电系统备自投控制系统的典型控制逻辑设计。

第一节　控制系统概述

备自投的主要作用是保证厂用电的可靠性，按工作方式的不同可将备自投分为进线备自投、桥备自投及变压器备自投等。

1. 进线备自投

进线备自投是一条进线运行，一条进线备用，如图 14-1 所示。进线 1 运行，进线 2 备用，正常运行时 1DL、3DL 在合闸位置，2DL 在分闸位置。

动作条件及动作过程：充电完成情况下，Ⅰ母、Ⅱ母均失电压，且进线 1 无电流，进线 2 有电压，备自投启动，经跳闸延时跳 1DL，确定 1DL 跳开后，经合闸延时合 2DL。

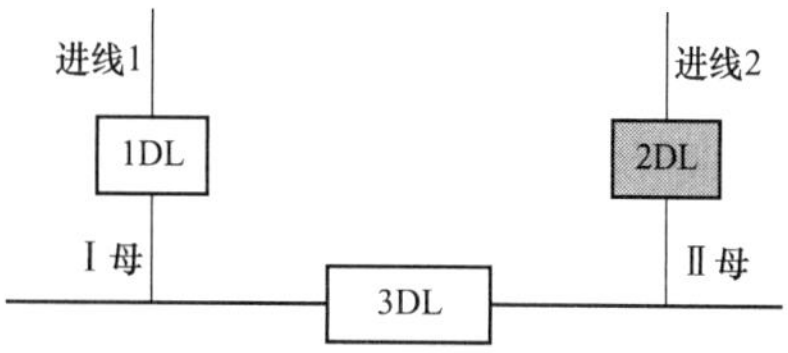

图 14-1　进线备自投

2. 桥备自投

两条进线均运行。如图 14-2 所示，进行 1 运行，进行 2 运行，正常运行时 1DL、2DL 在合闸位置，3DL 在分闸位置。

动作条件及动作过程：

（1）充电完成情况下，Ⅰ母失电压且进行 1 无电流，Ⅱ母有电压，备自投启动，经跳闸延时跳 1DL，确定 1DL 跳开后，经合闸延时合 3DL。

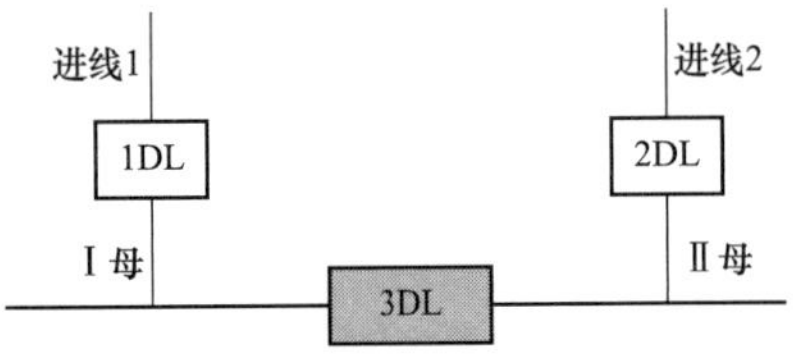

图 14-2　桥备自投

（2）充电完成情况下，Ⅱ母失电压且进行 1 无电流，Ⅰ母有电压，备自投启动，经跳闸延时跳 2DL，确定 2DL 跳开后，经合闸延时合 3DL。

3. 变压器备自投

一个变压器运行，一个变压器备用，如图 14-3 所示。变压器 1T 运行，变压器 2T 备用，正常运行时，1DL、2DL、3DL 在合闸位置，4DL 在分闸位置。

动作条件及动作过程：充电完成情况下，Ⅰ母、Ⅱ母均失电压，且变压器 1T 低压侧 3DL 无电流，变压器 T2 高压侧有电压，备自投启动，经跳闸延时跳 1DL、3DL，确定 3DL 跳开后，经合闸延时合 4DL。

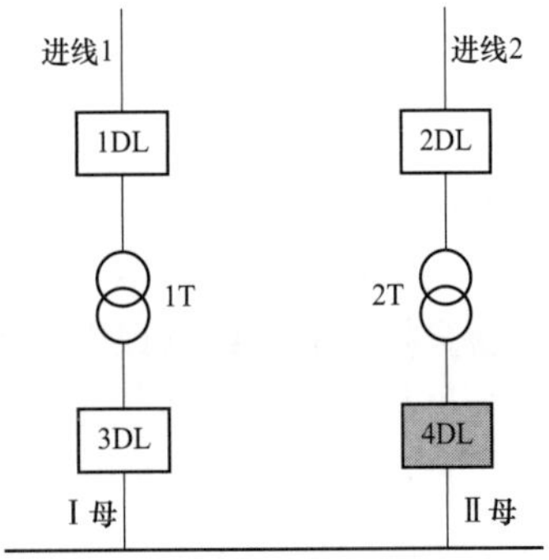

图 14-3　变压器备自投

备自投装置应考虑其动作后的负荷情况，应满足系统稳定性要求。同时，投入故障设备时应有保护能够瞬时切除故障。电力相关规程对备自投装置基本要求为：

（1）应保证在工作电源断开后，才投入备用电源。这是为了防止备用电源投于故障元件而扩大事故。

（2）工作母线上的电压，无论何种原因消失，除有闭锁信号外，自动投入装置均应能动作。

（3）工作电源失压时，应检测工作电源是否有电流，只有在无电流时才允许启动备自投，这是为了防止电压互感器二次回路断线引起备自投误动。

（4）备自投应保证只动作一次。

（5）当备自投动作时，如果备用电源投于故障，应有保护加速跳闸。

（6）备自投装置的动作时间，应使负荷停电时间尽可能短。

第二节　典　型　案　例

1. 案例一

某抽水蓄能电站机组 400V 自用配电盘采用桥式备自投，即正常运行时Ⅰ段进线开关 1DL 和Ⅱ段进线开关 2DL 均在合闸位置，Ⅰ-Ⅱ母线联络开关 3DL 在分闸位置。

2017 年 7 月 5 日，1 号机组在抽水工况运行，2 号机组在停机备用，3 号机组在抽水调相转抽水过程中，4 号机组在抽水工况运行，突然收到 2 号机组 400V 自用配电盘Ⅱ段进线开关 2DL 跳闸信号，同时 220kV 系统侧电压从 227kV 降至 225.2kV（正常情况下，抽水时 220kV 系统侧电压在 225～232kV 之间）。

值班人员检查发现，2 号机组 400V 自用配电盘Ⅱ段进线开关 2DL 分闸，2 号机组 400V 自用配电盘Ⅰ-Ⅱ母线联络开关 3DL 未合闸，2 号机组 400V 自用配电盘Ⅱ段进线电压恢复正常后Ⅱ段进线开关 2DL 未自动合闸，导致 2 号机组不满足开机条件。

2. 案例二

某抽水蓄能电站机组 400V 自用配电盘采用桥式备自投，即正常运行时Ⅰ段进线开关

1DL和Ⅱ段进线开关2DL均在合闸位置，Ⅰ-Ⅱ母线联络开关3DL在分闸位置。

2015年6月17日，1号机组在停机备用，1号主变压器空载运行。突然收到1号机组自用配电盘Ⅱ母进线开关跳开信号。

值班人员检查发现，1号机组400V自用配电盘Ⅱ母进线开关分闸，1号机组400V自用配电盘Ⅰ-Ⅱ母线联络开关未合闸，1号机组400V自用配电盘Ⅱ母进线电压是400V，1号机组400V自用配电盘Ⅱ母母线电压是0。

3. 案例三

某抽水蓄能电站400V公用配电盘采用桥式备自投，即正常运行时Ⅰ段进线开关1DL和Ⅱ段进线开关2DL均在合闸位置，Ⅰ-Ⅱ母线联络开关3DL在分闸位置。

2009年9月20日，在400V公用配电盘备自投试验时发现，断开400V公用配电盘Ⅰ进线开关1DL后，400V公用配电盘备自投动作，400V公用配电盘Ⅰ-Ⅱ母线联络开关3DL合闸，备自投动作成功；而断开400V公用配电盘Ⅱ进线开关2DL后，400V公用配电盘备自投动作，400V公用配电盘Ⅰ-Ⅱ母线联络开关3DL合闸后瞬间跳闸，备自投动作失败。

4. 案例四

某抽水蓄能电站厂用变压器采用桥式备自投，即正常运行时Ⅰ段进线开关1DL和1号厂用变压器低压侧开关3DL在合闸位置，Ⅱ段进线开关2DL和2号厂用变压器低压侧开关4DL在分闸位置。

2009年10月26日，在倒厂用电时，遵循先合Ⅱ段进线开关2DL，2号厂用变压器充电正常后，拉开1号厂用变压器低压侧开关3DL和Ⅰ段进线开关1DL，最后合2号厂用变压器低压侧开关4DL。在操作过程中，拉开1号厂用变压器低压侧开关3DL后Ⅰ母和Ⅱ母母线电压消失，厂用电变压器备自投动作，2号厂用变压器低压侧开关4DL合闸后瞬间跳闸。远控合2号厂用变压器低压侧开关4DL，2号厂用变压器低压侧开关4DL合闸后瞬间跳闸。手动合2号厂用变压器低压侧开关4DL，2号厂用变压器低压侧开关4DL合闸成功。

5. 案例五

某抽水蓄能电站400V公用配电盘采用桥式备自投，即正常运行时Ⅰ段进线开关1DL和Ⅱ段进线开关2DL均在合闸位置，Ⅰ-Ⅱ母线联络开关3DL在分闸位置。

2009年7月12日，由于雷击引起400V公用配电盘Ⅰ段进线开关1DL跳闸，400V公用配电盘备自投未动作。

6. 案例六

某抽水蓄能电站400V公用配电盘采用桥式备自投，即正常运行时Ⅰ段进线开关1DL和Ⅱ段进线开关2DL均在合闸位置，Ⅰ-Ⅱ母线联络开关3DL在分闸位置。

2009年7月15日，由于雷击引起400V公用配电盘Ⅰ段进线开关1DL和Ⅱ段进线开关2DL跳闸，造成400V公用配电盘Ⅰ母和Ⅱ母所带负荷都停电，400V公用配电盘备自投未动作，400V公用配电盘自复位动作。

7. 案例七

某抽水蓄能电站10kV厂用电采用桥式备自投，即正常运行时Ⅰ段进线开关1DL和Ⅱ段进线开关2DL均在合闸位置，Ⅰ-Ⅱ母线联络开关3DL在分闸位置。

2012 年 6 月 26 日，在厂用电备自投试验过程中，操作人员手动拉开 10kV 厂用电Ⅰ段进线开关 1DL，10kV 厂用电备自投未动作，导致 10kVⅠ段母线失压，以及附属 400V 厂用电备自投动作。

8. 案例八

某抽水蓄能电站 10kV 厂用电采用桥式备自投，即正常运行时Ⅰ段进线开关 1DL 和Ⅱ段进线开关 2DL 均在合闸位置，Ⅰ-Ⅱ母线联络开关 3DL 在分闸位置。

2013 年 3 月 14 日，在厂用电备自投试验过程中，操作人员在中控室远控拉开 10kV 厂用电Ⅰ段进线开关 1DL，10kV 厂用电备自投未动作，导致 10kVⅠ段母线失压，以及附属 400V 厂用电备自投动作。

第三节　分　析　总　结

案例一事故后分析的主要原因是 220kV 系统侧电压低。2 号机组 400V 自用配电盘备自投动作时，220kV 系统侧电压从 227kV 降至 225.2kV（正常情况下，抽水时 220kV 系统侧电压在 225kV 至 232kV 之间），接近系统侧电压下限运行。此时，2 台机组在抽水工况运行，1 台机组在抽水调相转抽水过程中，拉低了 2 号机组 400V 自用配电盘电压，并达到低电压继电器的动作值 209V，低电压继电器动作，2 号机组 400V 自用配电盘Ⅱ段进线开关分闸。由于 2 号机组 400V 自用配电盘电压低持续的时间短，不满足 2 号机组 400V 自用配电盘Ⅰ-Ⅱ母线联络开关合闸条件，所以 2 号机组 400V 自用配电盘Ⅰ-Ⅱ母线联络开关未合闸，而 2 号机组 400V 自用配电盘Ⅰ-Ⅱ母线联络开关未合闸又导致 2 号机组 400V 自用配电盘Ⅱ段进线开关重合闸条件不满足，故 2 号机组 400V 自用配电盘Ⅱ段自用电进线开关在电压恢复正常后无法进行重合闸。

案例二事故后分析的主要原因是机组 400V 自用配电盘Ⅱ段进线开关 2DL 本体延时低电压脱扣器回路的熔丝熔断。熔丝熔断导致二次回路失电，失压脱扣器动作跳开进线开关。由于 1 号机组 400V 自用配电盘Ⅱ段进线仍有电压，不满足备自投动作逻辑，母线联络开关不会合闸。

造成熔丝熔断的原因主要包括：熔丝的质量不过关，熔断特性比较差；回路电压不稳定，造成延时低电压脱扣器频繁抖动，熔断器长时间发热；延时低电压脱扣器回路有短路或接地情况出现；外力震动造成熔丝接口处松动，接触电阻增大，长期发热熔断。

熔断器本身属于易损品，造成其熔断的原因很多，因此在遇到熔断器熔断的问题上，应认真检查回路绝缘情况，保证回路绝缘良好，同时对回路负荷进行计算，选择合适的熔断器。

案例三事故后分析的主要原因是 400V 公用配电盘Ⅰ-Ⅱ母线联络开关 3DL 欠压脱扣器。断开 400V 公用配电盘Ⅰ段进线开关 1DL 后，400V 公用配电盘备自投动作，400V 公用配电盘Ⅰ-Ⅱ母线联络开关 3DL 合闸，备自投动作成功，说明 400V 公用配电盘Ⅰ-Ⅱ母线联络开关 3DL 合闸机构正常。断开 400V 公用配电盘Ⅱ段进线开关 2DL 后，400V 公用配电盘备自投动作，400V 公用配电盘Ⅰ-Ⅱ母线联络开关 3DL 合闸后瞬间跳闸，说明 400V 公用配电盘备自投回路能够正常启动。考虑到 400V 公用配电盘Ⅰ-Ⅱ母线联络开关本身存在问题，此开关有过电流脱扣器、分励脱扣器和欠压脱扣器三种脱扣机构，再次进行 400V 公用配电盘备自投试验并测量 400V 公用配电盘Ⅰ-Ⅱ母线联络开关 3DL 二次回路电压。断开 400V 公用配电盘Ⅰ段进线开关 1DL 时，二次控制回路电压降为 111V。断开 400V 公用配电盘Ⅱ段进线开关 2DL 时，二次控制回路电压降为 98V。显然比断开 400V 公用配电盘Ⅰ段进线开关 1DL 时的二次回路电压低，但仍在规程范围内，远远未达到开关脱扣电压。

经过检查发现，由于 400V 公用配电盘Ⅱ段进线电源的消失，二次控制回路无输入电源，二次控制回路电源将由蓄电池供电，这与浮充电装置投入运行时还存在一定电压差，约为 10V 左右。在正常情况下，二次控制回路安装有硅堆调压装置和分组投退硅堆，以保证调节电压、保证电压在正常范围内。在有外部电源接入、浮充电装置运行时，电压非常高约 126V，这样硅堆调压装置就投入多组硅堆控制电压，而当输入的交流电压消失后，电压就降为 110V，此时由于硅堆调压延时问题或调压精度的原因，无法及时退出硅堆，导致二次控制回路电压短时间处于经过硅堆衰减后的低电压状态，而此时欠电压脱扣器脱扣电压又发生偏移，低于整定值，引起脱扣器动作，导致 400V 公用配电盘Ⅰ-Ⅱ母线联络开关 3DL 跳闸。

案例四事故后分析的主要原因是 2 号厂用电变压器低压侧开关 4DL 欠压脱扣器动作。拉开 1 号厂用电变压器低压侧开关 3DL 后Ⅰ母和Ⅱ母母线电压消失，厂用电变压器备自投动作，2 号厂用电变压器低压侧开关 4DL 合闸后瞬间跳闸，说明厂用电变压器备自投回路能够正常启动。远控合 2 号厂用电变压器低压侧开关 4DL，2 号厂用电变压器低压侧开关 4DL 合闸后瞬间跳闸。手动合 2 号厂用电变压器低压侧开关 4DL，2 号厂用电变压器低压侧开关 4DL 合闸成功。说明 2 号厂用电变压器低压侧开关 4DL 二次控制回路异常。

经检查发现，拉开 1 号厂用电变压器低压侧开关 3DL 后，2 号厂用电变压器低压侧开关 4DL 二次控制回路电压降低，欠压脱扣器动作，导致 2 号厂用电变压器低压侧开关 4DL 合闸失败。而手动合 2 号厂用电变压器低压侧开关 4DL 后及时保证了操作电源电压的恢复，所以不会发生脱扣器动作跳闸。

案例五事故后分析的主要原因是雷击。由于 400V 公用配电盘母线侧未加装 TV，采集不到母线电压，备自投的母线电压采用进线电压代替。即备自投的动作条件是母线失压。这种情况下，如果进线电源失压，备自投正常动作。然而当进线电源正常时，由于某种原因（如：雷击）造成 400V 公用配电盘Ⅰ段进线开关 1DL 或Ⅱ段进线开关 2DL 任一开关跳闸或者这两个开关同时跳闸，400V 公用配电盘备自投均不动作。

案例六事故后分析的主要原因是雷击。电源自复的逻辑是Ⅰ段进线（或Ⅱ段进线）电源失电后，备自投动作、系统全部由Ⅱ段进线（或Ⅰ段进线）供电。当Ⅰ段进线（或Ⅱ段进线）电源恢复后，电源自复的逻辑动作使系统恢复原来的运行模式。电源自复动作的必要条件之一是充电完成。而电源自复充电完成的必要条件之一就是Ⅰ-Ⅱ母线联络开关 3QF 在合闸位置。在正常运行模式下 400V 公用配电盘Ⅰ段进线开关 1DL 和Ⅱ段进线开关 2DL 均在合闸位置，Ⅰ-Ⅱ母线联络开关 3QF 在分闸位置，电源自复是不充电的。当Ⅰ段进线（或Ⅱ段进线）电源失电后，备自投动作，合上Ⅰ-Ⅱ母线联络开关 3DL，电源自复才完成充电，等待Ⅰ段进线（或Ⅱ段进线）电源恢复，以完成电源自复的动作。然而当进线电源正常时，由于某种原因（如：雷击）造成 400V 公用配电盘Ⅰ段进线开关 1DL 或Ⅱ段进线开关 2DL 任一开关跳闸或者这两个开关同时跳闸，400V 公用配电盘备自投不动作，不会合Ⅰ-Ⅱ母线联络开关 3DL，从而使电源自复不完成充电。尽管这种情况进线电源正常，电源自复也不会动作。

案例七事故后分析的主要原因是操作不当。操作人员手动拉开 10kV 厂用电Ⅰ段进线开关1DL，备自投流程判断10kV厂用电Ⅰ段进线开关1DL初始状态是分闸，不是当前供电点，流程表明10kV厂用电Ⅰ段进线开关1DL必须经历一个自动分闸过程才能进行下一步判断，备自投才会动作。故操作员可选择在中控室远控拉开10kV厂用电Ⅰ段进线开关1DL，10kV厂用电Ⅰ-Ⅱ母线联络开关3DL合闸成功，厂用电备自投动作正常。

案例八事故后分析的主要原因是10kV厂用电Ⅰ段进线开关1DL无压跳闸压板未退出。操作人员在中控室远控拉开10kV厂用电Ⅰ段进线开关1DL，由于10kV厂用电Ⅰ段进线开关1DL无压跳闸压板未退出，备自投流程认为10kV厂用电Ⅰ段进线开关1DL初始状态是分闸，不满足厂用电备自投动作条件。退出10kV厂用电Ⅰ段进线开关1DL无压跳闸压板，再远控拉开10kV厂用电Ⅰ段进线开关1DL，厂用电备自投动作，10kV厂用电Ⅰ-Ⅱ母线联络开关3DL合闸成功。

第四节　典型控制设计

一、安全性原则

（1）防止重要负荷长时间停电，保证供电正常。

（2）防止全厂停电，保证有可靠的备用电源。

（3）防止厂用电发生合环运行。

二、可靠性原则

（1）为避免由于工作母线电压短暂下降导致备自投误动作，备自投装置母线失压启动延时必须大于最长的外部故障切除时间。

（2）为避免备自投装置合闸操作后将备用电源合于故障或工作电源向备用电源倒送电，必须确保工作电源被断开后再投入备用电源，备用断路器合闸操作前延时必须大于工作断路器完全切断电路的时间。

（3）备自投装置接收到外部闭锁信号（备自投总闭锁）时，备自投装置不应动作。

（4）当备用电源电压不满足要求时，备自投装置不应动作。

（5）正常运行时，人工切除工作电源不应引起备自投装置动作。

（6）备自投装置的跳闸动作或合闸动作均只能进行一次。

（7）保证上下级备自投配合正常，上级备自投动作时，下级备自投不宜动作，下级断路器失压动作脱扣时应躲过上级备自投触发时间。

（8）备自投第一优先级宜选用10kV外来电源。

三、典型流程设计

1. 输入/输出信号

（1）10kV厂用电控制系统输入信号。

包括母线进线开关位置状态信号，母线进线开关手车位置状态信号，母线进线开关电压低信号，母线进线开关TV回路信号，母线进线开关保护跳闸信号，母线进线开关备自投就绪信号，母线进线开关电压正常信号，母线电压异常信号，母线电压正常，母联开关位置状态信号，母联开关手车位置状态信号，母联开关保护跳闸信号，母联开关储能正常信号，母联开关备自投就绪信号，备自投功能投入信号，备自投功能退出信号，备自投闭锁信号。

（2）10kV厂用电控制系统输出信号。

包括母线进线开关分闸信号，母联开关合闸信号。

（3）400V控制控制系统输入信号。

包括进线开关输入信号（至PLC）、进线开关合闸状态，进线开关分闸状态，进线开关故障状态，进线开关控制电源故障状态，进线开关电压正常信号，进线开关失压报警信号，进线开关手动合闸，进线开关手动分闸，进线开关备自投投退状态，进线开关工作位置，进线开关试验位置，进线开关控制方式，母联开关输入信号（至PLC）母联开关合闸状态，母联开关故障状态，母联开关控制电源故障状态，母联开关手动合闸，母联开关手动分闸，母联开关备自投投退状态、母联开关工作位置，母联开关试验位置，母联开关控制方式。

（4）400V控制控制系统输出信号。

包括进线开关合闸，进线开关分闸，母联开关合闸，母联开关分闸。

2. 控制逻辑设计

（1）10kV厂用电控制逻辑（如图14-4所示）。

监控系统对10kV备自投功能进行投入/退出操作。

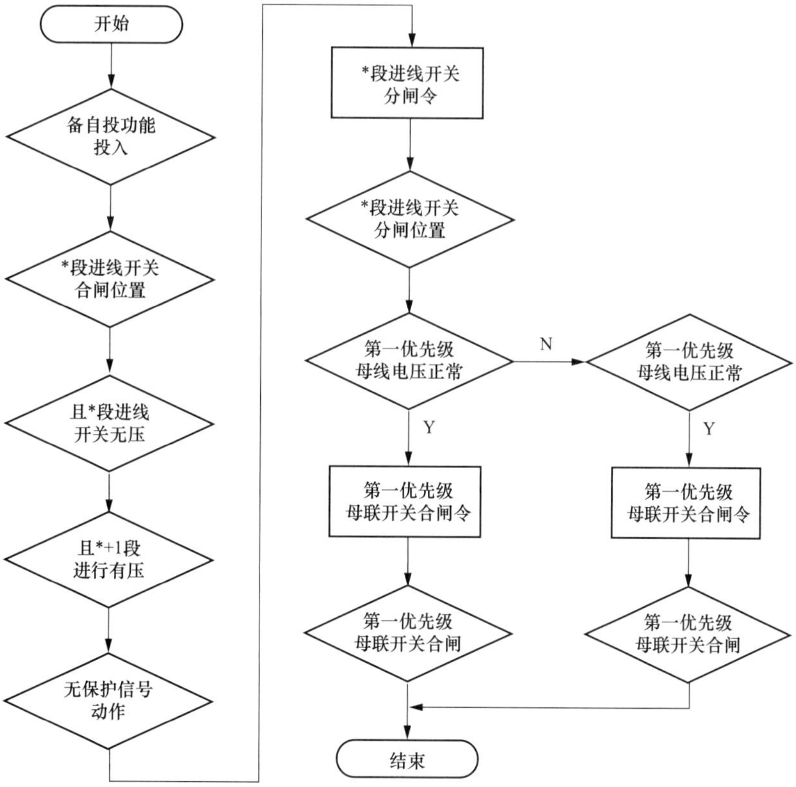

图14-4　10kV进线开关备自投控制逻辑

监控系统投入备自投功能，备自投启动条件：进线开关在合闸位置，母联开关在分闸位置，无保护动作信号，断路器控制方式在远方，进线开关侧电压消失。备自投启动条件满足后，断开进线断路器，判断第一优先级母线电压是否正常，如果不正常继续判断第二优先级母线电压是否正常，如果正常合上对应先级母联开关。当失电进线电源恢复时，备自投不自动恢复该电源供电，由运行人员进行倒闸操作恢复供电。备自投只能动作一次。保护动作应闭锁备自投。

（2）400V 厂用电控制逻辑（如图 14-5 和图 14-6 所示）。

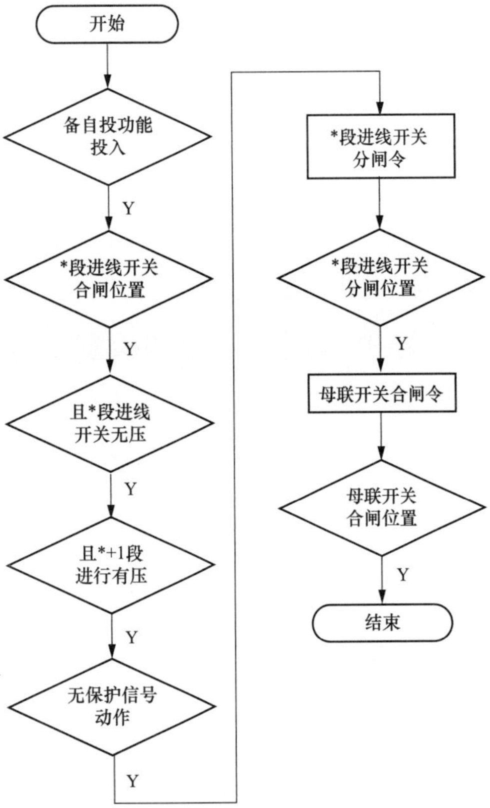

图 14-5　400V 进线开关备自投控制逻辑

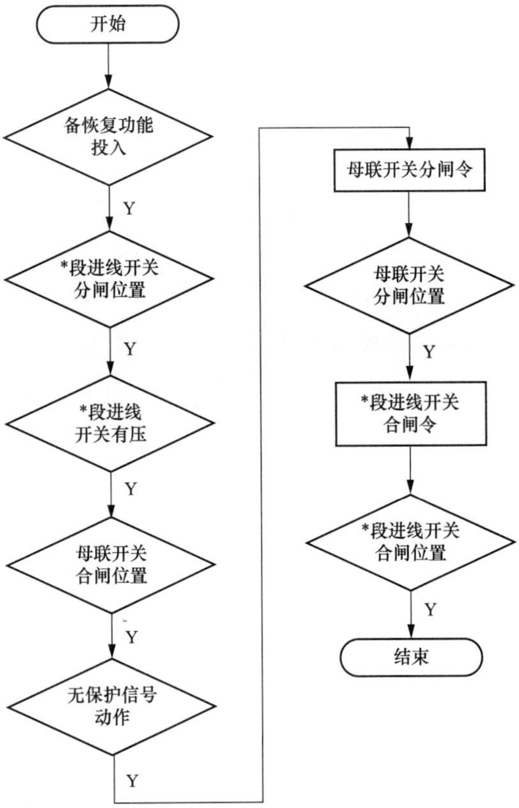

图 14-6　400V 进线开关自恢复控制逻辑

进线开关控制方式在远方位置，进线开关检测失压后，PLC 通过 DI 输入点检测到进线开关失压及母联开关分闸状态信号，经 PLC 设定延时后接通 PLC 输出，进线开关自动分闸回路接通，进线开关分闸线圈得电，进线开关自动分闸。

进线开关分闸后，PLC 接收到进线开关分闸状态信号，经 PLC 设定延时后驱动 PLC 输出，母联开关自动合闸回路接通，母联开关合闸线圈得电，母联开关自动合闸。

进线开关控制方式在远方位置，进线开关检测电压正常后，PLC 通过 DI 输入点检测进线开关电压正常及进线开关分闸状态信号，经 PLC 设定延时后接通 PLC 输出，母联开关自动分闸回路接通，母联开关分闸线圈得电，母联开关断路器自动分闸。

母联开关分闸后，PLC 接收到母联开关分闸状态信号，经 PLC 设定延时后驱动 PLC 输出，进线开关自动合闸回路接通，进线开关合闸线圈得电，进线开关自动合闸。

第五节　新技术应用

通过抽水蓄能电站设备告警事件的在线辩识，实现抽水蓄能电站运行状态的态势感知、趋势预测、系统联动和应急处置。快速辩识设备故障状态，提前预警设备故障风险，及时推送应急预案，指导运行维护人员迅速定位和处理相应故障，提升水电站智能化、科学化、标准化运行管理水平。

1. 智能报警

通过通用数据接口获取抽水蓄能电站运行的实时数据、历史数据以及设备对象的信息模型及关系，基于知识库诊断策略，应用人工智能及数理统计算法，挖掘抽水蓄能电站历史运行数据中的故障特征。建立设备故障、电网异常、水淹厂房、气象异常的在线辩识与告警机制，实时感知抽水蓄能电站运行态势，快速告警系统安全风险。智能报警结构如图 14-7所示。

2. 系统联动

设置联动服务器，通过监控系统与厂用电系统、工业电视、门禁、事故追忆等子系统联动，构建备自投联动体。联动服务器实时采集各子系统数据，根据备自投联动策略，下达联动指令。备自投联动体结构如图 14-8 所示。

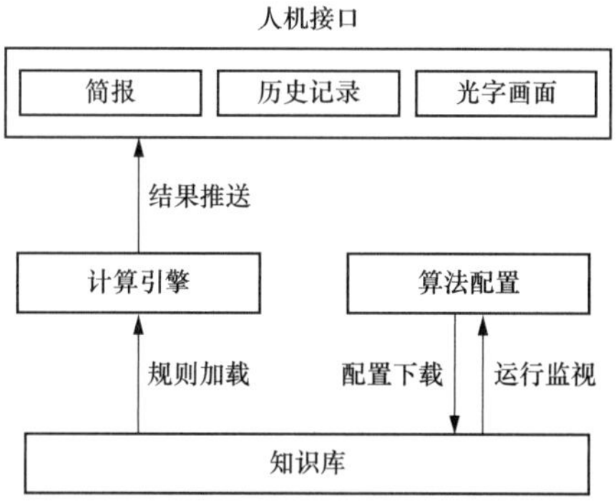

图 14-7　智能报警结构图

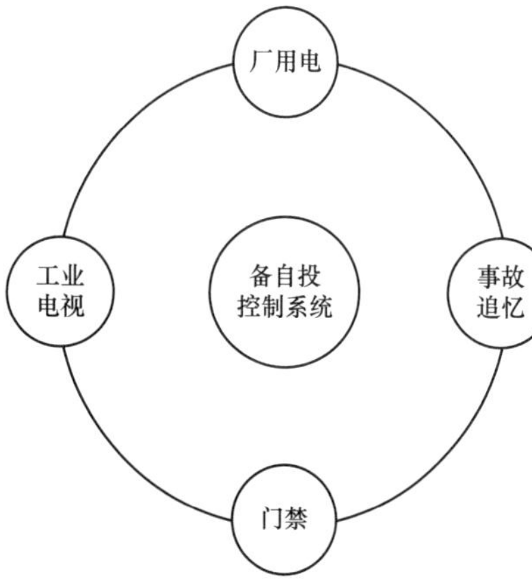

图 14-8　备自投联动体结构图

(1) 联动服务器与计算机监控系统通信，实时获取厂用电开关状态等相关信息。当备自投动作时，自动联动工业电视、门禁、事故追忆等子系统。

(2) 联动服务器与工业电视系统通信，当备自投发生故障后，工业电视自动将发生故障的画面切换至监控终端。

(3) 联动服务器与门禁系统通信，当备自投发生故障报警后，可根据值班表、故障等级等自动开启门禁系统。

(4) 联动服务器与事故追忆系统通信，在备自投发生故障报警后，事故追忆系统将自动弹出可能发生此故障的原因。

3. 应急预案

按照发电企业发布的流程化、标准化应急处置预案，建立备自投知识库。通过监控系统、厂用电、工业电视、门禁、智能巡检、事故追忆系统智能联动，实现备自投故障的应急处置的流程化、标准化。当报警事件产生后，按照标准应急预案步骤，指导运行人员高效准确地进行应急处置。

第十五章　主变压器冷却控制系统控制逻辑设计

主变压器是抽水蓄能电站三大设备之一，其安全稳定运行对抽水蓄能电站及电网的安全稳定至关重要。主变压器的主要功能是改变电压等级、输送交流电能，主变压器在能量与电压转换过程中会产生大量热量，若热量无法及时排出，将使主变压器温度上升，进而导致主变压器运行异常，严重时甚至导致主变压器停运。为了确保主变压器运行在合理的温度区间，需要通过主变压器冷却器控制系统来实现主变压器冷却器的自动启停。

主变压器冷却器是附属在主变压器上的重要设备，主变压器冷却器在主变压器中主要起到冷却的作用，其能够有效地降低主变压器中绝缘油的温度，从而降低主变压器绕组和主变压器铁芯的温度，使主变压器散发的热能与产生的热能达到平衡，防止主变压器过热的现象出现，保证主变压器的正常运行。

主变压器冷却器控制系统主要通过主变压器温度定值来控制主变压器冷却器的自动启停，根据主变压器冷却器的水流量、油流量、电机电源、冷却器泄露等异常情况来进行主变压器冷却器主备的切换。通过主冷却器与备用冷却器之间的配合，来实现控制主变压器温度的功能。

在实际运行过程中发生主变压器冷却器全停事故时，将使主变压器绕组温度、主变压器铁芯温度、绝缘油温度急剧上升，对主变压器内部绝缘材料造成很大威胁，可造成绝缘老化、击穿，如果处理不及时或处理不当，甚至会造成主变压器损坏。

本章将结合几个典型事故案例，对大型抽水蓄能电站主变压器冷却器控制系统控制逻辑设计时需要注意的问题进行讨论，并提出主变压器冷却器控制系统典型控制逻辑设计。

第一节　控 制 系 统 概 述

抽水蓄能电站主变压器冷却器通常采用强迫油循环水冷却方式。强迫油循环水冷是在自然循环自冷的基础上，在油箱壁的散热器上加装水冷却器，利用水冷却器冷却水帮助冷却。主变压器冷却器控制系统主要是利用流动的水带走主变压器绝缘油中的热量，达到降低主变压器温度的目的。主变压器在运行状态下，绝缘油通过循环油泵送至冷却器，冷却介质对冷却器中的绝缘油降温，降温后的绝缘油重新送入主变压器，循环往复。

每台主变压器一般配备 4 台冷却器，每台冷却器可以在“主用”“备用”“辅用”“停用”4 种方式下工作。当主变压器投运时，主变压器冷却器自动投入运行。当主变压器退出运行时，主变压器冷却器自动退出运行。当主变压器空载运行时，1 台冷却器以“主用”方式工作，2 台冷却器以“备用”方式工作，1 台冷却器以“辅用”方式工作。当主变压器负载运行时，2 台冷却器以“主用”方式工作，1 台冷却器以“备用”方式工作，1 台冷却器以“辅用”方式工作。当主变压器油温、主变压器绕组温度或负荷超过规定值时，“辅用”冷却器自动投入运行；当“主用”或“辅用”冷却器发生故障时，“备用”冷却器自动投入运行并触发“主变压器冷却器故障”信号。当主变压器冷却器全停时，主变压器延时跳闸，若主变压器油温不超过规定值，则允许继续运行 1h。主变压器冷却器一般采用 2 路独立电源供电，1 路作为工作电源，1 路作为备用电源，当工作电源发生故障时，自动投入备用电源；当工作电源恢复时，备用电源自动退出，以保证冷却器的正常运行。主变压器冷却器的运行方式一般每星期自动切换一次。

第二节　典　型　案　例

主变压器冷却器事故主要指主变压器冷却器全停事故，引起主变压器冷却器全停的原因有很多，如水流低或水流量计质量不可靠，主变压器带电判据不合理，PLC 死机等原因。主变压器冷却器全停造成的后果是十分严重的，轻则会减少主变压器的使用寿命，重则直接烧毁主变压器，给电网造成重大损失。本节将介绍几例电站发生的主变压器冷却器全停事故案例。

1. 案例一

2001 年 6 月 24 日，某抽水蓄能电站 1 号机组抽水工况运行过程中，收到 1 号主变压器冷却器控制系统故障报警信号，造成 1 号机组跳机。

运维检修人员现地检查发现，主变压器油温表 1 显示 74℃，主变压器油温表 2 显示 72℃，主变压器绕组温度表显示 76℃。主变压器 A 冷却器投入运行，主变压器 B 冷却器未投入运行、主变压器 C 冷却器未投入运行，主变压器 D 冷却器未投入运行，主变压器 B 冷却器的冷却水流量低开关动作，主变压器 C 冷却器的冷却水流量低开关动作，主变压器 D 冷却器的冷却水流量低开关动作。主变压器冷却器控制系统 PLC 输出信号 1 号主变压器冷却器控制系统故障报警信号动作。

2. 案例二

2006 年 11 月 20 日，某抽水蓄能电站 7 号机组抽水工况运行过程中，收到 7 号主变压器油温高报警动作，7 号主变压器高压侧断路器 2207 跳闸，7 号主变压器油温过高保护动作，造成 7 号机组跳机。

现场运维检修人员现地检查发现，7 号主变压器油温表 1 显示 85℃，主变压器油温表 2 显示 83℃，主变压器绕组温度表显示 83℃。主变压器 A 冷却器投入运行，主变压器 B 冷却器投入运行，主变压器 C 冷却器未投入运行，主变压器 D 冷却器未投入运行，PLC 运行异常且 CPU 的 RUN 指示灯常亮不闪烁。

3. 案例三

2006 年 12 月 29 日，某抽水蓄能电站 7 号机组抽水工况运行过程中，现场值班人员巡检发现，主变压器 A 冷却器未投入运行，主变压器 B 冷却器未投入运行，主变压器 C 冷却器未投入运行，主变压器 D 冷却器未投入运行，主变压器冷却器控制系统 PLC 开入模块、开出模块指示灯闪烁，CPU 模块 EER 灯亮，检查发现主变压器冷却器控制系统 PLC 电源模块烧损、冒烟。

4. 案例四

2008年10月15日，某抽水蓄能电站为配合1、2号机组甩负荷试验进行厂用电倒换。即将厂用电10kV Ⅰ段和厂用电10kV Ⅱ段母线由1号厂变供电，厂用电10kV Ⅲ段母线由2号厂用变压器供电倒换为厂用电10kV Ⅰ段母线不带电，厂用电10kV Ⅱ段和厂用电10kV Ⅲ段母线由厂外35kV变电站供电。倒闸操作在中控室操作员工作站进行操作，远方拉开2号厂用变压器开关SCB02后，监控上出现2号主变压器低压侧电压低报警信号和2号主变压器冷却器全停信号，运行人员手动启动主变压器冷却器，并在中控室操作员工作站上继续操作，远方拉开1号厂用变压器开关SCB01。厂用电倒换操作结束后2号主变压器低压侧电压低报警信号仍未自动复归。

现场运维检修人员现地检查发现，2号机LCU盘柜上PECA表显示主变压器低压侧电压为零，主变压器低压侧电压互感器PT25柜外观和二次开关无异常。为全面检查2号主变压器低压侧电压互感器PT25，申请将2号主变压器转检修。在主变压器低压侧电压互感器PT25从盘柜内拉出后，发现其A、B、C三相TV熔断器烧坏了。

5. 案例五

2011年9月8日，某抽水蓄能电站3号机组抽水工况启动过程中，收到3号主变压器C冷却器故障报警信号和3号主变压器冷却器控制系统故障报警信号。检查监控画面发现3号主变压器C冷却器在运行状态，且故障指示灯为黄色报警状态。等待3号机组并网后，主变压器D冷却器投入运行，监控系统因主变压器冷却器控制系统故障闭锁该机组其他工况。

现场运维检修人员现地检查发现，3号主变压器C冷却器投入运行，主变压器D冷却器投入运行，主变压器A冷却器投入运行，主变压器B冷却器投入运行。主变压器C冷却器的冷却水流量计显示无流量。主变压器C冷却器的冷却水流量低开关动作。主变压器C冷却器的冷却水电动阀故障报警。

6. 案例六

2016年7月14日，某抽水蓄能电站1号机组由发电工况转停机过程中，机组出口断路器GCB分闸正常，且各参数正常，各设备无异常。突然收到1号主变压器冷却器全停保护报警信号。1号主变压器B冷却器启动信号，1号主变压器C冷却器启动信号，1号主变压器D冷却器启动信号，1号主变压器A冷却器启动异常信号，1号主变压器B冷却器启动异常信号，1号主变压器C冷却器启动异常信号，1号主变压器D冷却器启动异常信号。

现场运维检修人员现地检查发现，1号主变压器A冷却器投入运行，1号主变压器B冷却器投入运行，1号主变压器C冷却器投入运行，1号主变压器D冷却器投入运行，空载冷却水电动阀在关闭位置，负载冷却水电动阀在开启位置，主变压器冷却器冷却水流量计显示无流量，1号主变压器冷却器控制系统显示1号主变压器A冷却器启动失败，1号主变压器B冷却器启动失败，1号主变压器C冷却器启动失败，1号主变压器D冷却器启动失败，1号主变压器A盘有主变压器冷却器全停保护报警信号。

7. 案例七

2018年3月5日，某抽水蓄能电站2号机组停机备用。收到2号主变压器A冷却器运行复归信号，2号主变压器冷却器电源故障报警信号，2号主变压器冷却器全停报警信号，2号主变压器D冷却器运行信号，2号主变压器冷却器备用电源投入报警信号，2号主变压器冷却器全停报警复归信号。

现场运维检修人员现地检查发现，2 号主变压器 A 冷却器电源线脱落并造成瞬间短路。

8. 案例八

2020 年 9 月 17 日，某抽水蓄能电站 1 号机组抽水并网后，1 号主变压器负载运行，值班人员发现 1 号主变压器 B 冷却器启动失败，并启动 1 号主变压器 C 冷却器。

现场运维检修人员现地检查发现，1 号主变压器 A 冷却器运行，1 号主变压器 B 冷却器未运行，1 号主变压器 C 冷却器运行，1 号主变压器 D 冷却器未运行。其他均无异常。

第三节　分　析　总　结

案例一事故后分析，造成此次事故的直接原因：主变压器冷却器控制系统 PLC 控制逻辑不合理。该抽水蓄能电站主变压器冷却器采用强迫油循环水冷却方式，每台主变压器配有 4 台主变压器冷却器。主变压器空载运行时，1 台冷却器以“主用”方式工作，2 台冷却器以“备用”方式工作，1 台冷却器以“辅用”方式工作。主变压器负载运行时，2 台冷却器以“主用”方式工作，1 台冷却器以“备用”方式工作，1 台冷却器以“辅用”方式工作。当主变压器冷却器投入台数小于两台时，触发主变压器冷却器控制系统故障报警信号，且延时 15min，再触发机组跳机。当主变压器绕组温度大于 75℃时，“辅用”冷却器和“备用”冷却器同时投入运行。

当 1 号机组抽水工况运行时，主变压器负载运行，主变压器 A 冷却器投入运行，主变压器 B 冷却器投入运行。当主变压器绕组温度大于 75℃时，主变压器 C 冷却器和主变压器 D 冷却器同时投入运行。造成主变压器负载运行时有 4 台主变压器冷却器同时运行的情况，使每台主变压器冷却器的冷却水流量大大减少，导致主变压器 B 冷却器、主变压器 C 冷却器和主变压器 D 冷却器的冷却水流量低开关动作，进而使主变压器 B 冷却器、主变压器 C 冷却器和主变压器 D 冷却器同时退出运行。当主变压器冷却器投入运行台数小于两台时，触发 1 号主变压器冷却器控制系统故障报警信号，延时 15min，触发 1 号机组跳机。

当主变压器冷却器投入运行台数小于两台时，触发主变压器冷却器控制系统故障报警信号，导致机组跳机是此次事故的主要原因。作为主变压器冷却器控制系统故障报警信号，尤其是触发机组跳机信号，仅仅判断主变压器冷却器投运台数是不合理的，可改为当主变压器冷却器全部故障和主变压器冷却器无冷却水流量监视时，触发主变压器冷却器控制系统故障报警信号，延时 15min 后，再触发机组跳机。

当主变压器绕组温度大于 75℃时，“辅用”冷却器和“备用”冷却器同时投入运行是此次事故的重要原因。当主变压器绕组温度大于 75℃时，“辅用”冷却器投入运行即可，“备用”冷却器是在“主用”冷却器或“辅用”冷却器发生故障时才投入运行的。

案例二事故后分析，造成此次事故的直接原因：主变压器冷却器控制系统 PLC 运行异常或 PLC 死机。该抽水蓄能电站主变压器冷却器采用强迫油循环水冷却方式，每台主变压器配有 4 台主变压器冷却器。主变压器空载运行时，1 台冷却器以“主用”方式工作，2 台冷却器以“备用”方式工作，1 台冷却器以“辅用”方式工作。主变压器负载运行时，2 台冷却器以“主用”方式工作，1 台冷却器以“备用”方式工作，1 台冷却器以“辅用”方式工作。当主变压器绕组温度大于 75℃时，“辅用”冷却器投入运行。当主变压器油温大于

85℃时，主变压器跳闸。

7号机组抽水工况运行过程中，主变压器负载运行，主变压器A冷却器投入运行，主变压器B冷却器投入运行。当主变压器绕组温度大于75℃时，PLC运行异常或PLC死机，主变压器C冷却器或主变压器D冷却器未投入运行。当主变压器油温大于85℃时，7号主变压器油温高高报警动作，7号主变压器高压侧断路器2207跳闸，7号主变压器油温过高保护动作，造成7号机组跳机。重启主变压器冷却器控制系统PLC，“辅助”冷却器投入运行，主变压器冷却器运行正常。

造成此次PLC运行异常和PLC死机的主要原因是PLC运行年限过长，模件老化，再加上PLC里面积灰严重，造成接触不良。所以需要定期清扫PLC机架插槽接口。

案例三事故后分析，造成此次事故的直接原因：主变压器冷却器控制系统PLC电源模块损坏。该抽水蓄能电站主变压器冷却器采用强迫油循环水冷却方式，每台主变压器配有4台主变压器冷却器。主变压器空载运行时，1台冷却器以“主用”方式工作，2台冷却器以“备用”方式工作，1台冷却器以“辅用”方式工作。主变压器负载运行时，2台冷却器以“主用”方式工作，1台冷却器以“备用”方式工作，1台冷却器以“辅用”方式工作。

7号机组抽水工况运行过程中，主变压器负载运行，主变压器A冷却器投入运行，主变压器B冷却器投入运行。此时7号主变压器冷却器控制系统PLC电源模块损坏，造成PLC运行异常，导致主变压器A冷却器未投入运行，主变压器B冷却器未投入运行，主变压器C冷却器未投入运行，主变压器D冷却器未投入运行。

案例四事故后分析，造成此次事故的直接原因：PT25三相的熔断器损坏。改抽水蓄能电站厂用变压器开关和主变压器低压侧电压互感器均安装在其所对应的主变压器低压侧通过封闭的管道母线直接相连接，中间无断路器或隔离开关。厂用电倒换前，厂用电10kV Ⅲ段母线上所带负荷有：电站办公区、2号自用变压器、4号自用变压器、2号照明变压器、3号公用变压器等供电负荷，其中以电站办公区所带负荷为最大。在没有将厂用电10kV Ⅲ段母线上重大负荷开关分开时，直接拉开了Ⅲ段母线上的供电开关，即2号厂用变压器开关SCB02，这样就使得2号厂用变压器开关SCB02需要切断的负荷电流值非常的大。主变压器低压侧电压互感PT25、主变压器低压侧避雷器以及接地电容器在一个控制柜内以并联方式连接，2号厂用变压器开关SCB02开关结构本体切断负荷电流的速度较慢（约7秒），而2号厂变开关SCB02开关和主变压器低压侧电压互感器PT25之间用封闭管道母线直接相连接，在大电流拉开速度较慢时主变压器低压侧电压互感器PT25与该柜内接地电容器之间极易产生谐振过电压，铁磁谐振是由电压互感器的非线性特性所引发的，是由于电路由于铁芯饱和而引起的一种跃变，这一跃变使得电路由原来的电感性工作状态转变为电容性的工作状态，在此跃变过程中电流激增，电压也随之增加，产生过电压使得PT25三相的熔断器损坏。

案例五事故后分析，造成此次事故的直接原因：主变压器冷却器冷却水流量计不可靠。该抽水蓄能电站主变压器冷却器采用强迫油循环水冷却方式，每台主变压器配有4台主变压器冷却器。主变压器空载运行时，1台冷却器以“主用”方式工作，2台冷却器以“备用”方式工作，1台冷却器以“辅用”方式工作。主变压器负载运行时，2台冷却器以“主用”方式工作，1台冷却器以“备用”方式工作，1台冷却器以“辅用”方式工作。当任意1台主变压器冷却器发生故障时，触发主变压器冷却器控制系统故障报警信号，并闭锁机组。当主变压器冷却水流量低开关动作或主变压器冷却水电动阀故障报警时，触发主变压器冷却器故障报警信号。当主变压器冷却水电动阀全开位置且主变压器冷却水流量低时，触发主变压器冷却水电动阀故障报警信号。

3 号机组抽水工况启动过程中，主变压器空载运行，主变压器 C 冷却器投入运行。当机组并网后，主变压器负载运行，主变压器 C 冷却器投入运行，主变压器 D 冷却器投入运行。由于主变压器 C 冷却器的冷却水流量计显示异常，导致主变压器 C 冷却器的主变压器冷却水流量低开关动作，触发主变压器冷却水电动阀故障报警信号和主变压器 C 冷却器故障报警信号，进而触发主变压器冷却器控制系统故障报警信号，闭锁了机组其他工况。

主变压器冷却器的冷却水流量计不可靠是造成此次事故的主要原因。当任意 1 台主变压器冷却器发生故障时，触发主变压器冷却器控制系统故障报警信号，并闭锁机组是此次事故的重要原因。作为主变压器冷却器控制系统故障报警信号，尤其是闭锁机组，仅仅判断 1 台主变压器冷却器故障是不合理的，可改为当任意 2 台主变压器冷却器发生故障时，触发主变压器冷却器控制系统故障报警信号，并闭锁机组。

案例六事故后分析，造成此次事故的直接原因：主变压器冷却器控制系统 PLC 逻辑不合理。该抽水蓄能电站主变压器冷却器采用强迫油循环水冷却方式，每台主变压器配有 4 台主变压器冷却器。主变压器空载运行时，1 台冷却器以“主用”方式工作，2 台冷却器以“备用”方式工作，1 台冷却器以“辅用”方式工作。主变压器负载运行时，2 台冷却器以“主用”方式工作，1 台冷却器以“备用”方式工作，1 台冷却器以“辅用”方式工作。

1 号机组发电工况停机过程中，机组出口断路器 GCB 分闸后，1 号主变压器由负载运行转向空载运行，主变压器冷却器控制逻辑进入死区，空载冷却水电动阀无法自动打开，负载冷却水电动阀无法自动关闭。1 号机组技术供水泵停泵后，1 号主变压器冷却器失去冷却水源，逐台启动主变压器冷却器，又因无冷却水，主变压器冷却器全部启动失败。当 4 台主变压器冷却器全部启动失败后，1 号主变压器冷却器全停保护报警。

造成 1 号主变压器冷却器控制逻辑进入死区的原因是：

（1）主变压器冷却器控制逻辑存在漏洞。主变压器冷却器在控制逻辑中设有当低压绕组温度大于 75℃时，“辅用”冷却器投入运行；当低压绕组温度小于 40℃时，“辅用”冷却器退出运行的逻辑。当“辅用”冷却器未退出运行，主变压器由负载运行转向空载运行时，未设置相应转换逻辑，导致主变压器冷却器控制逻辑进入死区，造成主变压器冷却器失去冷却水源，这是造成主变压器冷却器全停保护报警的主要原因。

（2）主变压器运行温度偏高。经检查，1 号主变压器负载运行时，低压绕组最高运行温度为 76℃，高于上述启动“辅用”冷却器的设定温度，这是造成主变压器冷却器全停保护报警的重要原因。

（3）主变压器冷却器冷却效率下降。综合对比主变压器运行温度的历史数据，发现主变压器运行温度明显上升；主变压器冷却器进出口水温、油温温差降低，可以确认主变压器冷却器冷却效率下降。

案例七事故后分析，造成此次事故的直接原因：主变压器 A 冷却器电源脱落并瞬间短路。该抽水蓄能电站主变压器冷却器采用强迫油循环水冷却方式，每台主变压器配有 4 台主变压器冷却器。主变压器空载运行时，1 台冷却器以“主用”方式工作，2 台冷却器以“备用”方式工作，1 台冷却器以“辅用”方式工作。主变压器负载运行时，2 台冷却器以

“主用”方式工作，1台冷却器以“备用”方式工作，1台冷却器以“辅用”方式工作。

2号机组停机备用，2号主变压器空载运行，主变压器A冷却器投入运行。由于振动导致主变压器A冷却器电源螺丝松动，以至电源线脱落并瞬间短路，2号主变压器冷却器工作电源故障，2号主变压器A冷却器退出运行，2号主变压器冷却器全停，待2号主变压器冷却器备用电源投入，2号主变压器D冷却器投入运行，2号主变压器冷却器全停报警信号复归。

案例八事故后分析，造成此次事故的直接原因：主变压器冷却器控制系统PLC开出继电器故障。该抽水蓄能电站主变压器冷却器采用强迫油循环水冷却方式，每台主变压器配有4台主变压器冷却器。主变压器空载运行时，1台冷却器以“主用”方式工作，2台冷却器以“备用”方式工作，1台冷却器以“辅用”方式工作。主变压器负载运行时，2台冷却器以“主用”方式工作，1台冷却器以“备用”方式工作，1台冷却器以“辅用”方式工作。

1号机组抽水并网前，1号主变压器空载运行，主变压器冷却器控制系统PLC开出启动1号主变压器A冷却器，1号主变压器A冷却器运行。等1号机组抽水并网后，1号主变压器负载运行，主变压器冷却器控制系统PLC开出启动1号主变压器B冷却器，1号主变压器B冷却器启动失败，主变压器冷却器控制系统PLC开出启动1号主变压器C冷却器。经检查发现启动1号主变压器B冷却器继电器损坏，继电器励磁后触点不导通，导致1号主变压器B冷却器启动失败，启动了1号主变压器C冷却器。

第四节　典型控制设计

一、安全性原则

（1）采用强迫油循环水冷或强迫导向油循环水冷冷却方式的主变压器，其冷却器应采用双层铜管冷却系统，并配有渗漏报警装置。

（2）主变压器冷却器全停后，保护动作于信号；保护经变压器失去强冷条件后允许的运行时间，动作于断开变压器各侧断路器；冷却器全停跳闸回路宜引入主变压器油温接点控制。如主变压器冷却器全停信号消失，保护功能出口应及时自动复归，且保护信息需人为现地复归。

（3）主变压器冷却器油泵应逐台启动，延时间隔应在30s以上，以防止气体继电器误动。

（4）禁止冷却器系统PLC故障误发冷却器全停信号至非电量保护系统。

（5）主变压器空载冷却水系统在主变空载时自动投入运行，应满足主变压器空载运行的冷却要求。

二、可靠性原则

（1）主变压器冷却器系统控制方式应有“现地”和“远方”两种。“现地”模式所有冷却器油泵和阀门均可现地硬布线单独控制；“远方”模式根据主变压器状态或温度启停。

（2）主变压器冷却器控制系统应配置双路控制电源（至少保证一路直流）。

（3）动力系统应配置能够自动切换的双路电源。

（4）主变压器冷却器宜按$n+1$配置原则，确保有足够的冗余。

（5）主变压器冷却器运行应定期自动切换优先级。冷却器水流量、油流量、油水渗漏监测、电源故障、电机过载等故障后启动备用冷却器。

（6）主变压器冷却器系统可配置单独的PLC，PLC故障时冷却器保持原运行状态或全部启动。主变压器PLC冷却系统信号应送至监控系统。

（7）主变压器运行中，其冷却系统应按负载和温度情况自动投入或切除相应数量的冷却器。

（8）主变压器空载冷却水系统控制方式应有“现地”和“远方”两种。“现地”模式空载冷却水泵均可现地硬布线单独控制；“远方”模式根据主变压器状态自动启停空载冷却水泵。

（9）主变压器空载冷却水泵应冗余配置，单台泵故障应不影响主变空载供水。

（10）主变压器空载冷却水控制电源应采用双路电源（至少保证一路直流）；冗余的水泵动力电源应取自不同母线的厂用电。

（11）主变压器空载冷却水泵主备用应定期轮换。主用的空载冷却水泵发生流量低、压差低、电机过载等故障后自动切换至备用空载冷却水泵。

（12）主变压器空载冷却水系统可配置单独的PLC，PLC故障时冷却器保持原运行状态或全部启动。主变压器PLC冷却系统信号应送至监控系统。

（13）主变压器空载冷却水系统在其供水的主变压器均处于负载状态时退出运行；任一主变压器处于空载状态时投入运行；任一主变压器状态异常时可设置为投入运行，但需考虑空载冷却水系统硬件性能。

三、典型控制设计

1. 输入/输出信号

（1）主变压器冷却器控制系统输入信号。

主变压器状态、冷却器水阀状态、冷却循环油泵状态、冷却器进口水温、冷却器出口水温、冷却器进口油温、冷却器出口油温、冷却器水流量、冷却器油流量、油泵压差、油水渗漏监测、主变压器空载冷却水阀、主变压器负载冷却水阀、主变压器油温、主变压器高压侧绕组温度、主变压器低压侧绕组温度等。

（2）主变压器空载冷却水系统输入信号。

主变压器状态、空载冷却水泵流量、空载冷却水泵压差、空载冷却水泵电机状态、空载冷却水泵电机过载等。

（3）主变压器冷却器控制系统输出信号。

冷却器冷却水阀开关令、冷却器循环油泵启停令、主变压器空载冷却水阀开关令、主变压器负载冷却水阀开关令、冷却器阀门状态、冷却器油泵状态、主变压器PLC故障报警、冷却器全停、冷却器水阀状态（至监控）、冷却循环油泵状态（至监控）、冷却器进口水温（至监控）、冷却器出口水温（至监控）、冷却器进口油温（至监控）、冷却器出口油温（至监控）、冷却器水流量（至监控）、冷却器油流量（至监控）、油泵压差（至监控）、油水渗漏监测（至监控）、主变压器空载冷却水阀（至监控）、主变压器负载冷却水阀（至监控）、主变压器油温（至监控）、主变压器高压侧绕组温度（至监控）、主变压器低压侧绕组温度（至监控）等。

（4）主变压器空载冷却水系统输出信号。

控制冷却水泵启停令、空载冷却水泵状态（至监控）、冷却水泵流量低报警（至监控）、冷却水泵压差低报警（至监控）、冷却水泵电机过载报警（至监控）、PLC故障报警等。

2. 控制逻辑设计

（1）主变压器冷却器控制逻辑设计（如图15-1所示）。

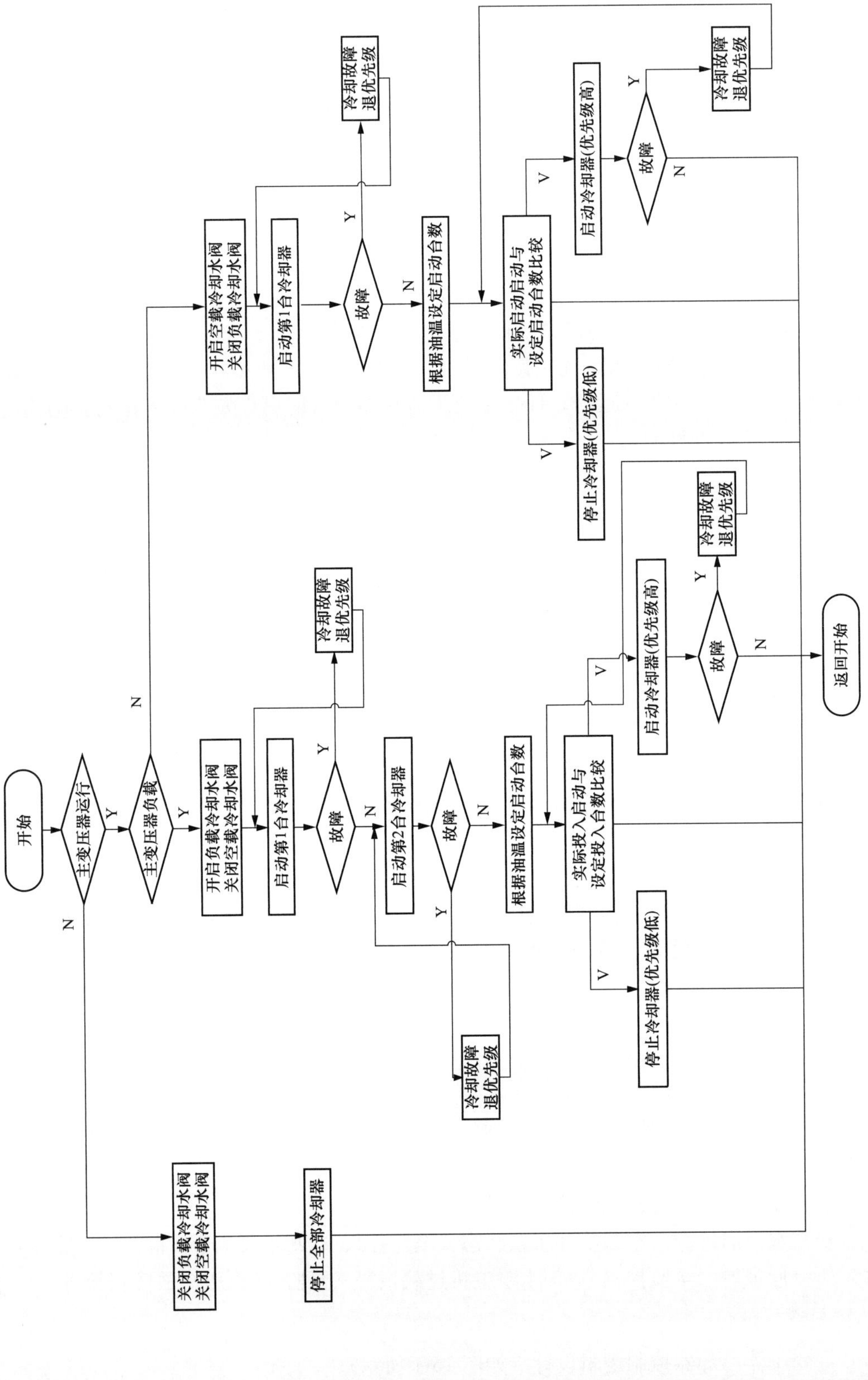

图 15-1　主变压器冷却器启停状态和温度控制流程

主变压器退出运行时，关闭负载冷却水总阀和空载冷却水总阀，停止运行全部冷却器。

主变压器空载运行时，打开空载冷却水总阀、关闭负载冷却水总阀，1 台冷却器启动运行。

主变压器负载运行时，关闭空载冷却水总阀、打开负载冷却水总阀，2 台冷却器启动运行。

主变压器绕组或油温大于温度高设定值，优先级高的冷却器启动运行；主变压器油温或绕组温度降低至温度低设定值，优先级低的冷却器停止运行。

第 4 台冷却器可增加温控，也可仅作为备用。

（2）主变压器空载冷却水系统控制逻辑设计（如图 15-2 所示）。

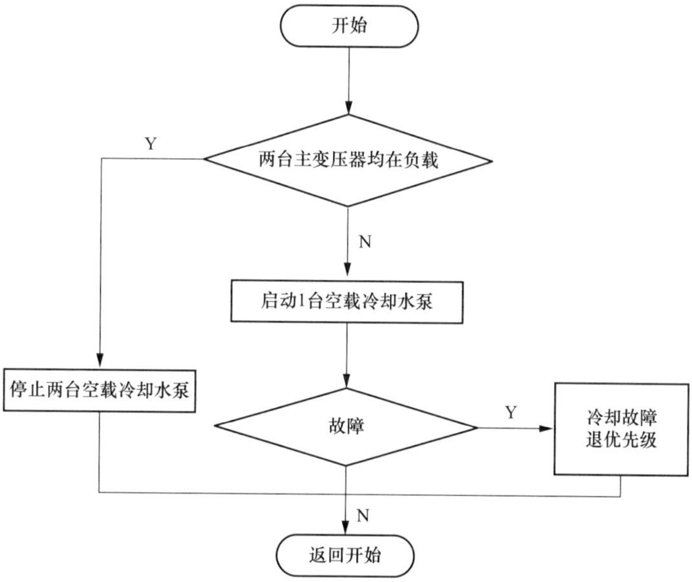

图 15-2　主变压器空载冷却水泵启停流程

主变压器空载冷却水系统可采用多台主变压器共用，但应冗余配置。

主变压器空载冷却水泵可采用按时间或按次数的方式切换优先级。

主变压器空载冷却水系统在其供水的主变压器均处于负载状态时，主变压器空载冷却系统退出运行；任一主变压器空载或状态信号异常时启动主变压器空载冷却水泵。

第五节　新 技 术 应 用

通过抽水蓄能电站设备告警事件的在线辨识，实现抽水蓄能电站运行状态的态势感知、趋势预测、系统联动和应急处置。快速辨识设备故障状态，提前预警设备故障风险，及时推送应急预案，指导运行维护人员迅速定位和处理相应故障，提升水电站智能化、科学化、标准化运行管理水平。

1. 智能报警

通过通用数据接口获取抽水蓄能电站运行的实时数据、历史数据以及设备对象的信息模型及关系，基于知识库诊断策略，应用人工智能及数理统计算法，挖掘抽水蓄能电站历史运行数据中的故障特征。通过建立设备故障、电网异常、水淹厂房、气象异常的在线辩识与告警机制，实时感知抽水蓄能电站运行态势，快速告警系统安全风险。智能报警结构如图 15-3 所示。

2. 系统联动

设置联动服务器，通过监控系统与主变压器、水系统、油系统、工业电视、门禁、事故追忆等子系统联动，构建主变压器冷却器控制系统联动体。联动服务器实时采集各子系统数据，根据主变压器冷却器控制系统联动策略，下达联动指令。主变压器冷却器控制系统联动体结构如图 15-4 所示。

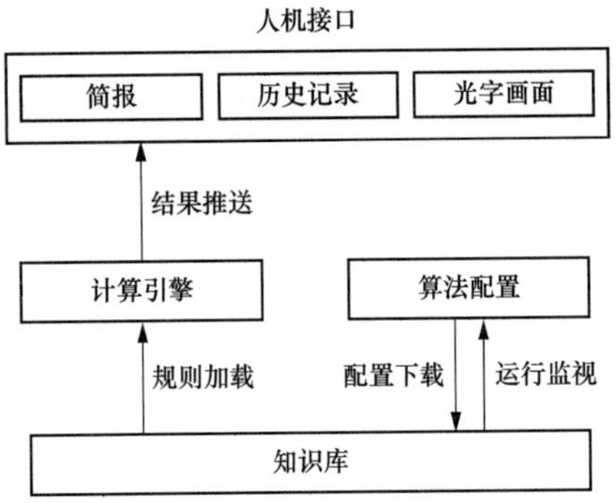

图 15-3 智能报警结构图

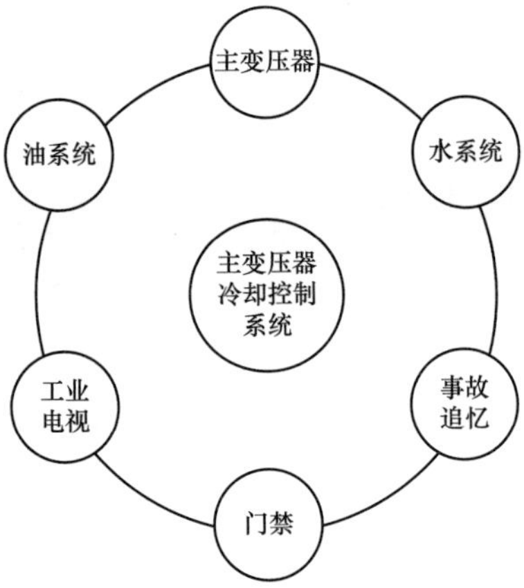

图 15-4 主变压器冷却器控制系统联动体结构图

（1）联动服务器与计算机监控系统通信，实时获取主变压器油温，主变压器绕组稳定、主变压器铁芯温度、主变压器油系统、主变压器水系统等相关信息。当主变压器冷却器控制系统发生事故报警信号后，自动联动工业电视、门禁、事故追忆等子系统。

（2）联动服务器与工业电视系统通信，当主变压器冷却器控制系统发生故障报警后，工业电视自动将事故来源画面切换至监控终端。

（3）联动服务器与门禁系统通信，当主变压器冷却器控制系统发生故障报警后，可根据值班表、故障等级等自动开启门禁系统。

（4）联动服务器与事故追忆系统通信，在主变压器冷却器控制系统发生故障报警后，事故追忆系统将自动弹出可能发生此故障的原因。

3. 应急预案

按照发电企业发布的流程化、标准化应急处置预案，建立主变压器冷却器控制系统知识库。通过监控系统、主变压器、油系统、水系统、工业电视、门禁、智能巡检、事故追忆系统智能联动，实现主变压器冷却器控制系统故障的应急处置的流程化、标准化。当报警事件产生后，按照标准应急预案步骤，指导运行人员高效准确地进行应急处置。

第十六章　主进水阀控制系统控制逻辑设计

主进水阀是抽水蓄能机组的重要辅助设备，根据水电站运行和检修的需要，在不同的位置上装有相应的闸门或阀门，将安装在水轮机蜗壳前的阀门称为进水阀。

进水阀作为事故阀门和检修阀门，通常只有全开或全关两种工作状态，不用来调节流量。进水阀一般在导叶全关时开启或关闭，但当机组发生紧急事故时允许在导叶未全关情况下关闭进水阀。

本章将结合几个典型事故案例，对大型抽水蓄能机组主进水阀控制设计时需要注意的问题进行讨论，并提出主进水阀控制的典型控制设计。

第一节　控制系统概述

1. 进水阀功能

抽水蓄能机组主进水阀是指安装于水泵水轮机蜗壳与引水系统压力管道之间的阀门，主要用于隔开水泵水轮机与压力管道和在紧急情况下切断压力管道内水流。机组长时间停机时，主进水阀关闭可减少机组漏水量；机组检修时，主进水阀关闭能够可靠隔断上游压力水源，保障检修安全；调速器故障失灵、机组段大量漏水等紧急情况下，主进水阀可动水紧急关闭来隔断水流，防止事故扩大造成机组飞逸或水淹厂房。

主进水阀的常见类型有球阀和蝶阀，通常采用液压操作方式，球阀一般用于水头200m以上的抽水蓄能机组，蝶阀一般用于水头200m以下的抽水蓄能机组，现在运行中的抽水蓄能机组大多水头较高，球阀较为常见。

主进水阀不允许在动水情况下开启，其作用是：

（1）作为机组过速的后备保护。当机组甩负荷又恰逢调速器发生故障不能动作时，主进水阀可以迅速在动水情况下关闭，切断水流，防止机组飞逸转速的时间超过允许值，避免事故扩大。

（2）停机时减少机组漏水量，开机时缩短启动所需时间。水轮机的导水机构往往关闭不严，在停机后存在较大的漏水量，这不仅浪费水能，还会因漏水在缝隙处引起空蚀破坏。据统计，一般情况下导叶漏水量为水轮机最大流量的2%～3%，严重的可达5%，某些高水头的小型机组甚至因漏水量过大而不能停机。当机组停机时间较长时，关闭其进水阀门可以大大减少漏水量。

机组停机时间较短时，一般不关闭进水闸门。因为这样会放掉压力钢管内的水，下次启动前又需重新充水，既延长了机组的启动时间，又使机组不能随时保持备用状态，失去了抽水蓄能电站运行的灵活性和速动性等优点。此时，关闭进水阀使压力钢管处于充水等待状态，节省了开机时间。对于有较长的压力管道的中、高水头电站，进水阀的这一作用更为明显。

（3）为机组检修提供安全的工作条件：当电站采用一根压力管道引水供几台机组发电时，每台机组前需装一只进水阀。当一台机组检修时关闭该机组进水阀，不会影响其他机组的正常进行。

2. 进水阀控制方式

一般而言，进水阀的操作方式有手动操作、电动操作和液压操作三种。对于抽水蓄能电站而言，由于需要大操作力矩的大直径进水阀，为保证进水阀的关闭速度均采用液压操作方式。

不论主进水阀是哪一种型式和操作方式，在开启时都应满足进水阀上下两侧的水压基本相等、密封装置处于退出位置、锁锭处于退出位置这三个基本条件。在正常关闭时应满足水轮机导水叶处于全关位置、锁锭处于退出位置这两个条件。在发生事故时，进水阀接到事故关闭信号后，就可在水轮机导叶没完全关闭的情况下进行关闭（动水关闭）。当进水阀到达全关位置后，应投入锁锭。

进水阀只有全开和全关两种工作状态，不能停留在中间的某一位置上运行，即不能用它来代替导水叶调节流量。

3. 进水阀控制闭锁条件

为了防止尾水事故闸门遭遇意外水力破坏，保障电站主设备及地下洞室群安全，根据以下有关规程规范及反措要求，抽水蓄能机组主进水阀与尾水事故闸门之间应有安全联锁控制。

（1）能源行业标准 NB/T 35004—2013《水力发电厂自动化设计技术规范》第 5.2.8 条：在工况转换过程中，进水阀应与尾水事故闸门实现操作闭锁。尾水事故闸门关闭时，进水阀不得开启；进水阀开启时，尾水事故闸门不得关闭。

（2）国家电网公司发布的《水电厂重大反事故措施》第 9.4.1.1 条：抽水蓄能机组和尾水闸门可自动控制的常规机组，主进水阀与尾闸应有主进水阀全关后尾闸方可关闭，尾闸全开后主进水阀方可开启的闭锁关系。

4. 进水阀开启与关闭操作

（1）进水阀开启操作。

为防止主进水阀开启导致尾水事故闸门损坏，主进水阀开启操作条件中应满足尾水事故闸门全开，硬布线回路如图 16-1 所示，计算机监控系统控制程序和主进水阀现地 PLC 控制程序中应有与图 16-1 类似的安全闭锁条件。

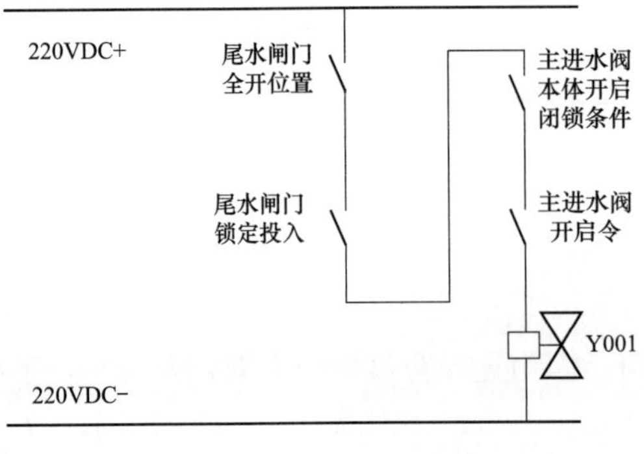

图 16-1　主进水阀开启操作硬布线回路

1）为提高安全性，宜采用尾水事故闸门全开信号和锁锭（或制动器）投入冗余闭锁条件，控制回路电源宜采用 220V 直流电源。

2）尾水事故闸门全开信号宜采用开关量。

3）尾水事故闸门采用液压操作方式时，使用锁锭投入信号；采用卷扬机操作方式时，使用制动器投入信号。

4）主进水阀本体开启其他闭锁条件应

至少包含主进水阀工作密封退出、检修密封退出、液压锁锭退出、上下游平压等必要条件。

5）主进水阀开启令包括远方开启令和现地开启令。

监控系统进水阀开启的闭锁条件如图16-2所示。

（2）主进水阀关闭操作。

主进水阀关闭操作不受尾水事故闸门状态的制约，即无论尾水事故闸门是何状态，均不影响主进水阀的关闭操作。

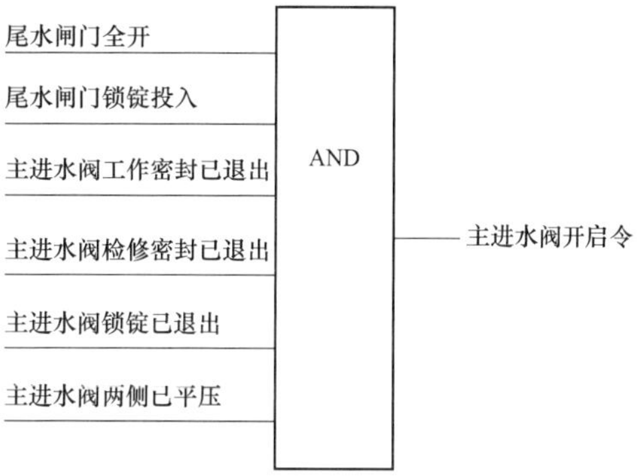

图 16-2　进水阀开启控制逻辑图

第二节　典　型　案　例

主进水阀全开信号丢失、尾水闸门全开信号丢失、硬布线回路设计的缺陷、电气元件故障均可能导致主进水阀紧急关闭，本节将介绍几个电站异常关闭主进水阀的案例。

1. 案例一

某电站 2 号机组抽水调相转抽水过程中，在执行球阀开启逻辑时，由于球阀打开超时，流程退出。

监控简报如下：

12：55：53　2 号机抽水操作；

12：56：43　2 号机充气阀全关位置；

12：56：53　2 号机补气阀全关位置；

12：59：57　2 号机 GCB 合位；

13：00：05　2 号机平压阀全开位置复归；

13：00：06　2 号机小消水阀全关位置；

13：00：06　2 号机排气阀全开位置；

13：00：06　2 号机大消水阀全关位置；

13：00：32　平压液压阀未关闭，流程报警（厂站上位机启动：2 号机组抽水操作）；

13：00：39　2 号机平压阀全关位置；

13：01：12　2 号机组开出第 51 点动作（2 号机远方开球阀令）；

13：01：19　2 号机球阀工作密封撤出位置；

13：01：19　2 号机球阀工作密封投入位置复归；

13：01：23　2 号机球阀全关位置信号复归；

13：01：42　2 号机组排气阀全开位置复归；

13：01：42　2 号机组排气阀全关位置；

13：01：53　球阀打开失败，流程退出（厂站上位机启动：2 号机组抽水操作）；

13：01：53　2 号机组机械事故停机操作（机组 LCU 调用流程）；

13：01：54　2 号机水机 GCB 分闸；

13：02：27　2 号机球阀全关位置信号；

13：08：06　2 号机组机械事故停机操作成功。

2. 案例二

某电站故障现象：4 号机组抽水工况稳定运行过程中，球阀全开信号丢失导致机组机械事故停机。

报警信息如下：

01：06：11　4 号组 LCU RIO 机架 8-1（16）#槽模件故障动作；

01：06：11　4 号组 LCU RIO 机架 9-1（8）#槽模件故障动作；

01：06：14　4 号机组事故停机水机回路 K1、K2 继电器监视动作；

01：06：14　4 号机组事故停机水机回路 KAJ2 继电器监视动作；

01：06：15　4 号机组球阀偷关机械停机动作；

01：06：19　4 号机组事故停机水机回路 KAJ2 继电器监视复归；

01：06：33　4 号组 LCU RIO 机架 8-1（16）#槽模件故障动作复归；

01：06：33　4 号组 LCU RIO 机架 9-1（8）#槽模件故障动作复归。

3. 案例三

某电站机组在抽水调相转抽水过程中，出现如下简报，机组工况转换失败。

22：43　中调令 3 号机抽水工况启动，发 3 号机抽水工况启动令；

22：44　中调来电令 3 号机组切至现地单步，22：45 之后等待调度指令并网抽水；

22：44　将 3 号机组切至现地单步；

22：48　中调来电令 3 号机组开始并网抽水；

22：48　将 3 号机组切至远方自动，3 号机组抽水并网工况启动；

22：49　监盘发现，3 号机组抽水工况启动过程中 3 号球阀电动旁通阀 501VE 全开信号丢失；

22：50　将 3 号机组切至现地单步。

第三节　分　析　总　结

一、案例一事故分析

1. 情况梳理

查阅历史记录，2 号机球阀正常全开时间为 42s，本次 2 号机组启机过程中，从“2 号机球阀全关位置信号复归”至“球阀打开失败，流程退出”共持续 30s。调阅 2 号球阀控制柜 PLC 程序，“DO_球阀开启命令”发出后，延时 70s，若球阀未到达全开位置，报“DO_球阀操作失败信号”。调用工业电视视频，发现 2 号机球阀确未到全开位置。排除 2 号球阀全开位置行程开关故障。判断“球阀打开失败，流程退出”信号为监控顺控流程超时开出。

查阅监控报文，“平压液压阀未关闭，流程报警”，平压阀未正常关闭。

监控顺控流程：若平压阀未关闭，延时 25s，开出“平压液压阀未关闭，流程报警”（见图 16-3）。

此时再判断“补气压水阀是否全关位置”和“排气阀是否在全开位置”；若位置正确，

硬延时 39s 开出“2 号机组开出第 51 点动作（2 号机远方开球阀令）”（见图 16-4）。

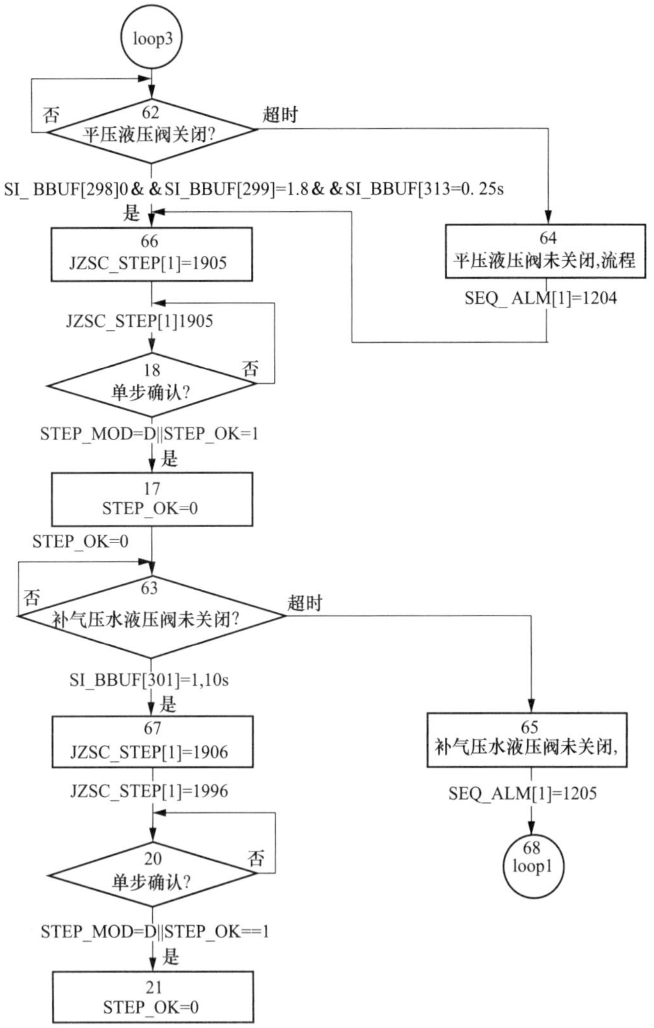

图 16-3 顺控流程（一）

在球阀开启过程中，排气阀关闭后，延时 10s 判断球阀是否全开，若未全开，开出“球阀打开失败，流程退出”，机械事故停机。若球阀全开，则流程继续（见图 16-5）。

正常启机监控顺控流程时间与本次启动失败监控顺控流程时间对比见图 16-6、图 16-7。

充气压水流程：排气阀全开后，延时 95s，关闭排气阀。本次启机过程中由于平压液压阀未正常关闭，延时 25s 开出“平压阀未关闭，流程报警”，流程继续，导致“2 号机组开出第 51 点动作（2 号机远方开球阀令）”开出时间较正常启机过程晚 25s 左右，故在排气阀全关位置到后 10s 时，球阀才动作了 30s 左右，未到全开，流程退出。

综上所述，本次启机失败的根本原因为 2 号机平压阀未正常关闭，未正常关闭的原因有以下几种可能：

（1）平压阀全关信号位置开关送往监控系统控制回路异常；

（2）平压电磁阀卡涩；

（3）平压阀全关信号位置开关拐臂动作不到位。

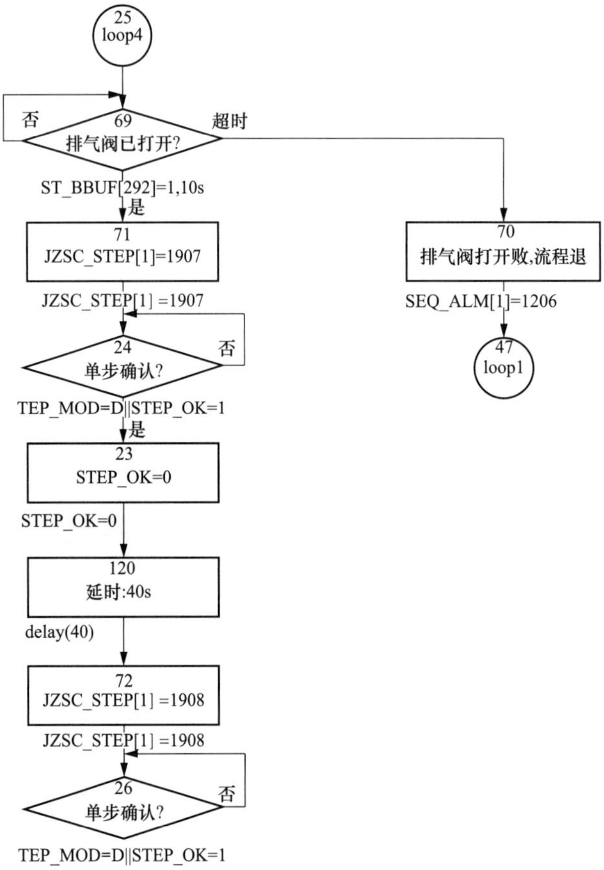

图 16-4　顺控流程（二）

2. 问题排查

（1）现地在 2 号机水轮机控制柜多次开出平压电磁阀开启、关闭令。电磁阀动作灵活无卡涩，且监控正常收到平压阀全开、全关位置信号，若电磁阀卡涩或送往监控系统的信号控制回路异常，则监控系统不会收到位置信号，现场检查位置信号控制回路接线紧固无松动，排除平压电磁阀卡涩和平压阀全关信号位置开关送往监控系统控制回路异常这两种可能。

（2）监控报文显示“2 号机平压阀全开位置复归”后 34s 收到“2 号机平压阀全关位置”信号。现场多次动作平压电磁阀，全开、全关位置信号反馈正常，但动作中发现平压阀全关信号位置开关拐臂位置接近临界动作点，缺陷发生时 1 号机组正在抽水运行，判断受厂房振动等客观因素影响导致平压阀全关位置信号未及时开出，为偶发故障。

3. 处理过程

（1）现地松开平压阀全关位置开关拐臂的调整螺栓，将该拐臂向平压阀开启方向调整 10°～15°增加拐臂转动裕量，调整完毕后，重新紧固好调整螺栓。

（2）拐臂调整完成后，对 2 号机平压阀进行多次动作试验，全关信号位置开关拐臂动作正常，全开、全关信号正常。

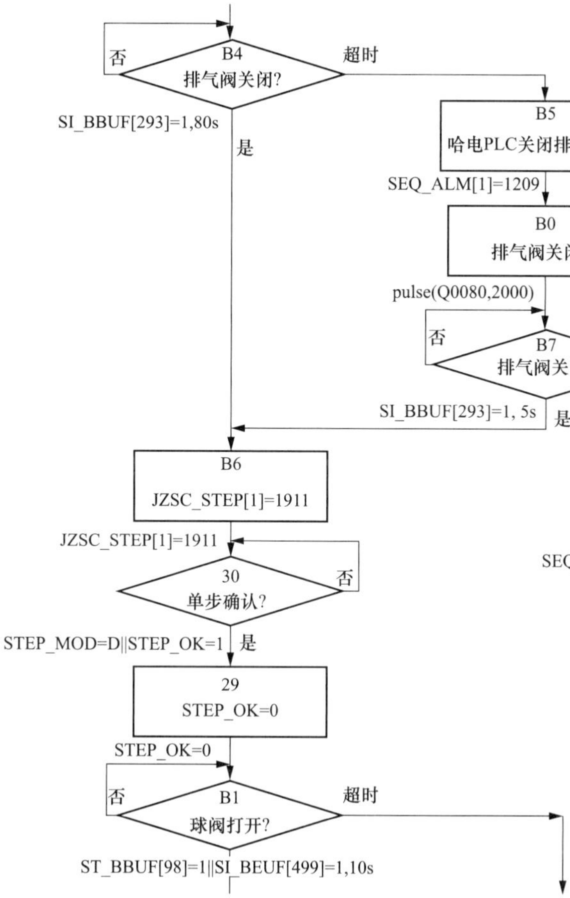

图 16-5　顺控流程（三）

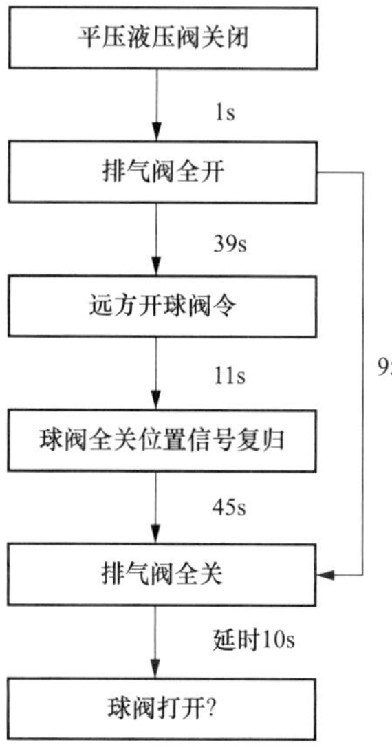

图 16-6　正常启机流程时间

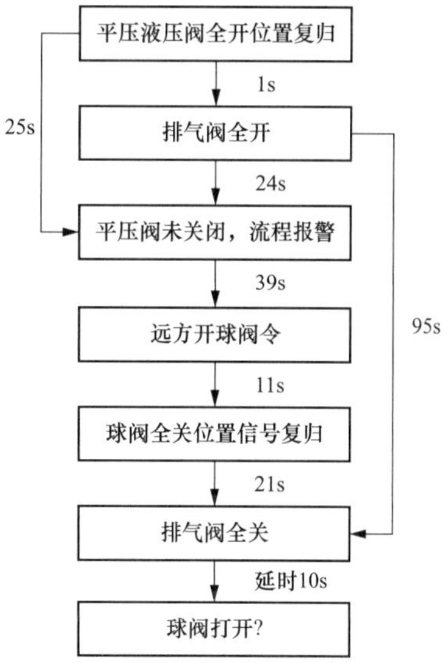

图 16-7　本次启机失败流程时间

4. 暴露问题

（1）运行维护人员对设备进行日常维护时不够细致。定检期间对位置开关进行动作试验时，没考虑到存在的振动较大、环境恶劣等因素，未及时发现存在的运行隐患。

（2）部分监控流程超时，时间设定不合理。排气阀关闭后，延时 10s 判断球阀是否全开；平压阀未关闭，延时 25s，开出“平压液压阀未关闭，流程报警”；两个延时时间设定值均不合理，需优化监控流程超时时间。

5. 防范措施

（1）加强“随动”元件的日常维护及巡视检查。结合机组定期检修，对重要阀门的位置开关进行全面重点检查，发现位置开关拐臂位置不合理应立即处理。

（2）优化监控流程超时时间。将排气阀关闭后，判断球阀是否全开的延时时间由 10s 改为 60s；平压阀未关闭，开出“平压液压阀未关闭，流程报警”的延时时间由 25s 改为 3s。

二、案例二事故分析

1. 情况梳理

针对事故发生的历史事件记录进行检查，导致机组机械停机的事故源为抽水工况球阀偷关。在故障发生前球阀始终处于全开位置，球阀开度模拟量在 98.5%，球阀并未异常关闭。

监控系统判断发电或抽水工况球阀偷关的判据为：当球阀开启后，监测到球阀的全开位置信号丢失，且球阀开度小于 95%，则走机械事故停机流程。

进一步分析原因：发现 1：06：11 4 号机组 LCU RIO 机架 8-1(16) ＃槽模件故障动作/机架 9-1(8) ＃槽模件故障动作，4 号机组监控水机层远程 I/O 柜的模件信号全部丢失，导致 4 号机组球阀全开位置信号丢失和球阀开度模拟量从 98.5%变为 0，在 22s 之后 4 号机水轮机层远程 I/O 柜模件故障信号又全部复归。

水轮机层远程 I/O 柜各卡件电源柜内电源模块由 PS1 提供，所采集信号经过网线传至发电机层 LCU CPU。

可以初步判断导致 4 号组 LCU RIO 机架 8-1(16)＃槽模件故障动作/机架 9-1(8)＃槽模件故障动作的原因主要有以下几方面：

（1）4 号机组远程 I/O 柜中 PS1 开关电源供电回路端子松动，导致模件电源丢失；

（2）PS1 供电回路有接地导致电源丢失；

（3）4 号机组发电机层 LCU4 A4 柜至水机层远程 I/O 柜的网线以及中间层远程 I/O 柜至水机层远程 I/O 柜的网线松动导致传输信号丢包；

（4）4 号机组监控水机层远程 I/O 柜 PS1 电源模块故障。

2. 分析处理过程

（1）检查 PS1 开关电源的供电回路端子：端子紧固，未发现松动现象。

（2）断开 PS1 电源的供电空开 ZK3，测量直流正、负极之间以及正负对地绝缘正常。

（3）分别检查 4 号机组发电机层 LCU4 A4 柜至水机层远程 I/O 柜的网线以及中间层远程 I/O 柜至水机层远程 I/O 柜的网线，发现这两根网线都是采用的单屏蔽层网线，较其他网线要细，但是 NOE 模件上显示通信正常。但是考虑到 LCU4 内部是环网结构，即使中间层远程 I/O 柜至水机层远程 I/O 柜的网线通信丢失，水机层远程 I/O 柜的信号也不会丢失，基本排除通信故障问题。

（4）检查 4 号机组监控远程 I/O 柜 PS1 电源，电源指示正常。测量电源模块输出电压为 24V。现场巡检人员反映，4 号机组停役期间曾出现过 PS1 电源的指示灯闪烁，输出电压不稳定的现象，随即恢复正常。

综上所述，排除（1）～（3）项原因导致水机层远程 IO 柜电源丢失，基本锁定在 PS1 电源故障引起的水机层远程 IO 柜模件信号丢失。

3．处理过程

（1）更换 PS1 电源模块。

（2）由于 SOE 模件在失电情况下能够自保持，将球阀全开信号由 DI［492］改为 SOE［136］。

（3）同时，为保证供电可靠，对机组现地控制单元远程 I/O 柜 PLC 底板进行双电源供电改造。

4．暴露问题

（1）巡检过程中对于有异常而立即恢复的设备未引起足够的重视。

（2）对于事故跳机逻辑梳理不够完善：重要的跳机源应该送入 SOE 模件而不是 DI 模件，DI 模件失电后信号不能自保持，SOE 模件失电情况下可以保持信号，不至于误动。

5．防范措施

改造监控系统远程 I/O 柜的供电回路，由单电源模块供电改为双电源模块供电。

三、案例三事故分析

1．原因分析

根据监控系统出现的 3 号球阀电动旁通阀 501VE 全开信号丢失报警，经过初步分析有以下原因：

（1）电动旁通阀动作，使全开信号丢失；

（2）二次回路故障，使得全开信号不能送达监控系统；

（3）电动旁通阀位置开关节点故障。

2．排查过程

（1）现场对电动旁通阀控制箱及球阀现地控制柜进行检查，发现电动旁通阀的全开、全关信号灯均不亮，然后对电动旁通阀本体进行检查，其实际位置为全开，且无其他异常；

（2）对电动旁通阀至控制箱之间的二次回路以及控制箱至球阀现地控制柜之间的二次回路进行检查，线路完好、继电器动作正确、端子紧固无松动；

（3）拆开电动旁通阀保护盖，对电动旁通阀位置开关节点进行检查，发现全开位置节点移位导致信号不能上传。

根据以上现场检查分析，判断 3 号球阀电动旁通阀 501VE 全开信号丢失的原因为：位置开关节点在机组长期运行过程中因振动产生移位，继而全开信号丢失。

3．处理过程

（1）拆开电动旁通阀保护盖，检查全开位置开关节点。

（2）对全开位置开关节点进行调整，使其在阀门全开状态下可以被完全压住。

（3）现地手动开启、关闭电动旁通阀，检查信号无异常，将其控制方式切回“远方”。

（4）机组进行SR启机测试，电动旁通阀位置信号正常，无抖动。

4. 暴露问题

（1）对自动化元器件的日常维护工作不够细致。

（2）机组运行过程中对振动区域的设备没有进行有针对性的检查。

5. 防范措施

（1）加强对自动化元器件的检查维护，同时做好台账记录。

（2）结合机组运行情况，找出机组易产生振动的部位，并在日常维护工作中加强对该部位元器件的检查同时做好记录。

通过以上三个案例可以看出，引起主进水阀动作异常的原因各不相同。案例一是机组抽水调相转抽水时，由于平压阀没有关闭到位，导致开启进水阀超时，引发事故停机；案例二则是由于开关电源等设备故障，导致主进水阀全开信号丢失，引发事故停机；案例三则是进水阀旁通阀位置开关节点在机组长期运行过程中因振动产生移位，继而全开信号丢失，需要加强对振动较大的自动化元件的检查维护。

第四节　典　型　控　制　设　计

一、安全性原则

（1）主进水阀应设置失电自动关闭的紧停阀，其控制电源需冗余配置，并与其他回路隔离。

（2）防止锁锭未退出开启主进水阀。

（3）防止检修密封、工作密封未完全退出开启主进水阀。

（4）防止主进水阀上下游侧未平压开启主进水阀。

（5）防止主进水阀打开时投入检修密封、工作密封。

（6）防止尾水闸门不在全开时开启主进水阀。

（7）防止主进水阀控制系统与监控系统通信中断导致机组误跳机。

（8）防止发生主进水阀全开位置（单一元件）丢失导致机组误跳机。

（9）主进水阀控制流程设计应保证关主进水阀流程优先，主进水阀开启过程中收到关主进水阀命令应能正常执行关主进水阀流程。

（10）主进水阀控制流程宜配置在独立于机组LCU的控制系统中，机组LCU故障不影响主进水阀及其附属设备的监控。

（11）防止导叶未全关情况下开启主进水阀。

二、可靠性原则

（1）主进水阀控制系统供电应配置双路电源。

（2）主进水阀控制系统PLC宜配置双电源模块。

（3）主进水阀启闭操作应有“现地”“远方”两种方式。

（4）主进水阀控制系统的跳机输出信号宜采用硬布线方式。

（5）主进水阀发生水力自激振动初期，可自动报警，并具备手动或自动消除水力自激振动的流程。

三、输入信号

输入信号：主进水阀主油阀开位置、主进水阀主油阀关位置、主进水阀全开位置、主进水阀全关位置、主进水阀工作旁通阀开位置、主进水阀工作旁通阀关位置、主进水阀检修旁通阀开位置、主进水阀检修旁通阀关位置、主进水阀工作密封投入位置、主进水阀工作密封退出位置、主进水阀接力器锁锭投入位置、主进水阀接力器锁锭退出位置、主进水阀控制方式、现地开启主进水阀命令、现地关闭主进水阀命令、主进水阀开度、尾闸全开位置、导叶全关位置、主进水阀前后平压、远方开启主进水阀命令、远方关闭主进水阀命令。

四、输出信号

输出信号：主进水阀工作旁通阀开命令、主进水阀工作旁通阀关命令、主进水阀检修旁通阀开命令、主进水阀检修旁通阀关命令、主进水阀工作密封投入命令、主进水阀工作密封退出命令、主进水阀接力器锁锭投入命令、主进水阀接力器锁锭退出命令、主进水阀工作密封位置反馈不一致、主进水阀控制系统装置异常。

五、典型控制程序设计

1. 监控系统控制逻辑

发生以下情况应作用于机组机械事故停机：机组发电、抽水工况时主进水阀异常关闭、主进水阀控制系统失电。主进水阀全开位置丢失延时应根据实际情况合理设置。

机组开机前需要判断主进水阀相关预启动条件，应包含但不限于控制系统无故障、检修密封退出、导叶全关、检修旁通阀全开、控制方式远方位置、尾闸全开。

监控系统流程发主进水阀开启命令，主进水阀执行开启流程。

监控系统流程发主进水阀关闭命令，主进水阀执行关闭流程。

2. 现地 PLC 控制逻辑

（1）主进水阀开启流程。

1）判断主进水阀开启条件，应包含但不限于控制系统无故障、导叶全关、检修旁通阀全开、主进水阀控制方式远方位置、尾闸全开。

2）退接力器锁锭，确认主进水阀接力器锁锭已退出。

3）开主进水阀工作旁通阀，确认旁通阀打开，主进水阀前后已平压。

4）退出主进水阀工作密封，确认工作密封已退出到位。

5）开主进水阀，确认主进水阀到全开位置。

6）关主进水阀工作旁通阀。

主进水阀开启流程如图 16-8 所示。

（2）主进水阀关闭流程。

1）关主进水阀，确认主进水阀到全关位置。

2）关旁通阀，确认旁通阀已关闭。

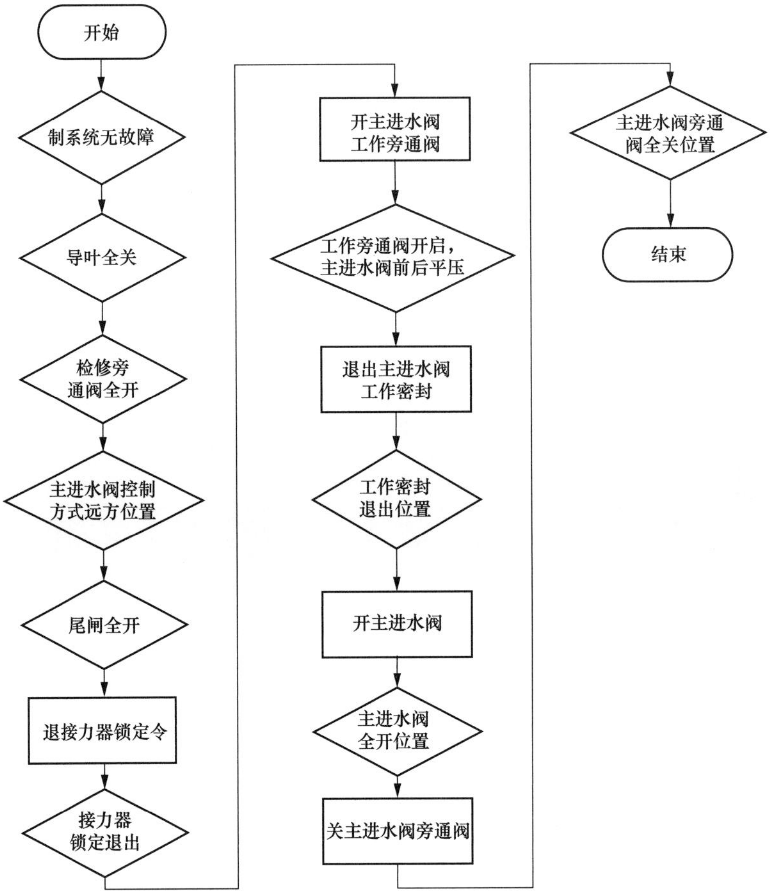

图 16-8　主进水阀开启流程

3）投入主进水阀工作密封，确认工作密封已投入到位。

4）投入主进水阀接力器锁锭，确认投入到位。

主进水阀关闭流程如图 16-9 所示。

（3）主进水阀异常关闭判断逻辑。

当主进水阀到全开位置后，且机组在运行状态，在未收到主进水阀关命令的情况下，全开位置丢失并延时适当时间，判断为主进水阀异常关闭。

主进水阀异常关闭判断逻辑如图 16-10 所示。

六、典型控制回路设计

1. 控制回路触点

尾闸全开位置丢失紧急关进水阀、监控系统主 PLC 紧急关进水阀、监控系统后备 PLC 紧急关主进水阀。

2. 控制回路逻辑

应设置尾闸全开信号消失或尾闸下落联动主进水阀关闭回路。

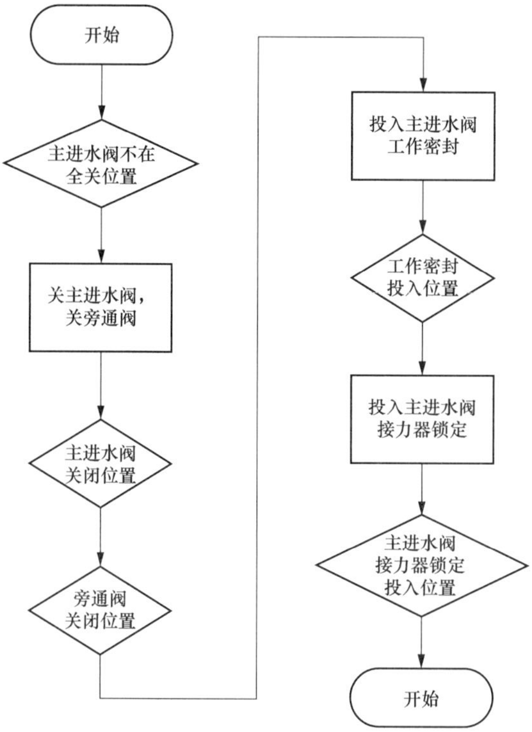

图 16-9　主进水阀关闭流程

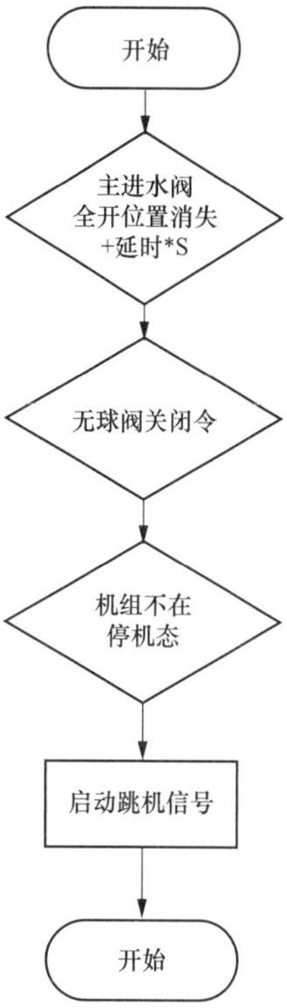

图 16-10　主进水阀异常关闭判断逻辑

应设置监控系统水机保护回路/后备 PLC 事故停机信号联动主进水阀关闭回路，主进水阀紧急关闭回路图如图 16-11 所示。

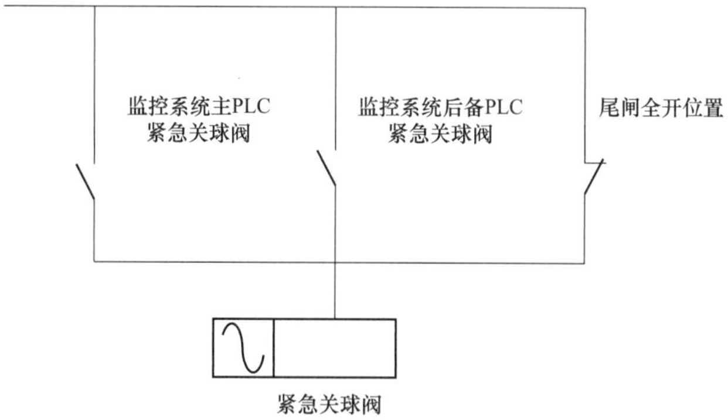

图 16-11　主进水阀紧急关闭回路图

第五节　新 技 术 应 用

1. 一种水电机组球阀控制装置应用

一种水电机组球阀控制装置，用于水电机组的球阀控制，球阀上设置有工作密封器、工作旁通阀和接力器，球阀的第一导通端通过上库闸门与上库连通，球阀的第二导通端依次通过水电机组和下库闸门与下库连通，水电机组球阀控制装置包括控制器、驱动电源、油压系统、主配压阀、开关球阀电磁阀、工作密封投退电磁阀和工作旁通阀投退电磁阀，球阀上还设置有用于检测球阀开度的开度测量传感器和检测球阀第一导通端与球阀第二导通端之间压力差值的差压测量传感器，开度测量传感器的输出端和差压测量传感器的输出端均与控制器电连接，开关球阀电磁阀的控制端、工作密封投退电磁阀的控制端和工作旁通投退电磁阀的控制端均与控制器的输出端电连接，开关球阀电磁阀的输出端与主配压阀连接，主配压阀的输入端与油压系统的输出端连接，主配压阀的输出端与接力器连接，工作密封投退电磁阀的输出端与工作密封器连接，工作旁通投退电磁阀的输出端与工作旁通阀连接，控制器、开关球阀电磁阀、工作密封投退电磁阀和工作旁通投退电磁阀均由驱动电源驱动。水电机组的现地控制单元与控制器通信连接。水电机组为抽水蓄能机组，工作密封器的反馈端与控制器连接，工作旁通阀的反馈端也与控制器连接。

在水电机组由停机转静止工况过程中：机组现地控制单元检测球阀检修旁通阀的状态，并发令退出球阀锁定，当球阀锁定在退出状态时，现地控制单元发出开球阀命令至球阀控制器，控制器执行自动开球阀控制步骤。

（1）自动开球阀控制步骤1：

控制器输出命令打开球阀工作旁通阀，并接收球阀差压信号和球阀工作旁通阀状态，同时监控自动开球阀控制步骤三的执行反馈信号，如果在规定时间内接收不到球阀差压信号或接收到球阀差压信号不为零信号或工作旁通阀处于关闭状态，则控制器发出自动开球阀控制步骤一执行超时的反馈至机组现地控制单元，机组现地控制单元发出控制命令，水电机组转为停机状态，转而执行自动关球阀控制步骤一；如果在规定时间接收到球阀差压信号为零且球阀工作旁通阀在开状态或自动开球阀控制步骤三执行完毕则自动开球阀控制步骤一执行完毕，并触发下一步。

（2）自动开球阀控制步骤2：

控制器发出信号退出球阀工作密封器，同时接收球阀差压为零和球阀工作密封器在退出状态，当收到球阀差压为零且球阀工作密封处于退出状态时，该步执行完毕，并触发下一步。

（3）自动开球阀控制步骤3：

控制器发开球阀命令至开关球阀电磁阀，且同步监测球阀开度，当球阀至全开状态时跳转执行自动开球阀控制步骤四同时发出反馈信号。

（4）自动开球阀控制步骤4：

控制器发令关闭球阀工作旁通阀，球阀工作旁通阀关闭完成后，控制器发出反馈逻辑至机组现地控制单元，自动开球阀控制步骤执行完毕；在机组停机过程中，控制器收到机组现地控制单元的球阀关闭命令，开始执行关球阀流程。

（5）自动关球阀控制步骤1：

控制器发出关闭球阀和关球阀工作旁通阀命令，在收到球阀已经全关和球阀工作旁通阀已经关闭的状态信号后延时3s后跳转执行自动关球阀控制步骤2。

（6）自动关球阀控制步骤2：

控制器发令投入球阀工作密封器，在收到球阀工作密封器投入的状态信号后，自动关球阀步骤完成。

（7）自动关球阀控制步骤3：

若在现地手动关球阀，则需执行控制器发令投球阀锁锭，现地手动关球阀步骤完成；在自动关球阀的情况下，机组在执行静止转停机的工况时，机组现地控制单元发令投球阀锁锭。在自动开球阀控制步骤三中，当球阀开度达到设定值时，控制器传输信号至现地控制单元，现地控制单元发出开启水电机组导叶的控制信号。在上述自动开球阀控制步骤一中，如果在规定时间接收到球阀差压信号为零且球阀工作旁通阀在开状态或球阀开度大于设定值，延迟设定时间触发下一步；如果球阀开度大于设定值延迟设定时间后，球阀开度未能达到100%，则控制器重新发令打开球阀工作旁通阀，直到球阀开度能达到100%，控制器再发令关闭球阀工作旁通阀，球阀工作旁通阀关闭完成后，控制器发出反馈逻辑至机组现地控制单元，自动开球阀控制步骤执行完毕。

2. 一种水轮机进水球阀控制方法应用

一种水轮机进水球阀的控制方法，其方法包括如下步骤：本水轮机进水球阀采用液压驱动开启，依靠重锤势能实现关闭，其动作为开阀、锁定和关阀，具体如下所述：

（1）开阀利用液控站和接力器举升油缸的作用力，通过摇臂、重锤和阀杆等零件，带动启闭件（球体）作90°旋转。与此同时，液控站和举升油缸的作用力也通过摇臂将重锤垂直提升，将重锤的重力转换为势能，为关阀做好动力准备。

（2）锁定可分为手动机械锁定和自动机械锁定。手动机械锁定相对比较简单，在调节阀开启到位后，直接把锁定销投入或拔出。同时，设有手动锁定投入或拔出信号指示装置。手动锁定装置可以承受液压接力器的最大操作压力，避免阀门误动作。自动机械锁定机构由传动油缸、机械锁定轴、电磁锁定轴和电磁铁等零件组成，具有机械电磁联合锁定功能。当阀门全开后，先由传动油缸的作用力驱动机械锁定轴投入到锁定位置进行初锁，再由电磁铁的电磁力驱动电磁锁定轴进行终锁，其锁定过程在一系列行程开关的作用下，完全自动进行。重锤的势能完全由机械锁定轴承受，机械锁定轴的退出受到电磁锁定轴的约束，而电磁锁定轴的退出则受到电磁铁的电磁力控制。在电磁铁不失电的条件下，电磁锁定轴和机械锁定轴能够实现安全控制，即使重锤过重或阀门长时间开启，重锤（包括启闭件）也始终保持在原位置，确保阀门开启后始终处于全开状态（最小流阻状态），其间无需采取补油或补压等措施。

（3）关阀自动机械锁定机构的关阀有三种情况，即人为关阀、水泵（或阀门）自身故障失电关阀和外线失电关阀。不管哪种情况关阀，只需让电磁铁失电即可按预定程序自动关闭，在电磁铁失电瞬间，电磁力即刻同步消失。电磁锁定轴一旦失去电磁力的作用则即刻开锁，机械锁定轴在失去电磁锁定轴的约束后也即刻开锁，此时重锤的势能立即将重锤、摇臂和阀轴等零件带动关闭件按照预先调定的快关、缓冲和慢关程序作关闭运动，完成关阀动作循环。在阀门的关闭过程中，必须排除举升油缸下腔的油液，据此采取控制并调节举升油缸排油速度的方法，能有效地对阀门的关闭速度进行控制。阀门的关闭过程分为快关、缓冲和慢关3个程序，其快关时间、慢关时间、快关角度及慢关角度都可以根据工况系统的需要进行调节，能有效地防止管道内发生水锤。

（4）开阀前，可先打开内部平衡阀门前后压差机构，其信号可以传送到主控室。阀门在开启状态下，液控装置系统有自动保压和手动锁定双重保护，同时设有位置信号指示装置以及手动锁定投入或拔出信号指示装置。电气控制可根据用户需要实行普通控制或PLC

控制，实现泵阀联动，并可实现远程控制及与计算机联控。而且一个液压站可以同时对多台进水球阀进行调控。

3. 水力自激振动保护的应用

应在主进水阀典型监控画面中增加水力自激振动保护画面。

主进水阀工作密封投退腔压力、差压、工作密封位置、压力钢管压力及主进水阀本体位移监测等所有测量信号都应集中在水力自激振动保护画面中统一实时监测。

水力振动保护画面中应设置开/关主油阀、投/退工作密封和开/关主进水阀旁通阀（如有）的控制按钮。

当同一输水系统的全部主进水阀关闭且压力钢管压力值达到压力钢管最大静水压力的120％，发报警信号。

主进水阀全关状态下，主进水阀工作密封投入、退出腔压力变送器压力差值或者差压变送器测值异常时，发报警信号。

机组处于停机或调相工况下，主进水阀工作密封投入信号丢失时，发报警信号。

水力自激振动判定条件一般可设置为在20s时间内发生3次及以上压力钢管内压力超设定值或发生3次及以上主进水阀工作密封投入位置蠕动；也可以由设计单位根据电站实际情况经计算验证提出设定意见。发生水力自激振动时若机组在调相工况，应自动执行机组正常停机流程。应自动退出同一流道，其中一台机组的主进水阀工作密封。若水力自激振动未消除，流程自动开启同一流道其中一台机组的主进水阀旁通阀。

第十七章　中、低压气机控制系统典型控制逻辑设计

中、低压空压机控制系统是水电站公用辅助设备的重要组成部分，目的是为水电站提供可靠稳定的低压气源。中压空压机系统主要为调速器油压装置、主阀油压装置等压力油罐提供气源，抽水蓄能电站还为调相压水提供气源。每套系统一般含有两三台高压气机、一两个高压贮气罐。低压空压机系统用于水电站设备安装、检修时的检修清洁用气和发电机组停机时的制动用气，并且有些电站将检修维护用气和制动用气分成两个系统。中、低压空压机控制系统的正常运行是水电站稳定运行的前提条件。

一般情况下，高、低压空压机本体虽然自带控制器，但仅能实现单台空压机自身的启停，无法实现两台空压机的主/备联动运行、主/备轮换、故障切换、数据实时上传等功能，这时就需要设置中、低压气机控制系统，用于多台中、低压气机的联合控制，实现各气机的轮换、故障切换和数据采集上送等功能。

贮气罐压力过高会造成空压机运行时负荷过大并且极易造成管路爆裂等重大安全事故，压力过低又不能满足机组运行时的用气需求，造成压力油罐压力不足，导致事故低油压而停机或者制动刹车无法投入的情况，影响机组的安全稳定运行。

本章将结合几个典型事故案例，对大型抽水蓄能电站中、低压气机控制系统设计时需要注意的问题进行讨论，并提出中、低压气机控制系统的典型控制设计。

第一节　控制系统概述

1. 控制原理

电站的中压空压机系统有时也称高压空压机系统（本文统一称作中压空压机），主要是依据贮气罐额定压力来划分，用来给调速器油压装置、主阀油压装置的压力油罐提供气源，也为空气断路器、气动隔离开关和气动设备提供用气。通常情况下，中压空压机系统有多台中压气机、一两个贮气罐、排气阀、空压机排污阀、贮气罐排污阀、止回阀、空压机启动设备（一般是软启动器）、压力开关和压力变送器组成，有的中压空压机还需要冷却水进行冷却散热。中压空压机一般不自带控制器，无法自主运行，需要配备控制系统进行联合控制。

低压空压机系统主要为电厂的检修维护、吹扫、空气围带、检修密封和机组制动用气提供气源，多数情况下检修维护用气和机组制动用气合二为一。系统由低压气机及配套的控制箱，贮气罐等组成。低压空压机一般带有控制器，能够根据贮气罐的压力独立进行启动和停止，但无法进行联合控制和主备切换等较为复杂的工况转换，此时需要配备联合控制柜。

下文以低压空压机系统为例，其系统图见图 17-1 所示：

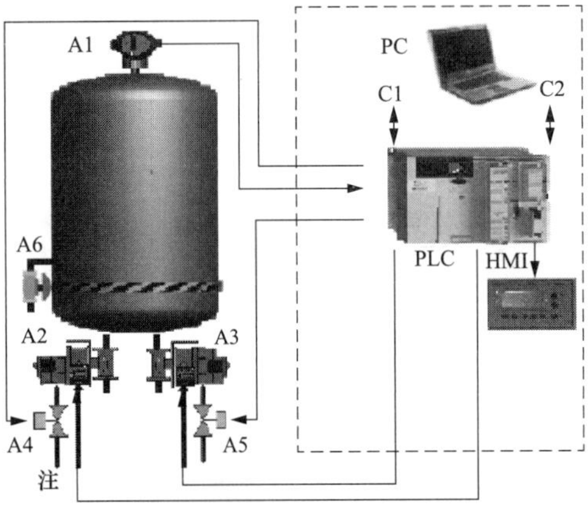

注：A1--------------压力变送器
A2、A3---------空压机
A4、A5-------机排污阀
A6--------------罐排污阀
PLC----.------可编程控制器
HMI-------------液晶显示单元
PC--------------上位机
Cl---------------与其他系统的开关量接口
C2 ---------------与其他系统的通信接口

图 17-1　低压气机系统组成

2. 中、低压空压机系统启停控制

中、低压空压机系统的启停控制逻辑基本一致，有的中压气机还带有排污阀和加载阀等设备，气机的一般逻辑如下（以中压空压机为例）：

（1）控制系统根据压力信号器或压力变送器的信号完成系统内多台空压机的自动启/停。

（2）控制系统自动统计每台空压机的运行时间和启动次数，正常情况下，几台空压机均设置为“自动”控制方式，并根据运行时间或启动次数自动轮换工作、备用空压机，实现几台空压机互为备用的功能，并且当工作方式自动切换时，自动发出信号。

（3）控制系统需定时控制空压机排污电磁阀工作，实现空压机的定时排污功能，排污电磁阀为常开阀，空压机启动时，排污电磁阀处于常开状态，延时一段时间关阀。在空压机运行过程中，间隔一定时间后，打开排污阀排污，排污阀开启时长依据具体情况确定，在空压机停机时应确保排污阀处于常开状态。

（4）控制系统应定时控制吸附式干燥机排污电磁阀以及贮气罐排污电动阀的工作，排污时间可现场设定。

（5）所有的空压机都在手动时，第一个切换至“自动”位置的空压机被设定为主用空压机，依此类推；第二个切换为“自动”位置则设定为备用空压机。系统正常运行后，根据各台空压机启动次数进行主用、备用切换，使得各台空压机的运行次数接近相等。

（6）每台空压机投入运行后，若检测到温度过高或油压过低时，应停止该台空压机的运行，投入备用空压机，同时发出空压机故障报警信号。

（7）当空压机切换开关置于“手动”控制方式时，可手动直接启/停对应空压机（通过启/停按钮实现，该按钮设在相应的控制柜上）。当某台空压机故障时，将其切换开关置于“切除”位置，断开对应主回路断路器，可维护故障空压机。

（8）当控制系统收到工作空压机事故或电机电源事故时，发出空压机事故信号，同时自动投入备用空压机

第二节　典　型　案　例

中、低压空压机系统属于公用系统设备，气系统故障会造成整个电站的所有机组设备无法正常运行，影响面较大，空压机故障或者事故本身不会造成太大的影响，但会造成整个电厂机组无法开停机甚至造成低油压等事故，容易将本身的事故扩展至其他系统，造成事故扩大化。对中、低压气机系统的维护，保持其良好的工作状态，是确保电站稳定运行的关键，本节介绍几例电站发生的空压气机故障的案例。

1. 案例一

某电站低压空压机系统在运行一年内，接连发生空气压缩机启动接触器烧坏和空压机

空载电磁阀烧毁的事故，造成了一定的经济损失，影响了电站机组的安全稳定运行。

2. 案例二

某电站调试人员对 3 号中压气机进行启动调试，启动后气机启动运行正常，但在进线电源星三角转后进线抽屉柜内出现火花，切断进线电源开关后检查发现，3 号中压气机进线电源开关三相熔断丝烧毁，熔断丝插口与插座头烧熔，熔断丝外部的瓷绝缘烧裂，抽屉开关内部的接触器烧毁，其他设备正常。

3. 案例三

某抽水蓄能电站中压压缩气系统配置 4 台空压机、1 个平衡气罐，2 个压水气罐及管道系统串联运行组成。该电站多次出现机组在抽水调相或调相工况停机后，机组压水气罐压水准备信号未恢复，压水周期过长，造成机组不具备再次启动抽水调相的条件。若连续启动 3 台机组进行抽水调相，压水气罐压力会降至 4.4MPa 左右，需要等待 1.5h 压力才能升高到使准备信号复归达到满足再次启动抽水调相的要求，一定程度上影响了调度对机组的控制。

第三节　分　析　总　结

1. 案例一分析

造成设备经常烧毁的原因是系统由 PLC 控制，低压气系统图如图 17-2 所示。

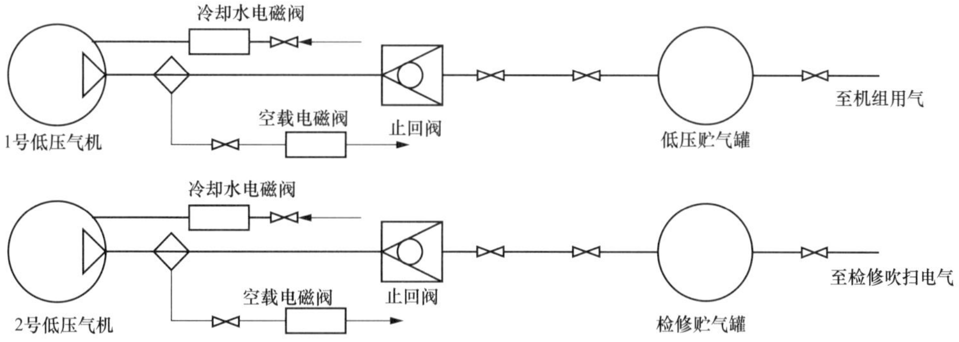

图 17-2　低压气系统图

某电站低压气系统流程图如图 17-3 所示。

正常控制流程是：当低压贮气罐的空气压力降低至设定气压时，控制空压机启动的接触器、空压机空载电磁阀、空压机冷却水电磁阀同时动作，即空压机启动、空压机空载电磁阀打开、冷却水电磁阀打开是同时进行的，排气电磁阀 8s 后关闭，空压机开始向贮气罐打气。按要求空压机应空载或减载启动，以降低空气压机的启动电流，保护电气设备。从动作逻辑上来看，空压机启动和空载电磁阀动作是同时进行的，造成原本应该是空载启动变成了满载启动，致使空压机启动电流过大，接触器负载较高，产生较多的电弧，从而引发接触器烧毁。后续通过修改控制流程，每次启动空压机前，先打开空载电磁阀，经过几秒的排气后，空压机出口压力接近为零，再启动空压机和空压机冷却水电磁阀，待空压机启动完毕后，关闭空载电磁阀，开始对贮气罐进行打气。通过该流程的修改，后续未再出现接触器烧毁的事件。修改后流程图如图 17-4 所示。

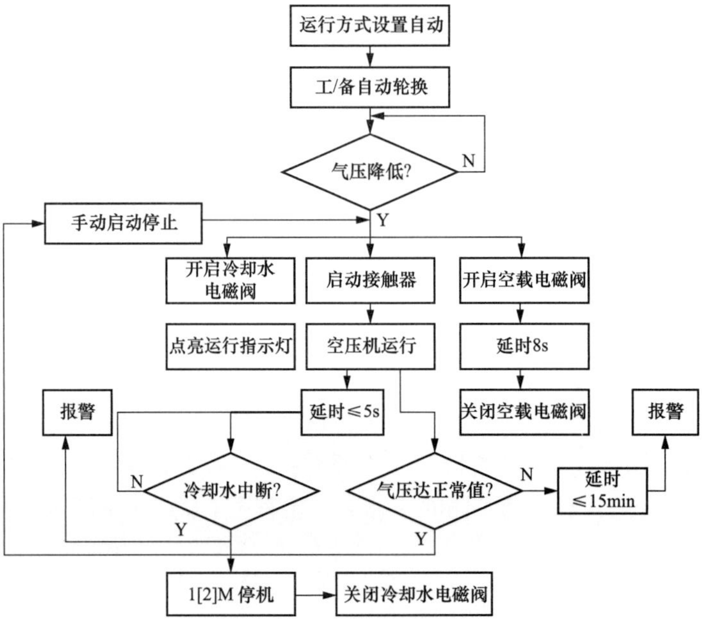

图 17-3 某电站低压气机系统流程图

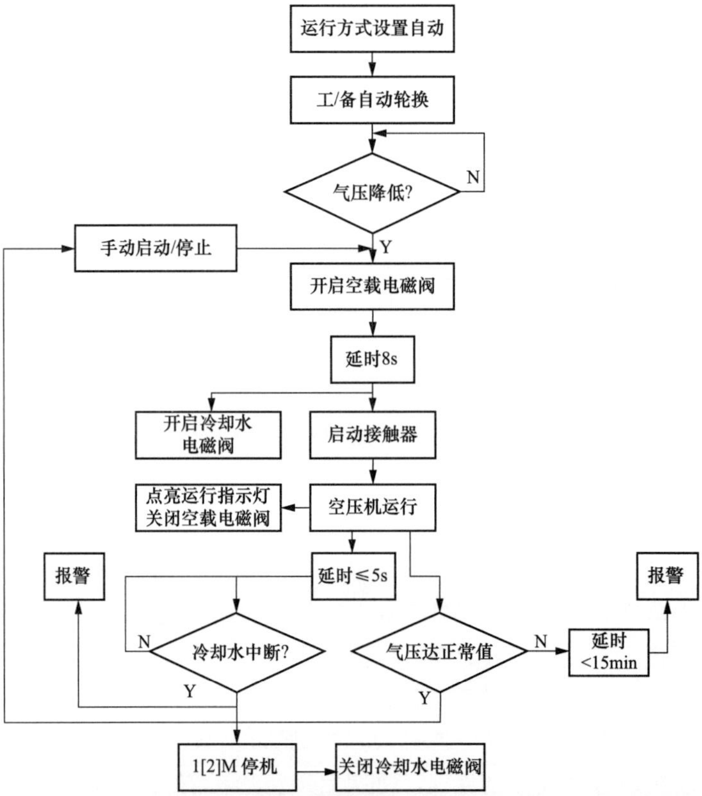

图 17-4 修改后低压气机系统流程图

2. 案例二分析

造成此次接触器烧毁的原因：该中压气机进线开关是填料封闭管式刀型触头熔断器，

具有较高的灭弧功能，额定电流为200A，根据熔断时间电流特性曲线可以查到在1s内熔断的电流值大于1000A，在此次故障中，熔丝烧毁导致弧光短路，烧毁抽屉柜，初步判断引起熔丝烧毁的原因主要是电流过大且此次的故障电流远大于1000。中压气机启动采用的传统的星三角（Y/△）启动方式，在星三角转换过程中，Y/△接触器配合出现异常就会出现2个接触器同时闭合的现象，此时切换回路就会引起三相短路，实际上这种情况在正常的切换过程中不会出现，但是因Y/△接触器出现故障，引发其触头不释放或释放延缓，就会造成三相短路的情况出现。本次故障的原因就是因为接触器长期工作环境较差，造成接触器触头释放延迟，进而引发三相短路。解决这种问题的方法主要是定期检查和清扫接触器，特别是触头部分，另外就是对Y/△回路的Y到△切换时做好闭锁。

3. 案例三分析

经过数据分析发现，调相压水周期过长的原因为机组压水气罐压力低，未能及时恢复到满足压水的压力，主要是因为高压气机系统使用年限较长，补气效率降低。随后在检修时发现，高压管道系统管路及阀门存在漏气问题，导叶中轴套密封磨损老化，造成轴套损坏后漏水、漏气，导致转轮室气密性差，1号高压气机一、二级气缸内壁加工面相对粗糙，二级气缸活塞的气环、油环安装方式不正确，2号气机的二级气缸盖密封圈老化等问题。在通过技术改造和软件功能完善及设备维修后，抽水调相周期恢复正常。

通过以上几个案例可以看出中、低压气系统除了电气回路设计的缺陷外，还与软件逻辑、气机本体、贮气罐、管路以及用气的外围设备均有较大的关系，应做好典型控制控制设计，确保气机、贮气罐、电气设备稳定运行。

第四节　典型控制设计

一、一般原则

（1）中压和低压空气压缩系统，其规模按设计要求的空气量、工作压力和相对湿度确定。

（2）供油压装置充气的中压空气压缩系统的压力，应根据油压装置的额定工作压力确定。其空气压缩机应设2台，其中1台工作，1台备用，并应设置贮气罐。

（3）空气压缩机的容量可按全部压缩机同时工作，按照在60～120min内将1个压力油罐的空气压力从常压充到额定压力的要求确定。

（4）贮气罐的容积可按压力油罐的运行补气量确定。贮气罐额定工作压力宜高于压力油罐额定工作压力0.2～0.3MPa。贮气罐上应设安全阀、压力表和排污阀。

（5）机组制动、检修维护和水轮机主轴围带密封用的低压空气压缩系统的压力应为0.7～0.8MPa，机组制动用气应满足下列要求：

1）机组制动用气宜设置专用贮气罐及专用供气管道；

2）机组制动用气贮气罐的总容积应按同时制动的机组台数的总耗气量确定；

3）空气压缩机的容量应按同时制动的机组耗气量和恢复贮气罐工作压力的时间确定，恢复贮气罐工作压力的时间可取10～15min；

4）机组制动用气宜有备用空气压缩机或其他备用气源。

（6）当机组需采用充气压水方式做调相运行时，应满足下列要求：

1）充气用空气压缩机可与机组制动用空气压缩机共用，其容量应按调相压水的用气量确定，但调相供气管路和贮气罐应与机组制动用气系统分开；

2）调相用贮气罐容积应根据1台机组调相时初次压低转轮室水位所需用的空气量确定；

3）调相用空气压缩机的总容量应按1台机组首次压水后恢复贮气罐工作压力的时间及已投入调相运的机组总漏气量确定。恢复贮气罐工作压力的时间可取15～45min。

（7）控制回路应简单、安全、可靠，尤其是设计Y/△回路时，应做多个接触器的安全闭锁措施。

二、安全性原则

（1）防止气机长时间运行，应有超时停机的安全措施。

（2）完善各信号的判断逻辑，尤其是总管压力和贮气罐压力信号，并做到开关量和模拟量互为冗余配置。

（3）通过通信的方式，上位机监控系统对各压力信号、气机自身的自检信息进行监视。

三、可靠性原则

（1）较大功率的气机（15kW以上）宜配置软启动器，并且自带旁路或配置外置旁路，确保电机在启动时冲击较小，长期运行时不完全依赖于软启动器。

（2）气机设备（供水管路）至少做到一主一备，通过运行时间或运行次数进行切换，确保气机运行时间基本一致，并且在一台气机故障的情况下，能够自动切换至备用气机。

（3）需要多台气机同时启动时，应当设置相应的躲避时间，例如每隔30s启动一台，防止因同时启动造成的冲击过大。

四、典型控制程序设计

中低压系统控制程序设计应注意以下几方面。

1. 输入/输出信号

（1）输入信号：输入信号包括开关量输入，模拟量输入，温度量输入，以两台泵为例，主要的输入信号有：交流电源消失，直流电源消失，故障总清按钮动作，1号气机：控制电源消失，1号气机：手动位置，1号气机：自动位置，1号气机：运行信号，1号气机：故障信号，2号气机：控制电源消失，2号气机：手动位置，2号气机：自动位置，2号气机：运行信号，2号气机：故障信号，1号气机出口压力，2号气机出口压力，总管压力低报警，1号/2号气罐压力过高报警、压力高报警、压力正常停机、压力低启动主用气机、压力低启动备用气机、压力过低报警等信号。

（2）输出信号：输出信号包括开关量输出，模拟量输出，以两台气机为例，主要的输出信号有：启/停1号气机，启/停2号气机，启/停1号排污阀，启/停2号排污阀，启/停气罐排污阀，综合故障（点灯），另外有一些扩展上送至机组LCU的测点。

（3）电机设备运行统计用的数据：主用气机号，备用气机号，1号气机运行次数累加计数，1号气机运行时间累计计时（单位：h），2号气机运行次数累加计数，2号气机运行时间累计计时（单位：h）。

2. 控制流程

以三台中压气机为例，典型的控制流程如图17-5所示。

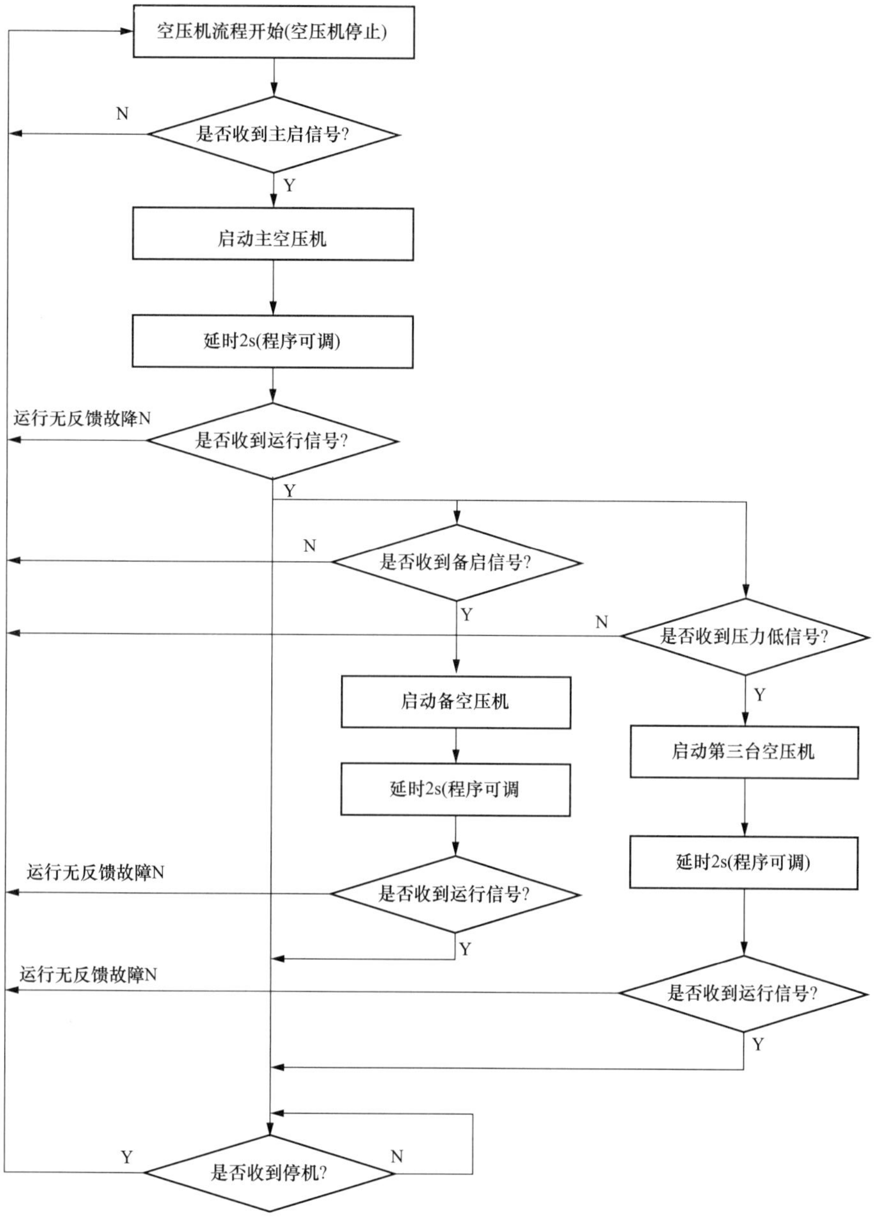

图 17-5　以三台中压气机为例的典型控制流程

五、典型控制回路设计

为实现气机系统安全控制，硬布线回路应注意以下几个问题。

（1）控制回路应简单、可靠，应设计手动/自动控制回路。

（2）为防止控制系统的控制器故障，相应的阀门和气机应设计手动控制或者联动控制。

（3）气机的运行电流应接入到控制器内，作为气机运行时的重要监视数据，另外软启动器故障信号也需要进行监视和串入硬回路内。

（4）在有条件的情况下，可考虑与软启动器通信，采集更多的运行和故障数据。

典型的控制接线图如图 17-6 所示。

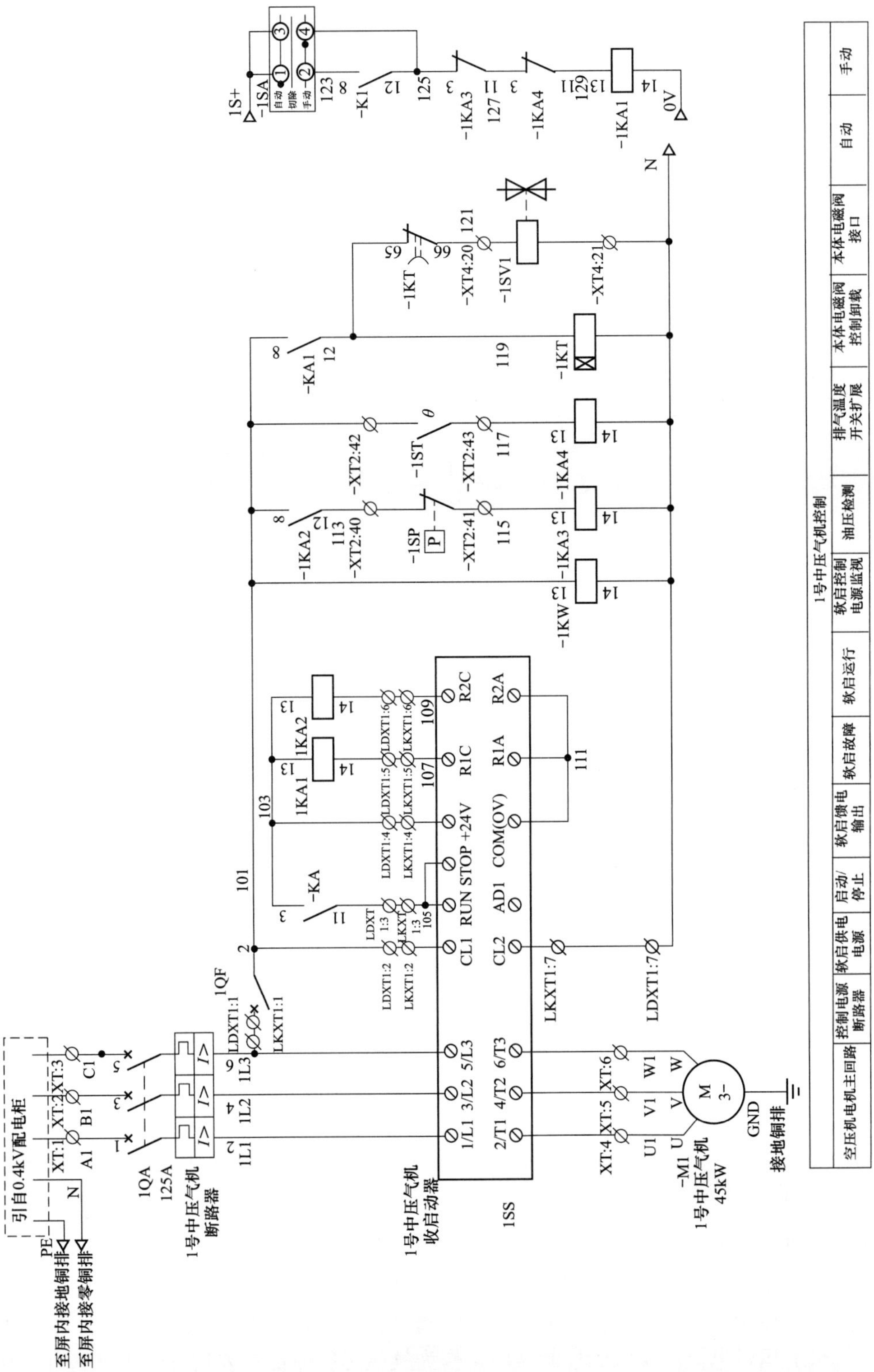

注：1QA为进线断路器；1SS为软启动器；1QF为控制回路空气开关

图 17-6　气机典型接线图

第五节　新 技 术 应 用

通过中、低压气机系统典型控制设计，可以有效地提高控制系统的可靠性和安全性，避免在机组正常启停过程中发生安全事故，保证机组的正常运行。通过对上送的信号、相关设备的状态的判断，在系统异常的情况下及时进行闭锁，确保机组安全运行。

为了增加系统的可靠性，做到及早发现问题，及时处理问题，可通过如下方式进行中、低压气机控制系统的监视。

1. 趋势分析

（1）气机运行时间趋势分析：通过对气机启动次数、启动时间、运行时间和气机运行电流等数据进行评估，对气机的运行状况进行一个初步判断，判断启动时是否卡阻，运行时补气功率是否不足的情况。

（2）通过运行的电流来判断气机的负载大小，再根据贮气罐或供气总管的压力等数据，综合判断气罐的压力和气机的运行效率信息。

2. 数据对比

（1）通过历次气机运行时间来判断气机的健康度。

（2）通过每次启/停的信号动作先后逻辑来判断气系统是否正常。

第十八章　静止变频装置辅助设备控制逻辑设计

静止变频装置（SFC）拖动机组启动是抽水蓄能机组抽水启动的主要方式，背靠背拖动机组启动是其备用启动方式。静止变频装置拖动机组启动平稳、快速可靠，具有优异的调速性能，且成功率高、自诊断能力强。静止变频装置是抽水蓄能电站的关键电气设备，静止变频装置辅助设备控制系统是静止变频装置的重要组成部分，配合静止变频装置拖动抽水蓄能机组由静止状态平稳升速至目标转速，并配合同期装置完成同期并网。静止变频装置辅助设备控制系统故障导致拖动失败故障偶有发生，影响了机组抽水启动成功率。

本章将结合几个典型事故案例，对静止变频装置辅助设备控制系统设计阶段需要注意的问题进行了分析，并提出静止变频装置辅助设备控制系统典型设计。

第一节　控制系统概述

静止变频装置辅助设备控制系统主要由 SFC 冷却单元（水冷和风冷）、输入/输出断路器、输入/输出变压器、切换开关等设备组成。抽水蓄能机组 SFC 抽水调相启动时，启动 SFC 辅助设备控制系统，配合 SFC 拖动机组由静止平稳升速至目标转速，并配合同期装置完成同期并网，待 SFC 收到同期合闸令后，执行停止 SFC 辅助设备控制系统流程。

SFC 辅助设备控制系统存在两种运行方式，一种是冷备用运行方式，指 SFC 处于“输入断路器断开、变频单元可控硅关断、触发脉冲闭锁、输出断路器断开、冷却系统等辅助设备停运”的状态；另一种是热备用运行方式，指 SFC 处于“输入断路器合闸、变频单元可控硅关断、触发脉冲闭锁、输出断路器断开、冷却系统等辅助设备运行”的状态。

SFC 系统有风冷型和水冷型。在保证 SFC 系统安全稳定运行的前提下，尽量减少 SFC 输入断路器分/合闸次数和输入变压器受冲击次数，降低 SFC 输入变压器运行风险。对于风冷型 SFC，宜采用长期热备用运行方式。对于水冷型 SFC，可采用短期热备用运行方式，即在第一台机组抽水启动完成后，SFC 输入断路器不分闸，SFC 输入变压器继续带电运行，SFC 冷却系统继续运行，直至最后一台机组抽水启动完成后，经流程自动或操作人员发令分开 SFC 输入断路器，SFC 输入变压器停止运行。

第二节　典　型　案　例

SFC 拖动失败大部分原因是 SFC 辅助设备控制系统故障，而引起 SFC 辅助设备控制系统故障的原因种类较多，如：SFC 辅助设备控制系统输入/输出信号异常、控制回路设计不合理、控制逻辑设计不合理等。本节将介绍几个 SFC 辅助设备控制系统故障案例。

1. 案例一

2014年3月，某电站3号机组抽水调相SFC启动过程中，因SFC系统冷却水阀无法开启而报警，导致流程超时，造成3号机组抽水调相SFC启动失败。

2. 案例二

2015年1月，某电站1号机组抽水调相SFC启动过程中，因SFC输出变压器油泵无故障信号抖动，触发SFC跳机流程，导致1号机组抽水调相启动失败。

3. 案例三

2015年2月，某电站2号机抽水调相SFC启动，机组并网后，因未收到SFC输出断路器分闸位置信号导致流程超时，造成2号机组抽水调相SFC启动失败。

4. 案例四

2016年1月，某电站4号机组抽水调相SFC启动过程中，因SFC输出变压器1号油泵动力电源开关辅助位置接点抖动，导致SFC系统未收到SFC输出变压器1号油泵动力电源开关辅助位置信号，造成4号机组抽水调相SFC启动失败。

第三节　分析总结

案例一事故后分析，造成此次1号机组抽水调相SFC启动失败的原因：SFC冷却水电动阀控制箱内湿度大，电动阀控制回路受潮，控制回路正负极之间的绝缘性降低，运行中发生间接性极间短路，造成控制回路电压降低，导致电动阀开启至50%开度后无法开启至全开位置，流程超时，造成抽水调相SFC启动失败。

案例二事故后分析，造成此次1号机组抽水调相SFC启动失败的原因：SFC输出变压器油泵启动逻辑不合理及“SFC输出变压器油泵无故障”信号防抖动时间设置不合理。SFC输出变压器油泵启动逻辑及油泵故障触发SFC跳机逻辑为：SFC输出变压器配置2台油泵，SFC启动时同时启动1、2号油泵，任意一台油泵故障，触发SFC跳机流程，程序设置不合理；另SFC程序中未设置“SFC输出变压器油泵故障信号”防抖措施，在运行过程中出现“SFC输出变压器油泵1无故障”信号毫秒级抖动时，触发SFC跳机流程，造成1号机组抽水调相SFC启动失败。

案例三事故后分析，造成此次抽水调相SFC启动失败的原因：SFC输出断路器分闸位置中间继电器触点因氧化生成铜绿［碱式碳酸铜$Cu_2(OH)_2CO_3$，铜氧化后的主要成分］，导致该中间继电器的触点电阻增大，时通时断，造成抽水调相SFC启动失败。

案例四事故后分析，造成此次1号机组抽水调相SFC启动失败的原因：SFC输出变压器油泵启动逻辑设计不合理。SFC拖动机组时SFC输出变压器油泵启动及判断油泵故障的逻辑为：SFC启动时启动SFC输出变压器1号油泵，若1号油泵故障，发报警信号，再启动2号油泵；若2号油泵也发生故障时发报警信号同时跳机，但若1号油泵动力电源开关合闸位置辅助位置接点信号丢失，将不再启动2号油泵，直接触发SFC跳机流程。因SFC输出变压器1号油泵动力电源开关合闸位置辅助位置接点抖动，导致1号油泵动力电源开关合闸位置信号丢失，造成4号机组抽水调相SFC启动失败。

通过以上四个案例可以看出，控制信号回路是SFC辅助设备控制的基础，其可靠性直接关系 SFC 辅助设备控制系统的可靠性，在控制信号回路设计时应考虑回路可靠性，并在控制逻辑中考虑控制信号防抖滤波措施。控制程序是 SFC 辅助设备控制的核心，其合理性直接关系 SFC 辅助设备控制系统的安全可靠性，在设计控制逻辑时既要保证设备运行的安全性，又要考虑设备运行的可靠性。

第四节 典 型 控 制 设 计

一、安全性原则

（1）SFC 输出断路器远方控制应具备与输入断路器、启动母线刀闸、机组被拖动刀闸和机组输出断路器的联动闭锁功能。

（2）SFC 输出断路器应避免低频分断，如果 SFC 在低频运行等情况下发生故障时，SFC 输入/输出断路器应能迅速、可靠断开。

（3）在机组同期装置发出合闸命令时，SFC 应能立即关断可控硅，闭锁触发脉冲，并断开输出断路器。

（4）SFC 冷却风机台数较多时，应采用分时启动方式，减小励磁涌流的影响。

（5）配备单台 SFC 的电站，其输入的两路独立电源应相互闭锁。

二、可靠性原则

（1）SFC 应实时监视辅助设备状态反馈信号，并有完善的保护及报警功能。

（2）SFC 风机应满足 SFC 散热需求，SFC 冷却风机可延时退出。

（3）SFC 冷却单元宜采用双电源供电，确保供电可靠。

（4）SFC 冷却风机运行状态下监视用的风压继电器宜采用双重化配置，风机运行判据宜采用风压继电器动作或逻辑，风机退出判据宜采用风压继电器动作复归与逻辑。

（5）SFC 输入断路器跳闸回路宜配置双跳闸线圈。

（6）SFC 冷却风机电源回路应配置电机保护器。

（7）SFC 系统需根据水冷系统配置，分析功率元件、冷却水管路表面温度远低于环境温度的可能性，控制去离子水温度，避免结露造成设备损坏。在外冷却水温度较低的时候（冬季），缩短 SFC 输入变热备用时间。

三、输入/输出信号

1. 风冷型冷却系统

输入信号：网桥风机运行状态信号（风压正常）、机桥风机运行状态信号（风压正常）、电抗器风机运行状态信号（风压正常）、输入/输出变冷却水电动阀开启/关闭位置、输入/输出变油泵运行/停止状态、输入/输出变油流量正常、SFC 输入开关分/合闸位置、SFC 切换开关（主回路/旁路）分/合闸位置、SFC 输出开关分/合闸位置。

输出信号：网桥风机启动、机桥风机启动、电抗器风机启动、输入/输出变冷却水电动阀开启/关闭命令、输入/输出变油泵运行/停止命令、SFC 输入开关分/合闸命令、SFC 切换开关（主回路/旁路）分/合闸命令、SFC 输出开关分/合闸命令。

2. 水冷型冷却系统

输入信号：SFC 去离子水泵运行/停止状态、SFC 去离子水流量正常、SFC 去离子水温度、SFC 去离子水电导率、输入/输出变冷却水电动阀开启/关闭位置、输入/输出变油泵运行/停止状态、输入/输出变油流量正常、SFC 输入开关分/合闸位置、SFC 切换开关（主回路/旁路）分/合闸位置、SFC 输出开关分/合闸位置。

输出信号：SFC 去离子水泵运行/停止命令，去离子回路阀门开启命令；冷却水控制阀开度增减令、输入/输出变冷却水电动阀开启/关闭命令、输入/输出变油泵运行/停止命令、SFC 输入开关分/合闸命令、SFC 切换开关（主回路/旁路）分/合闸命令、SFC 输出开关分/合闸命令。

四、典型控制程序设计

1. 风冷型 SFC+油变启动控制逻辑（见图 18-1）

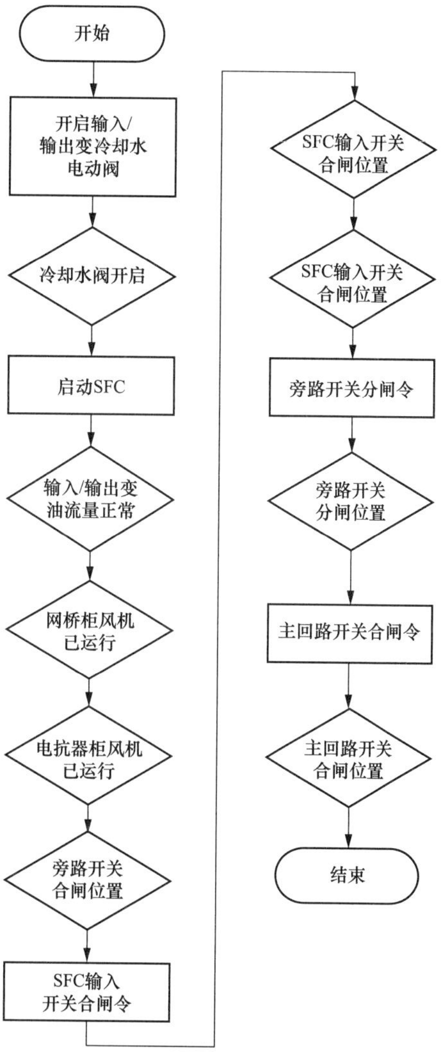

图 18-1　SFC 冷却风机控制流程自动启机流程

机组启辅机过程中，机组 LCU 开出“输入/输出变冷却水电动阀开启令”；

SFC 收到“SFC 启动令”后开出“输入/输出变油泵启动令”和“风机启动令”；

冷却系统分别向 SFC 反馈“输入/输出变油泵运行状态”或“输入/输出变油流量正常”信号，以及“网桥柜风机已运行”“机桥柜风机已运行”“电抗器柜风机已运行”信号；

SFC 收到“输入/输出变油泵运行状态”或“输入/输出变油流量正常”信号，和“风机已启动”信号后，开出“旁路开关合闸令”；

SFC 收到“旁路开关合闸位置”信号后，开出“SFC 输出开关合闸令”；

SFC 收到“SFC 输出开关合闸位置”信号后，开出“SFC 输入开关合闸请求令”，由机组 LCU 搭桥选择合 SFC 输入开关，并接收“SFC 输入开关合闸位置”信号；

SFC 监视机组频率达到切换频率时，开出“旁路开关分闸令”；

SFC 收到“旁路开关分闸位置”信号后，开出“主回路开关合闸令”；

SFC 收到“主回路开关合闸位置”信号后，完成换相模式转换；

期间任一信号异常，触发 SFC 跳闸逻辑，流程终止。

2. 风冷型 SFC+油变停止控制逻辑（见图 18-2）

SFC 收到机组 LCU 开出的“同期合闸令”后，开出“SFC 输出开关分闸令”；

SFC 收到“SFC 输出开关分闸位置”信号后，开出“主回路开关分闸令”；

SFC 收到“主回路开关分闸位置”信号后，开出“风机停止令”及“输出变油泵停止令”；

SFC 检测“风机已停止”及“输出变油泵停止状态”信号；

机组 LCU 在停辅机过程中，开出“输出变冷却水电动阀关闭令”；

未收到任一信号，触发报警逻辑，流程继续。

3. 水冷型 SFC+油变启动控制逻辑（见图 18-3）

机组 SFC 拖动启动过程中，机组监控系统流程发 SFC 热备用命令；

机组监控系统开出“输入/输出变冷却水电动阀开启令”；

SFC 收到“SFC 热备用命令”后，开出“SFC 输入开关合闸命令”，经监控系统判断闭锁条件，发 SFC 输入开关 1 或 2 合闸命令；

SFC 收到“SFC 输入开关合闸位置”后，开出“输入/输出变油泵启动令”；

SFC 收到“输入/输出变油泵运行状态”或“输入/输出变油流量正常”信号后，开出“SFC 去离子水泵启动令”；

SFC 收到“SFC 去离子水泵运行正常”及“SFC 去离子水流量正常”信号后，开出“SFC 输入开关合闸令”；

SFC 收到“SFC 输入开关合闸位置”信号后，SFC 系统完成由冷备用转热备用转换；

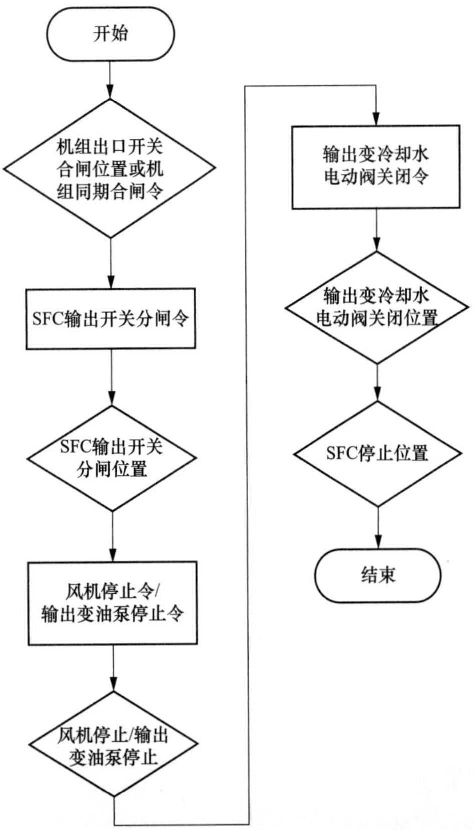

图 18-2　SFC 冷却风机控制流程自动停机流程

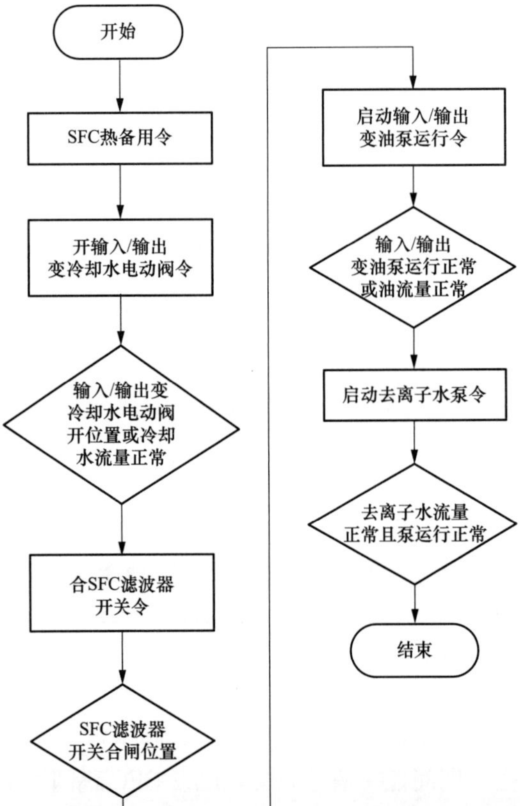

图 18-3　SFC 热备用控制逻辑
（水冷型，热备用后流程与风冷一致）

SFC 开出“旁路开关合闸令”；

SFC 收到“旁路开关合闸位置”信号后，开出“SFC 输出开关合闸令”；

SFC 监视机组频率达到切换频率时，开出“旁路开关分闸令”；

SFC 收到“旁路开关分闸位置”信号后，开出“主回路开关合闸令”；

SFC 收到“主回路开关合闸位置”信号后，完成换相模式转换；

期间任一信号异常，触发 SFC 跳闸逻辑，流程终止。

4. 水冷型 SFC+油变停止控制逻辑

SFC 收到机组 LCU 开出的“同期合闸令”后，开出“SFC 输出开关分闸令”；

SFC 收到“SFC 输出开关分闸位置”信号后，开出“主回路开关分闸令”；

SFC 收到“主回路开关分闸位置”信号后，开出“输出变油泵停止令”，SFC 系统完成由运行转热备用转换；

SFC 收到“SFC 热备用转冷备用令”后，开出“SFC 输入开关分闸令”；

SFC 收到“SFC 输入开关分闸位置”信号后，开出“SFC 去离子水泵停止令”及“输入变油泵停止令”；

SFC 检测“SFC 去离子水泵运行正常”“4SFC 去离子水流量正常”及“输入变油泵停止状态”信号；

机组 LCU 在停辅机过程中，开出“输入/输出变冷却水电动阀关闭令”，SFC 系统完成由热备用转冷备用转换；

未收到任一反馈信号，触发报警逻辑，流程继续。

5. 水冷型 SFC+油变跳闸控制逻辑（见图 18-4）

若在 SFC 启动过程中触发跳闸逻辑，SFC 同时开出“跳 SFC 输入开关令”及“SFC 输出开关分闸令”；

SFC 收到“SFC 输出开关分闸位置”信号后，开出“主回路开关分闸令”或“旁路开关分闸令”；

SFC 收到“主回路开关分闸位置”或“旁路开关分闸位置”信号后，开出“风机停止令”“输入/输出变油泵停止令”（风冷型 SFC）；

SFC 收到“主回路开关分闸位置”或“旁路开关分闸位置”信号后，开出“SFC 去离子水泵停止令”“输入/输出变油泵停止令”（水冷型 SFC）；

机组 LCU 在停辅机过程中，开出“输入/输出变冷却水电动阀关闭令”，SFC 系统完成由热备用转冷备用转换；

未收到任一信号，触发报警逻辑，流程继续。

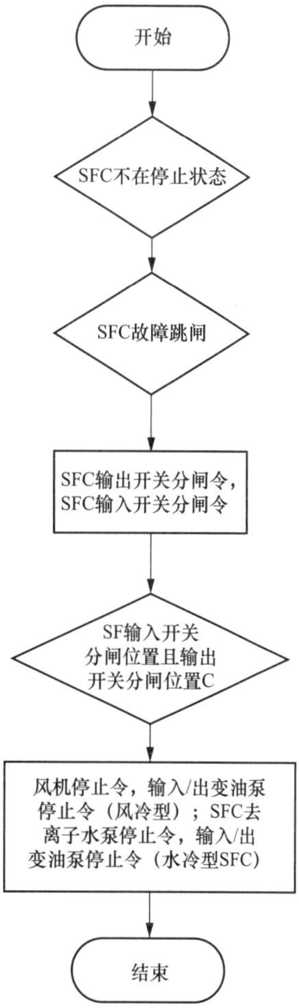

图 18-4　SFC 跳闸控制逻辑

五、典型控制回路设计

1. 控制回路接点

（1）风冷型 SFC。

输入信号：主回路开关分闸位置、旁路开关分闸位置、SFC 输入开关 1 分闸位置、SFC 输入开关 2 分闸位置、风机已运行、风机已停止。

输出信号：主回路开关合闸令、旁路开关合闸位置、SFC 输入开关 1 合闸位置、SFC 输入开关 2 合闸位置、风机启动令、风机停止令。

（2）水冷型 SFC。

输入信号：主回路开关分闸位置、旁路开关分闸位置、SFC 输入开关 1 分闸位置、SFC 输入开关 2 分闸位置、SFC 去离子水温度、SFC 去离子水电导率。

输出信号：主回路开关合闸令、旁路开关合闸位置、SFC 输入开关 1 合闸位置、SFC 输入开关 2 合闸位置、去离子回路阀门开启命令、冷却水控制阀开度增减令。

2. 控制回路功能

（1）主回路与旁路电气闭锁回路。

主回路开关合闸回路中串入旁路开关分闸位置常闭节点，旁路开关合闸回路中串入主回路开关分闸位置常闭节点。

（2）SFC 系统两路独立电源电气闭锁回路。

SFC 输入开关 1 合闸回路串入 SFC 输入开关 2 分闸位置常闭节点闭锁，SFC 输入开关 2 合闸回路串入 SFC 输入开关 1 分闸位置常闭节点闭锁。

（3）水冷型 SFC 冷却系统控制功能。

冷却系统包括内冷却水、外冷却水回路。内冷却水回路采用内循环的去离子水，用于对机桥、网桥晶闸管的冷却；外冷却水回路用于冷却内冷却回路的去离子水，通过一个温控三通阀实现内冷却回路的去离子水冷却。

去离子水泵用于去离子水的循环，SFC 热备用时运行，SFC 转为冷备用时停运，设有两台互为备用。通过流量计监视去离子水泵运行是否正常，去离子水流量低动作 SFC 跳闸。

SFC 冷却系统通过温控三通阀控制热交换器，实现控制去离子水的冷却。去离子水温度高时增大经过热交换器的冷却水流量，温度低时减小经过热交换器的冷却水流量。去离子水温高于高报警定值时报警，高于过高报警定值时动作 SFC 跳闸。

SFC 冷却系统通过去离子装置降低去离子水的电导率。当去离子水电导率高于设定值时自动打开去离子回路阀门，进行去离子操作。当电导率高于高报警定值时报警，高于过高报警定值时动作 SFC 跳闸，低于低报警值时发电导率低报警。

第五节 新技术应用

通过不断完善 SFC 辅助设备控制系统典型控制设计，可以有效地提高 SFC 辅助设备控制系统运行的安全性和可靠性，避免抽水调相 SFC 启动失败，保证机组正常运行。为了进一步提高 SFC 辅助设备控制系统的安全性和可靠性，可实时监测 SFC 辅助设备控制系统的健康状态。

SFC 辅助设备控制系统健康状态可以从 SFC 辅助设备控制系统和监控系统的告警信息、事件信息等相关数据，进行科学的归类与处理，通过短期或者长期历史数据的学习，抽取 SFC 辅助设备控制系统运行特征，建立设备健康图谱，从多维度分析设备性能和效率。通过设备突变趋势分析、设备缓变趋势分析、纵向趋势分析、横向趋势分析对 SFC 辅助设备控制系统进行预警，提前发现 SFC 辅助设备控制系统故障，提高 SFC 辅助设备控制系统的安全性和可靠性。

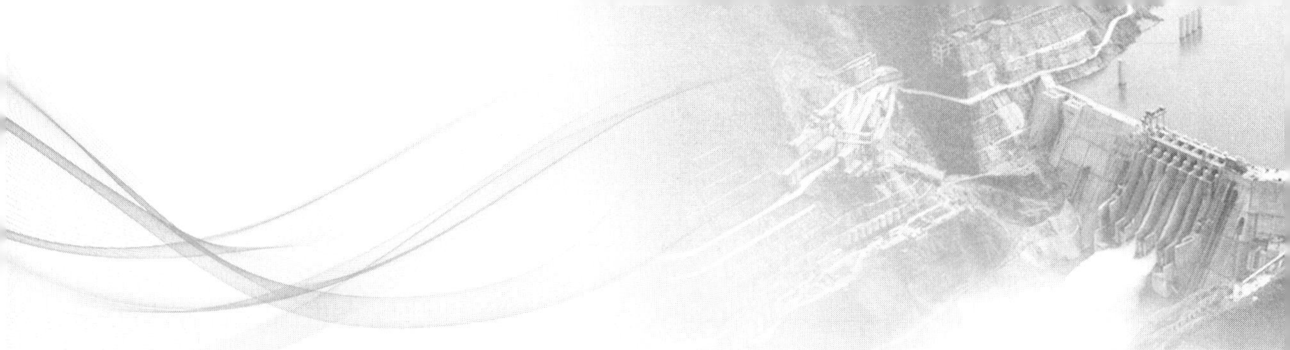

第十九章　抽水蓄能电站辅助设备控制系统试验

辅助设备控制系统试验是对辅助设备控制系统的功能和性能进行检测，以验证产品质量是否满足合同规定的功能及性能要求，是项目实施过程中的重要环节，保证产品质量过程控制的关键步骤，一般有型式试验、工厂试验和检验、出厂验收、现场试验等。

本章主要介绍了抽水蓄能电站辅助设备控制系统试验和验收的基本项目及测试方法，可作为抽水蓄能电站辅助设备控制系统试验与验收工作的参考。

第一节　型　式　试　验

型式试验是为了验证产品能否满足技术规范的全部要求所进行的试验。它是新产品鉴定中必不可少的一个环节。为了达到认证目的而进行的型式试验，是对一个或多个具有代表性的样品利用试验手段进行合格性评定。对于通用产品来说，型式试验的依据是产品标准。对于特种设备来说，型式试验是取得制造许可的前提，试验依据是型式试验规程或型式试验细则。试验所需样品的数量由认证机构确定，试验样品从制造厂的最终产品中随机抽取。试验在被认可的独立检验机构进行，对个别特殊的检验项目，如果检验机构缺少所需的检验设备，可在独立检验机构或认证机构的监督下使用制造厂的检验设备进行。

遇有下列情况之一时应进行型式试验：

（1）新产品定型（设计定型、生产定型）时。

（2）正常产品的设计、结构、材料、工艺有较大的改变而影响产品质量及性能时（可只做相应部件）。

（3）本次出厂检验结果与上一次型式试验有较大差异时。

（4）国家质量监督机构提出进行型式试验要求时。

（5）超出产品型式试验有效期时。

（6）合同规定需对电站安装的产品进行型式试验时。

型式试验项目主要包括：

（1）所有出厂检验项目。

（2）现场使用试验。

（3）稳定性检验。

（4）电气性能的抗干扰试验。

（5）基本环境（温度、湿度、振动、冲击、跌落）适应能力试验。

（6）寿命试验。

试验中若有任何一项不符合技术条件时，必须消除其不合格原因，重新进行相关试验，直至符合技术条件。

设备选型时如有型式试验报告，可不做型式试验。

1. 外观检查

设备面板无划痕，外壳插箱无明显碰伤及变形，按键指示灯等无损坏，铭牌标识字迹清晰，端子接线牢固可靠。

2. 功能性能试验

功能性能试验的目的是检查辅助设备控制系统的功能和性能是否满足技术要求，主要包括辅助设备控制系统的功能要求，如数据采集、数据处理、监视、记录、报警、控制和调节、人机接口、通信、系统自诊断、时钟同步、运行管理等；此外还包括辅助设备控制系统的性能要求，如精确性、实时性、安全性、可维护性、可扩充性等。辅助设备控制系统功能和性能的检测标准应满足 DL/T 578《水电厂计算机监控系统基本技术条件》和 DL/T 295《抽水蓄能机组自动控制系统技术条件》的规定要求。

3. 气候环境试验

气候环境试验包括高低温运行、高低温储存、变温试验以及湿热试验等，试验主要依据 GB/T 2423《电工电子产品环境试验》的相关内容。

（1）高低温运行试验。

高低温运行试验用于确定辅助设备控制系统的设备在低温或高温环境能否正常工作，对于室内安装使用的监控系统设备，高温运行温度为 55℃，低温运行温度为－10℃，高温和低温试验至少各持续 16h。升温或降温过程中温度的最大变化率不超过 1℃/min。

高温或低温试验过程中对设备功能进行测试，确保设备功能满足要求。

（2）高低温储存试验。

高低温储存试验用于确定辅助设备控制系统的设备在储存时耐高温或者耐低温的能力，对于一般辅助设备控制系统的设备，高温储存温度为 70℃，低温储存温度为－20℃，高温和低温试验至少各持续 16h。升温或降温过程中温度的最大变化率不超过 1℃/min。

在高温或低温储存试验结束，温度恢复正常后，对设备功能进行测试，确保设备功能满足要求。

（3）变温试验。

变温试验用于确定设备运行时对温度快速变化的承受能力，对于一般辅助设备控制系统的设备，低温一般选择－10℃，高温一般选择 55℃，在低温和高温区间内温度渐升或渐降，温度变化率为（1±0.2)℃/min，暴露在最高温度和最低温度的时间为 3h。

变温试验过程中对设备功能进行测试，确保设备功能满足要求。

（4）湿热试验。

湿热试验用于检验设备长期暴露在高湿度大气中时的承受能力。湿热试验包括恒定湿热和交变湿热两种，型式试验只需选做其中一项即可。

恒定湿热：试验过程中温度、湿度保持固定不变，一般选取温度 30℃/40℃，湿度(93±3)%RH，试验持续时间 10 天。

交变湿热：试验过程中温度、湿度不固定，低温 25℃时湿度 97%，高温 40℃时湿度 93%，24h 为一个循环，低温高温各 12h，整个试验过程中一共 6 次循环。

湿热试验过程中对设备进行绝缘测试，在湿热环境下设备需满足绝缘性能要求。湿热试验完成设备恢复正常后，应对装置功能进行测试，确保设备性能满足要求。

4. 电磁兼容试验

为了保证辅助设备控制系统的设备的正常运行，需要对其进行电磁兼容试验。

电磁兼容试验包括两大类：发射试验和抗扰度试验，下面分别对其进行介绍。

（1）发射试验（EMI）。

发射试验的目的是检验装置对外部的干扰是否能够满足要求。发射试验包括传导发射和辐射发射两类。传导发射试验也被称为电源端口骚扰电压测试，用于测试装置电源端口对外传播的电磁干扰，传导骚扰的频率一般在 0.15～30MHz；辐射发射试验用来测试设备通过空间电磁场形式对外产生的辐射强度，辐射发射的频率一般在 30～1000MHz。

（2）抗扰度试验（EMC）。

抗扰度试验包括辐射电磁场、静电放电、射频场感应的传导骚扰、快速瞬变、脉冲群、浪涌、工频、工频磁场、脉冲磁场、阻尼振荡磁场等内容。设备的不同部分需进行不同的试验。一般设备试验内容包括外壳端口试验、电源端口试验、通信端口试验、输入/输出端口试验以及功能地端口试验。针对装置的不同端口，试验的内容以及标准都有所区别。

1）外壳端口试验。外壳端口试验主要是辐射电磁场、工频磁场、脉冲磁场、阻尼振荡磁场等电磁干扰类试验以及静电放电试验。

2）电源端口试验。电源端口试验包括射频场感应的传导骚扰、快速瞬变、1MHz 脉冲群、100kHz 脉冲群、浪涌测试等。

3）通信端口试验。通信端口试验与电源端口试验相同，包括射频场感应的传导骚扰、快速瞬变、1MHz 脉冲群、100kHz 脉冲群、浪涌测试等。

4）输入/输出端口试验。输入/输出端口试验包括射频场感应的传导骚扰、快速瞬变、1MHz 脉冲群、100kHz 脉冲群、浪涌测试、工频等。

5）功能地端口试验。功能地端口试验包括射频场感应的传导骚扰、快速瞬变等。

需要注意的是，同一种测试项目在针对不同的端口进行测试时测试方法以及标准可能都会有所差异。如浪涌测试在进行共模试验和差模试验时其耦合电阻、耦合电容都有差异，对于不同类型的端口，其测试标准也有差异，因此在实际进行测试时需要注意相应的试验方法和试验标准。

5. 绝缘性能试验

绝缘性能试验分为绝缘电阻测量、介质强度检验以及冲击电压检验。下面分别对其进行介绍。

（1）绝缘电阻测量。

绝缘电阻测量是为了检验设备绝缘的耐受能力。电阻测量应在以下部位进行：每个电路和外露导电部分之间（每个独立电路的端子需要连接在一起）、每个独立电路之间（每个独立电路的端子需要连接在一起）。

当具有相同绝缘电压的电流对外露导电部分测量时，这些电流也可以连在一起。测量方法：在需要测量的两部分之间加 500×(1±10%) V 的直流电压并在达到稳态 5s 以后确定绝缘电阻。绝缘电阻大于 100MΩ 表示合格。

（2）介质强度检验。

介质强度检验目的在于检验设备各个回路对过电压的能力、绝缘的长期耐受能力以及检验电气间隙和爬电距离等是否满足要求。

（3）冲击电压检验。

冲击电压检验的目的在于检验装置各个回路承受暂态过电压的能力，也可以用于检验电气间隙以及爬电距离等是否满足要求。

6．机械性能试验

辅助设备控制系统的设备在运输、安装以及使用过程中可能会遭受振动或者冲击，因此，需要对设备的机械性能进行测试，以保证设备在出现以上情况时能够正常工作。

（1）振动试验。

振动试验是将设备以恒定加速度或者恒定振幅在某一标准频率范围内一次沿三条相互垂直的轴线方向做正向振动扫频的试验。试验的频率范围为 10～150Hz，扫频周期为 8min。

振动试验包括振动响应试验和振动耐久试验。其中振动响应试验需要在设备带电情况下进行 3 个循环，共 24min。振动耐久试验在设备不带电的情况下进行，三个互相垂直的方向各进行 20 个循环，共 480min。

振动响应试验过程中对设备性能进行测试，试验完成后对设备进行检查，没有出现紧固件松动或者机械机构破坏等现象则表示设备合格。振动耐久试验在试验过程中不对设备进行测试，试验完成后对设备进行检查，没有紧固件松动或机械结构损坏等现象，设备带电后能够正常工作，设备性能不受影响则表示装置合格。

（2）冲击试验。

冲击试验是对设备在三个互相垂直的轴线上承受限定次数的单一冲击以确定其耐受冲击影响能力的一种试验。单次冲击试验持续时间为 11ms，每个方向上进行三次脉冲试验。

冲击试验包括冲击响应试验和冲击耐久试验。冲击响应试验需要在设备带电情况下进行，其等级 1、等级 2（最高等级）对应的加速度峰值为 $49m/s^2$（10g）、$98m/s^2$（10g）。冲击耐久试验在设备不带电情况下进行，其等级 1、等级 2（最高等级）对应的加速度峰值为 $147m/s^2$（15g）、$294m/s^2$（30g）。

冲击响应试验过程中对设备性能进行测试，试验完成后对设备进行检查，设备性能满足要求且未出现异常现象则表示设备合格。冲击耐久试验在试验过程中不对设备进行测试，试验完成后对设备进行检查，设备未出现异常现象且带电后能够正常工作，设备性能满足要求则表示装置合格。

（3）碰撞试验。

碰撞试验是设备在三个互相垂直的轴线上承受限定次数的碰撞以确定其耐受在运输中可能碰到的碰撞影响能力的一种试验。单次碰撞试验持续时间为 16ms，每秒钟完成 1～3 次试验，每个方向上进行 1000 次脉冲试验。碰撞试验在设备不带电情况下进行，其等级 1、等级 2（最高等级）对应的加速度峰值为 $98m/s^2$（10g）、$196m/s^2$（20g）。试验完成后对设备进行检查，设备未出现异常现象且上电后能够正常工作，设备性能满足要求则表示装置合格。

第二节　工　厂　试　验

辅助设备控制系统工厂试验是对辅助设备控制系统生产过程的全面检验，是整个系统的基础，工厂试验主要要求如下：

（1）与产品配套的器件应按有关规定进行质量控制。

（2）产品在生产过程中必须进行全面的检查、试验，并应有详细、完整的记录。

（3）产品在出厂前必须通过制造单位质量检验部门负责进行的检验，检验中若有任何一项不符合受检产品技术条件规定者，必须消除其不合格原因，检验合格后由质量检验部门签发合格证。

下面对辅助设备控制系统工厂试验内容进行具体介绍：

一、测点检查

辅助设备控制系统常用测点类型有：数字量输入（包括状态开关量 DI、事件顺序记录量 SOE)、模拟量输入 AI、温度量输入 TI、开关量输出 DO、模拟量输出 AO、交流量输入及计算量等。

（一）数字量数据采集与处理功能测试

根据输入信号的不同，辅助设备控制系统中常用的数字量输入数据可分为状态开关量和事件顺序记录量。

1. 状态变位测试

从数字量输入端子接入相应的数字量信号发生器，如图 19-1 所示。按具体测点要求，进行输入信号变位及防触点抖动的性能试验，通过辅助设备控制系统的人机接口检查显示及有关记录，应与实际输入及受检产品技术条件规定一致。

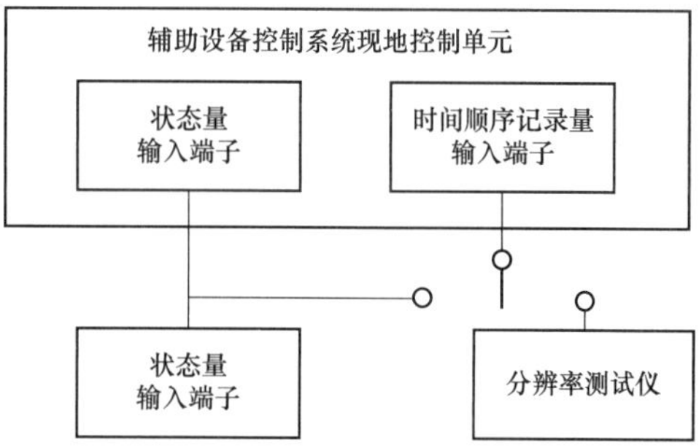

图 19-1　数字量输入通道测试接线示意图

2. 事件顺序记录量输入通道测试

一般单独的辅助设备控制系统不配置事件顺序记录量，而针对集中控制的多套成组辅助设备，为采集其重要的动作、事故、故障等信息，常配置事件顺序记录量采集设备或模块，此时需要检验事件顺序记录量输入通道分辨率，应增加下列测试，每项测试重复三次。

（1）事件分辨率测试。

将分辨率测试仪的两路或以上输出信号接至辅助设备控制系统现地控制单元的事件顺序记录量输入端子，按受检产品技术条件规定的事件分辨率值设置分辨率测试仪的时间定值。启动分辨率测试仪，在人机接口设备上除了应有正确的图符变位、报警、事件记录外，所记录的事件顺序及时间间隔应满足受检产品技术条件要求。若该现地控制单元的事件分辨率输入通道由几个模件组成，则测试点应在不同模件中选取。

（2）雪崩处理能力测试。

在辅助设备控制系统现地控制单元的事件顺序记录量中任意抽选 n 点，接入同一状态量输入信号，改变输入信号状态，检查所记录的事件名称应与所选测点名称一致且无遗漏，所记录的状态及事件发生时间应一致。n 的取值应不少于现地单元事件顺序记录量总数的 25%。

因辅助设备控制系统现地控制单元事件顺序记录量采集的并不多，一般不进行雪崩测试。

（二）模拟量和温度量数据采集与处理功能测试

从模拟量和温度量输入端子接入相应的模拟量信号发生器、标准电阻箱及精度至少比受检产品技术条件要求高一级的测试仪表，如图 19-2 所示。改变模拟量信号发生器、标准电阻箱输出，按式（19-1）计算模拟量和温度量数据采集的误差，应满足 DL/T 578《水电厂计算机监控系统基本技术条件》或受检产品技术条件规定。

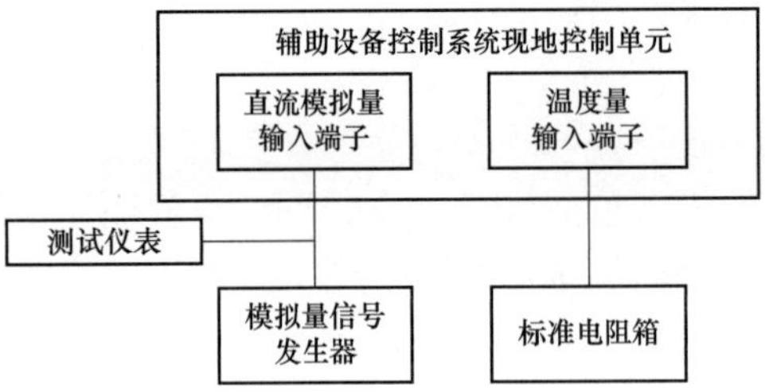

图 19-2　模拟量、温度量输入通道测试接线示意图

$$E_i = \frac{S_o - S_i}{S} \times 100\% \qquad (19\text{-}1)$$

$$S = S_{max} - S_{min} \qquad (19\text{-}2)$$

式中：S_o——该模拟量测点在人机接口设备上的显示或记录值；

S_i——由输入信号实测值乘以工程系数或比例系数后求得的理论工程值；

S——量程的理论工程值；

S_{max}——测量范围上限对应的理论工程值；

S_{min}——测量范围下限对应的理论工程值。

（三）数据采集误差测试

（1）线性测试，即对被测模拟量输入通道至少应测试 S_i 为 S_{min}、$S_{min}+0.25s$、$S_{min}+0.50S$、$S_{min}+0.75S$ 及 S_{max} 五个点。

（2）满偏测试，对被测模拟量输入通道仅测试 S_i 为 S_{min} 及 S_{max} 两个点。

（四）交流量输入通道数据采集误差测试

交流量输入数据采集一般包含有功、无功、电流、电压以及频率等，辅助设备控制系统需要采样是一般采用通信方式自电站计算机监控系统采集或者由电站计算机监控系统现地控制单元通过摸出方式转发给辅助设备控制系统，此时交流量输入通道数据采集误差测试与模拟量和温度量数据采集与处理功能测试内容一致，在此不做详述。

（五）开关量输出通道测试

在开关量输出通道的输出端子上接入监测输出状态的万用表或示波器等其他检测仪器。从监控系统人机接口或调试终端将开关量输出置为“0”或“1”。通过监控系统人机接口、模件级输出状态显示器件及接于输出端子上的外接检测仪器检查输出通道的动作结果，应与实际设置一致。

（六）模拟量输出通道测试

在模拟量输出通道的输出端上接入精度至少比受检产品技术条件要求高一级的测试仪器。从系统人机接口或调试终端改变模拟量输出的设置值。根据外接仪器所测得的实测值计算模拟量输出的精度，应满足受检产品技术条件规定。

（七）计算量数据采集与处理功能测试

辅助设备的动作次数、运行时间、检修时间及分时计量、温度保护的启动条件等都属于计算量。

根据受检产品技术条件所规定的测点数学模型，模拟其输入条件，检验其数据采集与处理的正确性，应符合受检产品技术条件规定。

（八）其他数据处理功能测试

其他数据处理功能如事故追忆等是由受检产品技术条件规定的功能。根据受检产品技术条件规定，模拟其启动条件，检验其处理的正确性。

二、控制功能测试

用模拟装置或仿真程序模拟控制对象行为，通过各种人机接口设备发出控制命令或模拟启动条件启动控制流程，控制执行过程（包括成功与失败）中所产生的提示、报警、记录及相应处理等应满足受检产品技术条件规定，且最终的控制流程及设置的有关参数应与现场设备要求一致。工厂试验阶段应对全部控制流程及每一流程的全部分支进行测试。

三、成组控制功能测试

用模拟装置或仿真程序模拟控制对象行为，检查辅助设备成组控制功能的正确性。主要包括如下功能测试：

1. 人机接口功能测试

（1）主辅设备成组控制功能的投退。

（2）成组控制工作方式（双机成组或者多机成组）的切换。

（3）成组控制方式的切换，应注意检查各种控制方式切换时是否符合受检产品技术条件规定的约束条件。

（4）基本参数（如最大/最小工作时间，最大/最小工作次数，设定目标水位、流量、压力等）的设置。

（5）控制目标参数（如水位、流量、压力目标值等）的设置。

2. 各种控制方式下成组控制运算结果正确性测试

在各种控制方式下，应对成组辅助设备运行组合、启停顺序、轮换次序等的正确性进行测试。

3. 成组控制的各种约束条件测试

对成组控制给定目标的最大/最小工作时间、最大/最小工作次数等的正确性进行测试。

4. 成组控制的各种保护功能测试

主辅助设备发生各种事故或故障（包括水泵、气机、油泵、风机等故障）时，对成组控制全部或部分自动退出等功能进行测试。

四、人机接口功能检查

根据受检产品技术条件要求，检查各项人机接口功能的正确性。主要包括如下功能检查：

（1）通过改变从生产过程接口输入的数据及状态，检查画面显示的正确性。

（2）检查控制命令的正确性、唯一性、可靠性。

（3）检查参数、状态设置或修改的正确性、可靠性。

（4）检查报警、提示、光字报警、记录、授权的正确性。

（5）受检产品技术条件规定的其他人机接口功能的检查。

五、系统时钟同步测试

根据受检产品技术条件要求，检查系统时钟同步功能的正确性。主要包括如下功能检查：

（1）系统人机接口设备上所显示的时钟（年、月、日、时、分、秒）应与标准时钟（卫星同步时钟）一致。

（2）时钟同步装置故障时系统应能正常工作。

六、外部通信功能测试

根据受检产品技术条件规定，对受检系统与其他外部系统以及设备（如与计算机监控系统、智能仪表等）的通信功能，根据通信规约用计算机模拟通信对侧设备或直接用实际设备进行测试，应满足通信功能要求。

对具有冗余配置的通道，人为退出工作通道，其备用通道应自动投入工作，不应在切换过程中出错或出现死机。

七、应用软件组态功能测试

根据受检产品技术条件规定，检查应用软件组态功能（如画面、测点定义、控制流程的修改、增删等）功能的正确性。

八、系统自诊断及自恢复功能测试

根据受检产品技术条件要求，检查系统自诊断及自恢复功能的正确性。主要包括如下功能检查：

（1）系统加电或重新启动，检查系统是否能正常启动。

（2）模拟应用系统故障，检查系统是否能自恢复。

（3）模拟各种功能模件、外围设备、通信接口等故障，检查相应的报警和记录是否正确。

（4）对热备冗余配置的设备（如网络、辅助设备控制系统现地控制单元 CPU 模块等），模拟工作设备故障，检查备用设备是否自动升为工作设备、切换前后数据是否一致、各项任务是否连续执行，系统设备不应出现死机或误动。

九、其他功能测试

其他功能是指除上述外的功能，如生产运行管理及指导等功能，根据受检产品技术条件进行测试。其他功能应满足受检产品技术条件规定。

十、连续通电检验

根据受检产品技术条件的规定，在完成检验、验收项目的测试后，应进行不少于72h的连续通电检验。检验过程中应定时（如每隔12h）进行一次选项测试或检查，发现产品质量问题时即中止检验，待问题解决后重新开始检验。

第三节　出厂验收试验

出厂验收试验是为了验证抽水蓄能电站辅助设备控制系统能否满足合同及其技术协议要求所进行的检验。

抽水蓄能电站辅助设备控制系统出厂前都应进行出厂验收试验。出厂验收试验由制造单位和用户共同负责进行。出厂验收结束后，双方签署出厂验收纪要，对出厂验收的结果作出评价。如产品还存在不满足受检产品技术条件的要求时，应在出厂验收纪要中提出处理意见及完成期限，由制造单位负责处理。

辅助设备控制系统出厂验收试验项目及方法同工厂试验项目及方法。

第四节　现场试验

现场试验和验收是整个产品验收环节中最重要的一部分，是现场对每一个数据、每个控制和功能正确性进行试验和验证，为抽水蓄能电站辅助设备控制系统顺利投入商业运行做准备。

现场试验和验收如果是分阶段进行的，则每阶段试验和验收合格后，双方签署阶段性现场验收纪要；待现场试验和验收全部结束后，双方签署最终的现场验收文件。

通过现场投运试验，如产品还存在不满足受检产品技术条件的缺陷时，应在阶段性现场验收纪要中提出处理要求及完成期限，由制造单位负责处理。

下面将详细介绍抽水蓄能电站辅助设备控制系统现场试验项目和调试过程。

一、现场开箱检查

设备到达现场后，应进行开箱验货。现场开箱检查内容包括：

1. 产品外观检查

盘柜布局合理，产品表面没有明显的凹痕、划伤、裂缝、变形和污染等。表面涂镀层应均匀，无起泡、龟裂、脱落和磨损。金属零部件无松动及其他机械损伤。内部元器件的安装及内部连线正确、牢固无松动，键盘、鼠标、开关、按钮和其他控制部件的操作灵活可靠，接线端子的布置及内部布线合理、美观、标志清晰。

2. 产品软硬件配置检查

检查产品的软硬件配置，其数量、型号、性能等应符合受检产品技术条件规定。

3. 产品技术文件的检查

检查产品（包括外购配套设备）的有关技术文件，应完整、统一、有效。提供的文件在受检产品技术条件中规定，一般包括下列内容：

（1）系统结构图（含电源配置图、网络布线图等）。

（2）机柜机械安装、配置图。

（3）机柜设备布置图、原理图、端子图。

（4）产品使用说明书、维护说明书。

（5）全部外购设备资料。

（6）设备清单。

（7）产品出厂检验合格证（包括外购产品）。

二、回路检查

根据电站辅助设备控制系统的图纸、资料和设计院的施工图纸仔细检查辅助设备控制系统现地控制单元的内部接线和外部I/O信号接线。外部I/O接线应检查到采集设备的接口端子上，确认接线无误且牢固可靠；各类传感器、变送器、智能仪器仪表接线正确，外接电源电压等级和相序正确，接地点可靠接地。

三、设备通电试验

逐项、分步对各设备进行通电检查。检查电源、可编程逻辑控制器、输入/输出模块回路工作是否正常，确认系统和网络配置是否正确，核实各应用软件工作是否正常。

四、考机试验

将辅助设备控制系统连续不间断地进行全面考机，根据系统的技术协议要求确定考机时间，一般为72h连续不间断。在这个过程中安排技术人员加强监视，注意各电源、可编程逻辑控制器、输入/输出模块、自动化元器件等设备工作情况，定期检查辅助设备控制系统各项功能是否正常。

五、功能检查

核查辅助设备控制系统的测点、画面、报表、记录、时钟同步、控制流程、语音、数据库定义、对外通信等内容，确认辅助设备控制系统的测点定义、控制流程及防误闭锁保护条件等应用程序是否满足设计和本电站的实际需求。

六、输入/输出接口试验

对每个辅助设备控制系统现地控制单元均依据设计院提供的接线图按回路对输入、输出接口做相应的调试。

1. 开关量输入（DI）（含时间顺序记录量 SOE）

根据具体测点要求，操作现场设备，进行开关量输入信号（含时间顺序记录量 SOE）变位测试，通过系统的人机接口检查信号变位的显示报警及有关历史记录，应与实际现场设备状态一致。

2. 开关量输出（DO）

从系统人机接口或试验终端将开关量输出置为“0”或“1”，通过系统人机接口、继电器输出状态及实际现场设备检查动作结果，应与设置状态一致。

3. 模拟量输入（AI）

根据现场设备要求设置模拟量输入信号的高、低量程，通过人机接口直接读取模拟量实测值，并与现场设备模拟量测值比较，若测值在测量精度允许范围内，则认为合格，否则应进一步对有问题的测点进行检查和处理。

4. 模拟量输出（AO）

从系统人机接口或试验终端改变模拟量输出的设置值，通过现场设备试验终端直接读取模拟量实测值，并与设置值比较，若测值在测量精度允许范围内，则认为合格，否则应进一步对有问题的测点进行检查和处理。

5. 温度量输入（TI）

通过系统人机接口直接读取各温度量实测值，采用同组测值一致性对比的方式进行检查，若同组测值的离散值在测量精度允许范围内，则认为合格，否则应进一步对有问题的测点进行检查和处理。

七、通信接口试验

根据外部设备通信要求，进行通信组态，建立通信连接，当通信正常后，根据通信点表逐点核对通信测点，检查系统与外部设备通信功能是否满足要求。

八、单点联动试验

从系统人机接口单点发出控制指令，联动被控设备，检查被控设备的动作情况及反馈信号的正确性。单点联动试验可以结合开关量输出接口调试一起试验。

九、控制流程静态试验

断开现场不允许操作设备的操作回路，接入模拟装置或仿真程序模拟现场不允许操作设备的反馈信号，通过人机接口设备发出控制命令或模拟启动条件启动控制流程，根据控制流程执行情况人工改变模拟信号以满足控制流程要求，对控制流程每一步骤都做完整性功能试验，检查控制流程执行步骤、反馈信号、限时等整定值的正确性，以及各种控制受阻时的流程退出、报警、记录的正确性。

辅助设备控制流程静态试验内容：

（一）辅助设备控制流程静态试验

1. 试验条件

输入/输出回路检查工作已完成，断开被控制辅助设备与控制系统之间的控制与信号回路。

2. 试验步骤

（1）试验准备：

在被控辅助设备侧将控制及信号反馈回路断开。接入相应的检测仪器及信号发生器。

（2）静态试验：

将辅助设备控制系统的现地控制单元控制方式切换为手动，从辅助设备控制系统人机接口或者操作按钮发出辅助设备启动/停止控制命令，检查被控辅助设备侧接收控制命令的正确性。

将辅助设备控制系统的现地控制单元控制方式切换为自动，从辅助设备侧使用信号发生器模拟辅助设备控制流程启动条件，检查被控辅助设备流程执行及相关参数设置的正确性。

（二）辅助设备控制流程动态试验

1. 试验条件

输入/输出回路检查工作已完成，辅助设备状态正常，取消静态试验时所做措施，恢复被控制辅助设备与控制系统之间的控制及信号回路。

2. 试验步骤

（1）试验准备：

取消静态试验时所做措施；

恢复被控制辅助设备与控制系统之间的控制与信号回路。

（2）动态试验：

将辅助设备控制系统的现地控制单元控制方式切换为手动，从辅助设备控制系统人机接口或者操作按钮发出辅助设备启动/停止控制命令，检查被控辅助设备启动/停止的正确性。

将辅助设备控制系统的现地控制单元控制方式切换为自动，从辅助设备侧使用信号发生器模拟或实际实现（手动排水、排气、排油等）辅助设备控制流程启动条件，检查被控辅助设备流程执行及相关参数设置的正确性。

（三）参数及流程修改

（1）试验过程中若发现受检产品技术条件所规定的控制流程或相关参数与实际生产过程不符时，应按照实际生产过程要求拟定修改方案，经批准后实施。

（2）控制流程或者相关参数修改后，应对主流程及所有分支做全面的测试后方可投入使用。

十、三天连续试运行试验

辅助设备所有试验结束后，系统恢复到最终现场运行状态，进入三天连续试运行考核，三天连续运行考核中应定期检查设备启动/停止、工况转换、成组轮转、报警等功能是否正常。

十一、现场性能试验

现场性能试验是指抽水蓄能电站辅助设备控制系统在电站安装、试验和试运行后，由专业检测机构对设备性能进行全面检查，以验证设备性能是否满足技术要求。

1. 系统自诊断及自恢复性能试验

系统自诊断及自恢复性能试验主要包括如下功能检查：

(1) 系统加电或重新启动，检查系统是否能正常启动，检查开关量和模拟量输出是否闭锁。

(2) 模拟应用系统故障，检查系统是否自恢复。

(3) 模拟各种功能模件、外围设备、通信接口等故障，检查相应的报警和记录是否正确。

(4) 对冗余配置的设备（如网络、辅助设备控制系统现地控制单元CPU模块等），模拟工作设备故障，检查备用设备是否自动升为工作设备、切换后数据是否一致、各项任务是否连续执行，不得出现死机和误动作。

2. 实时性能试验

实时性能试验主要包括如下功能检查：

(1) 模拟量输入信号突变到系统平台数据显示改变的时间测试。

(2) 开关量输入变位到系统平台数据显示改变或发出报警信息、语音的时间测试。

(3) 控制命令执行时间测试。

(4) 控制命令发出到画面响应时间测试。

(5) 控制命令发出到单元层开始执行控制输出时间测试。

(6) 人机接口调用画面响应时间测试。

(7) 在已显示画面上实时数据刷新时间测试。

(8) 双机切换时间测试：人为退出正在运行的主机，备机应自动投入工作，测出其切换时间，在切换过程中不得出错或出现死机。

实时性能指标应符合DL/T 578《水电厂计算机监控系统基本技术条件》技术条件规定。

参 考 文 献

［1］ 陆佑楣，潘家铮．抽水蓄能电站［M］．北京：水利电力出版社，1992.

［2］ 梅祖彦．抽水蓄能发电技术［J］．北京：机械工业出版社，2000.

［3］ 杨威．水电站高压油顶起装置［J］．水电站机电技术，2014（6）：75-76.

［4］ 刘鹏龙，付东成，师敬民．大型抽水蓄能机组机械制动控制设计应注意的问题［J］，电工技术，2017（11）：84-85.

［5］ 吴勇．浅析水轮发电机机械制动装置存在的问题及改进［J］．信息周刊，2018（18）：104-105.

［6］ 王国柱，李永红，陈超．浅析张河湾电站 3 号机机械制动器频繁故障的原因及处理［J］．水电站机电技术，2016（12）：63-65.

［7］ 何燕玲．水轮发电机机械制动装置存在的问题及改进［J］．科学技术创新，2018（33）：152-153.

［8］ 陈中启．水轮机组机械制动装置控制逻辑优化［J］．门窗，2017（3）：238.

［9］ 郑小刚．机组高速加闸原因分析及技术改进［J］．水电站机电技术，2002（2）：24-26.

［10］ 盛远，厉娜，梁智．计及重合闸不同电压等级备自投配合问题分析［J］．电力安全技术，2020（6）：14-19.

［11］ 孟继胜．厂用电备自投方式优化研究［J］．科技创新与应用，2013（31）：148.

［12］ 董忠江，邵彬．厂用电备自投动作不成功原因的分析与处理［J］．新疆水力，2010（6）：4-6.

［13］ 刘建敏，梁光胜．一起备用电源自投装置拒动的分析与改进［J］．电力系统保护与控制，2010（38）：150-152.

［14］ 唐伟，韩莹，陈焕忠，赵江红．水布垭电厂 10kV 厂用电系统备自投原理及近年异常事件分析［J］．水电与新能源，2017（1）：60-62.

［15］ 杨虎，付恩秋．基于 PLC 的主变压器冷却器控制系统的改造设计．广西电力，2020（2）：79-80.

［16］ 琚泽顺．水电厂主变压器冷却器全停技术改造措施探讨［J］．科技风，2018（3）：157.

［17］ 高海龙，张治，刘鑫，等．主变压器冷却器二次控制回路研究［J］．电气设备，2020（15）：80-81.

［18］ 刘佳，黄剑锋，尚进．去学水电厂计算机监控系统设计及应用［C］.//全国水电厂自动化技术 2018 年度学术交流研讨会论文集，2018.

［19］ 刘磊，王旭一，耿沛尧等．回龙电站独立回路水淹厂房紧急操作系统设计［J］．水电站机电技术，2019（S01）：59-61.

［20］ 孙嘉，刘驰，庞仕元，等．回龙抽水蓄能电站工业电视系统设计及应用［J］．水电站机电技术，2019（S01）：25-27.

[21] 李杰，郑凯，杨锦涛，等. 回龙电站尾水闸事故闭门回路的优化改造［J］. 水电站机电技术，2019（S01）：18-20.

[22] 林海波. 水电厂防止水淹厂房事故的措施. 电力安全技术［J］，2013（1）：16-18.

[23] 刘鹏龙，张旭，张红方. 抽水蓄能机组主进水阀与尾水事故闸门的安全联锁控制［J］. 水电站机电技术，2016，39（10）：44-45.

[24] 郑心勤，杨文道，戴建军. 关于SFC输出变重瓦斯保护动作跳闸原因分析［J］. 水电站机电技术，2012（4）：78-80.

[25] 陈绪滨，陈光伟. 静止变频装置输入变压器总烃和乙炔含量超标故障分析处理［J］. 水电站机电技术，2015（B12）：42-44.

[26] 彭潜，赵磊. 蓄能电厂静止变频启动装置启动失败问题研究［J］. 湖南电力，2011（1）：49-51.